빈곤한
만찬

TOUS GROS DEMAIN?

by Pierre Weill

빈곤한 만찬

음식, 영양, 비만에 관한 과학적 진실

피에르 베일 지음 | 양영란 옮김

궁리
KungRee

피에르 베일은 진실하고 독창적이며 흥미진진한 이야기를 우리에게 들려준다. 그가 풀어낸 비만 문제는 과학, 경제, 생태 환경, 정치 관점을 모두 아우른다. 이 이야기는 유감스럽게도 이제까지 통합적인 주제를 놓고 한자리에서 머리를 맞댄 적이 거의 없었던 다양한 문화와 다양한 기원들의 만남이 빚어낸 결과이다. 이 책은 인간이 생물학에 근거해 뿌리내렸다는 사실을 망각하는 순간, 얼마나 큰 희생을 치러야 하는지 잘 보여준다. 이 문제를 둘러싼 과학, 경제, 정치 논의는 앞으로도 계속되어야 한다. 나는 이 책이 많은 독자들을 만나길 바란다. 당연히 그럴 만한 자격을 갖추었기 때문이다. 또한 이 책을 통해 좀 더 깊이 있고 폭넓은 질문들이 제기되어 그에 대한 다양한 해답들이 나오기 바란다.

국립식생활심의회 영양정책분과 위원장

의학교수 앙브루아즈 마르탱

추천의 글 ··

나는 삶의 질을 높이고 올바른 소비를 실천하며 지속 가능한 발전을 추구하는 소비자협회의 일원이다. 나를 포함한 협회 사람들은 우리가 먹는 식품의 품질이나 계속 늘어나는 비만, 당뇨처럼 현대 문명으로 생긴 질병 예방과 생태계 보호에 관심이 매우 깊다. 우리는 특정 종류의 식품 판매를 금지하거나 불매운동을 벌이는 비생산적인 비판보다 근거 있는 분석을 통해서 문제의 근본을 이해하고 그 문제의 올바른 해결책을 제시하는 편을 선호한다.

이러한 생각을 가지고 우리는 1999년 농공학자인 피에르 베일을 만났다. 그가 우리에게 내보인 학술 자료는 상세한 수치까지 담긴 분석으로 매우 바람직한 실천 가능성을 보여주는 내용이었다. 베일은 인류의 섭생이 매우 불균형하다는 점을 지적하면서 가축들의 사료를 개선하여 식물계에서 동물계로 이어지는 먹이사슬을 되살려야 한다고 제안했다.

2000년 임상 실험을 한 결과, 인간에게는 이러한 접근방식이 효과가 있다는 사실이 입증되었다. 전통적인 아마亞麻 사료로 기른 가축을 먹은 소비자들에게서 그 유명한 크레타 섬 주민의 섭생방식을 따랐을 때 나타나는 혈중 지방 농도에 가까운 결과가 나왔기 때문이다. 다시 말해서 심장혈관계통 질환에 걸릴 위험성이 상당히 줄어든 것이다(피험자들은 이 실험에 자원했다). 가축이 섭취하는 '사료'와 그 가축에서 얻은 '식품'을 섭취하는 소비자의 건강 사이에 직접적 연관성이 있음을 과학적으로 입증해낸 첫 성과였다.

이 같은 결과는 두 가지 점에서 대단히 혁명적이라고 할 수 있다. 즉 인간이 먹는 영양분의 변수를 개선해서 심장혈관계통 질환에 걸릴 확률을 낮출 수 있을 뿐 아니라, 그 같은 결과에 도달하기 위해 기존의 식습관을 크게 바꿀 필요가 없음을 증명한 셈이다. 사실 대부분의 식이요법이 실패로 끝나는 것은 식습관을 무리하게 바꾸어야 한다는 부담 때문이었다. 예부터 해온 대로 가축에게 아마를 사료로 먹인다면, 그 가축의 고기를 먹는 인간도 저절로 식이요법을 하는 효과를 볼 수 있다!

이 실험에 힘을 얻은 소비자 보호 및 정보제공 협회는 피에르 베일 교수가 주관하는 청백심장소비자조합에 가입했다. 피에르 베일 교수는 윤리적이고 학문적인 엄정성과 공중 보건의 질을 높이려는 사명감으로 맡은 일을 훌륭하게 해나가고 있다. 한편 청백심장소비자조합은 '꽃 로고'가 붙은 제품의 영양학적 품질을 높여야 한다는 사명감에서, 농사방식만을 문제 삼는 '유기농법' 규정보다 훨씬 까다로운 규정에 따라 소속 단체들을 관리하고 있다.

피에르 베일이 영양학 분야에서 10년 넘게 진행해온 연구 과정과 그 결과를 보여주는 이 책을 우리는 흥미진진하게 읽었다. 지은이의 재치와 해학, 재미난 등장인물들로 이야기를 엮어가는 솜씨와 어려운 학술 내용을 쉽게 풀어 설명하는 재능 덕분에 책을 읽는 내내 웃음이 떠나지 않았다. 피에르 베일은 과학적 엄정성을 지키는 한편 어려운 전문 용어를 강요하지도 않으면서 잘못된 먹을거리와 잘못된 섭생방식으로 나타날 수 있는 병폐를 차근차근 설명한다.

이 책은 기업들이 조장하고 언론 매체가 유포한 영양에 관한 잘못된 상식들을 바로잡는 데 아주 유용하다. 지은이가 볼 때 영양 섭취에 있어 해결책은 그 근본을 파고 들어가보면 한때 유행했던 식품 대용 약품들과는 아무런 관계가 없다. 우리는 오로지 다양한 음식물 섭취를 통해서만, 몸을 거의 움직이지 않으며 여러 가지 스트레스에 시달리고 급하게 한 끼 식사를 때우는 현대인들의 생활습관을 바로잡고 각종 질병을 예방하는 효과를 기대할 수 있다.

이 책은 가축의 영양과 인간 임상 치료에 관한 폭넓은 지식을 바탕으로 쓰였으나 적지 않은 반대자들에게 공격당할 수도 있다. 막강한 재정을 앞세워 힘을 행사하는 농가공업계와 제약업계의 이익과는 상반되는 내용을 담고 있기 때문이다. 봄철이면 지천으로 돋아나는 풀과 아마인, 다시 말해서 특허를 출원할 필요도 없는 이들 식물이 동물의 건강과 그 동물의 고기를 먹는 인간의 건강에 득이 된다는 사실을 증명해보인다면, 각종 건강보조식품과 약을 개발하고, 연구를 하기보다는 홍보와 광고에 훨씬 큰돈을 쏟아부어 막대한 이익을 챙기는 이들 업체에게 치명타가 되기 때문이다.

하지만 안타깝게도 제약업계에서 거금을 들여 모셔 가려고 암투를 벌이는 몇몇 스타 영양학 전문가 집단에 소속되지 않은 피에르 베일은 기득권자들의 비판과 냉대를 감수해야 하는 처지이다.

언론 또한 거대 광고주인 제약업계, 농가공업계와 마찰을 피하려고 이 책이 지닌 강점을 적극 홍보하려 하지 않을 것이다. 우리는 소비자의 권리를 옹호하는 관련 기관들만이라도 모종의 담합에서 벗어나 건강과 생명을 지키고자 새로운 시도를 아끼지 않은 피에르 베일의 연구 성과를 제대로 평가해주기를 바란다.

이 책은 올바른 진실을 추구하는 과학자, 먹을거리의 선택에 까다로운 소비자, 현실을 생각하는 생태주의자, 공공 자산을 아끼는 모든 시민들에게 유익하다. 잘 먹고 잘 사는 방법을 알려주는 지식의 원천이자 한순간 반짝하고 사라지는 하루살이 같은 책들과는 다른 이 책은 이미 수십 년 전부터 산업사회를 지배하고 있는 잘못된 영양학 상식을 하나하나 짚어가며 무엇이 잘못되었는지 알려주는 친절한 지침서다. 과학으로 증명된 사실을 보여주고, 생태계를 존중하여 얻은 맛 좋고 품질 좋은 먹을거리를 제안하며, 유전자변형식품을 배제하고 본래의 먹이사슬을 되살려 지속 가능한 발전을 도모하고 있다. 농산물 가공 분야에서 나날이 바뀌는 경제, 생태, 위생학의 현실을 누구보다도 가까이에서 경험한 피에르 베일은 이 책을 통해 우리 모두가 다함께 그 실상을 살펴볼 수 있도록 돕는다.

소비자 보호 및 정보제공 협회장

미셸 르 댕

영양이 넘쳐나는 세상, 비만은 우리의 운명인가?

제곱미터마다 쌓이는 몸무게!

비만 문제는 심각하다. 하지만 비만을 측정하는 단위는 우습기 짝이 없다. 왜 그런가 하면 비만과 과체중을 나타내는 단위는 제곱미터당 킬로그램kg/㎡이기 때문이다.

체질량지수BMI : Body Mass Index는 무게(킬로그램)와 키의 제곱(미터) 관계를 나타내는 수치이다. 만일 내 몸무게가 80킬로그램이고, 키가 1.7미터(170센티미터)라면 내 체질량지수는 80을 1.7×1.7로 나눈 값, 즉 27.6 정도가 된다.

휴, 살았다! 나는 비만이 아니고 그저 '과체중'일 뿐이다. 체질량지수 25에서부터 과체중이다(판정기준 : 저체중 20 미만, 정상 20~24, 과체중 25~29, 비만 30 이상).

저마다의 체질량지수는 그다지 심각하지 않을 수도 있다. 따라서 비만이 나의 일이 아니라 남의 일이라는 태도로 '강 건너 불 보듯' 여유 있는 미소를 지을 수도 있다. 어쨌거나 우리는 자신의 몸무게에 주의를 기울이며, 나름대로 음식 섭취량과 운동량에 신경을 쓴다. 하지만 일반 통계로 넘어가면 미소는 어느새 엷어지다가 급기야 자취를 감추고 말 것이다.

1980년까지만 해도 프랑스에 비만은 없었다. 아니, 적어도 집단 현상은 아니었다. 그저 '뚱뚱'하거나 '아주 뚱뚱한' 사람이 있을 따름이었다. 그리고 이는 단순히 한 사람 한 사람의 행동 양식이 밖으로 표현된 현상일 뿐 흔한 일이 아니라고 여겼다.

초창기 영양학회의 분위기는 남성 위주였을 뿐 아니라 심지어는 남성 우월주의적 성향까지 보였다. 이 학회에 참석한 저명한 영양학자들은, 지금 생각하면 놀랍기 그지없는 일이지만, 남성 비만은 '맛있는 음식을 지나치게 좋아하는' 사람들, 다시 말해서 지나치게 붙임성이 좋아 회식 자리마다 열심히 참석하는 사람들에게서 주로 나타난다고 생각했다. 여성 비만은 '우울증을 이겨내기 위해 폭식하는' 사람들, 즉 부족한 사회성을 음식물 섭취로 보충하는 사람들이라고 구분 지었다.

그때만 하더라도 프랑스에서는 다른 서양의 나라에서처럼 비만을 새로운 사회현상으로 파악하지 않았다. 같은 시기에 미국에서는 이미 성인 인구의 10퍼센트가 넘는 비율이 비만으로 분류되었다. 오스트레일리아에서도 성인 인구의 5퍼센트가 비만이었다.

유럽에서는 1980년대 초 영국과 네덜란드, 핀란드에서 성인 인구 비만율이 5퍼센트에 이르렀다.

2006년 프랑스에서는 체질량지수 30이 넘는 성인 비만 인구가 590만 명, 체질량지수 25~30의 과체중 인구가 1,400만 명으로 집계되었다. 바꿔 말하면, 성인 인구의 40퍼센트 이상이 비만 또는 과체중으로, 이는 놀라운 일이 아닐 수 없다.

미국은 이 비율이 프랑스의 두 배에 이른다고 하면, 프랑스인들의 놀란 마음이 약간 가라앉을까? 일찍부터 비만 또는 과체중 현상이 나타난 미국은 성인 인구의 30퍼센트가 비만으로 분류된다. 프랑스는 성인 인구 20퍼센트가 비만인 오스트레일리아나 뉴질랜드, 영국보다는 그래도 나은 편이라고 할 수 있다. 그렇지만 과연 나은 편이라고 말해도 좋을까?

프랑스인들의 체질량지수 변화 곡선은 몇 년의 시차와 정도 차이는 있다고 하나, 형태로 볼 때 이들 나라 국민들이 밟아간 궤적을 거의 그대로 따라가고 있다. 그저 대서양 건너편에 있는 국가들이나 도버해협을 사이에 두고 마주한 나라보다 약간 더디게 뚱뚱해질 뿐, 점점 더 뚱뚱해진다는 점에서는 다를 바가 없다.

따라서 의류업계에서는 센티미터로 표시되는 표준 치수를 바꾸었다. 소비자는 '36', '38' 사이즈 등으로(우리나라로 치면 55, 66 사이즈) 표시된 옷을 사 입는 것은 마찬가지지만, 오늘날 '36', '38' 사이즈는 예전의 같은 사이즈보다 훨씬 넉넉하다. 그도 그럴 것이 9년 사이에 프랑스 남자의 허리둘레는 2.4센티미터, 여자는 4.5센티미터 늘어났다. 똑같은 키를 놓고 볼 때 9년 사이에 평균 몸무게가 2킬로그램이나 늘었다. 그러니 미국 텍사스 주 사람들은 빼길 이유가 없다. 프랑스 사람들이 곧 따라잡을 테니까……. 남녀 가릴 것 없이 프랑스 사람들의 허리둘레는 3년마다 1퍼센트씩 늘어나고 있다. 이 모든 수치가 우습게 들릴 수도 있지만 어디까지나 정확한 수치임엔 틀림없다.

1998년 세계보건기구WHO는 비만을 '전염병'으로 규정했다. 전 세계의 통계를 보면 과체중 인구가 10억 명, 비만 인구가 4억 명에 이른다. 이러한 상황에서 세계보건기구는 어쩔 도리가 없었을 것이다. 이 '전염병'은 특히 아시아의 신흥 경제 대국에서도 아주 빠르게 퍼지고 있는데, 특히 중국에서는 청소년 비만이 심각하다.

1997년부터 2006년까지 프랑스에서 비만이 될 확률은 여자는 64퍼센트, 남자는 40퍼센트 늘어났다.

2006년 9월에 발표된 조사◆에 따르면, 10년 사이에 해마다 23만 명의 새로운 비만 환자가 생겨났다. 이 속도는 요즘 들어 약간 주춤한 상태다(지난 3년간 '겨우' 52만 5,000명의 새로운 환자가 생겨났기 때문이다).

점점 더 어린 나이에 뚱보가 되다

비만이나 과체중의 확산은 남녀노소 가릴 것 없이 인구 전반에 걸쳐 나타난다. 특기할 만한 점은 사회적 지위에 따라 비만의 양상

◆ 프랑스 국립보건의학연구소(INSERM)가 로슈 제약회사와 공동으로 실시한 'OBEPI' 연구 자료. 'OBEPI'는 Obesity Epidemic의 약어로 비만전염병연구를 뜻한다.

이 다르다는 것이다. 과거에는 혹은 다른 문화권에서는 비만을 부의 상징으로 받아들이기도 했다. 그러나 오늘날에는 정반대로 인식된다. 말하자면 부자일수록 날씬하고, 반대로 가난할수록 뚱뚱하다. 전 세계적으로 비만 현상에서 사회적 지위가 차지하는 비중은 매우 중요하다.

오늘날 이 세계에서는 성인 인구 중에 영양실조 인구보다 과체중 인구가 더 많다. 놀랍게도 이 두 현상(영양실조와 과체중)은 제3세계 대도시의 빈민가에서 동시에 흔히 볼 수 있다. 비만에서 사회적 지위라는 요소는 아무리 강조되어도 지나치지 않다. 이에 대해서는 본문에서 상세히 설명하고자 한다.

통계 자료는 또 다른 걱정거리를 보여준다. 바로 점점 더 어린 나이에 비만이 된다는 사실이다. (2006년 'OBEPI' 연구에 따르면) 프랑스 구성 인원 10퍼센트가 비만이 된 나이는 다음과 같다.

- 1951년 이전에 출생한 자 : 49세.
- 1950년대에 출생한 자 : 45세.
- 1960년대에 출생한 자 : 41세.
- 1966년에서 1972년에 출생한 자 : 34세.

비만의 속도를 보여주는 이 통계야말로 지금까지 진행 중이거나 실시한 예방 대책이 모두 실패로 돌아갔음을 극명히 보여준다. 그래서 비만 문제는 매우 심각하다. 2006년 말 비만을 주제로 열린 유럽학회에서 정치인들은 2015년까지 이러한 경향을 바꿀 수 있는 모든 정책을 동원하겠노라고 상당히 신중한 태도로 선언했다.

엄밀한 의미에서 비만과 과체중은 질병은 아닐지라도 당뇨병이나 고혈압, 심장혈관계통 질환 같은 각종 질병의 증가와 밀접한 연관이 있다. 비만은 호흡기나 소화기계통 질환에 합병증을 일으키고, 심리 질환은 물론 각종 암이나 순환기, 혈관 계통 문제의 원인이 된다. 더구나 비만의 길로 접어들면, 대부분 빠져나올 방법이 거의 없기 때문에 비만이 되는 나이가 점점 어려지는 현상은 절대로 가볍게 보아 넘길 일이 아니다.

어린이들의 비만과 과체중 통계를 살펴보면, 이러한 걱정이 기우가 아님을 알 수 있다.

소아 비만이라는 전염병은 성인 비만의 전초전이다. 살이 통통하게 찐 뚱보 어린이가 성인이 되어 모두 비만 환자가 되는 것은 아니지만, 소아 비만과 성인 비만의 상관관계는 점점 더 어린 나이 때부터 관찰된다. 실제로 사춘기를 앞둔 비만 어린이들 3분의 2가 성인 비만으로 이어진다. 1965년 통계를 보면 5~12세의 프랑스 아동 중에서 3퍼센트가 비만이었으며, 같은 시기에 성인에게서는 비만이라는 현상이 관찰되지 않았다. 그로부터 10년이 지난 1975년에는 이 비율이 5~6퍼센트로 늘어났다. 1990년대에 들어와서 5~12세 아동 중 비만 아동 비율은 10퍼센트를 넘어섰고, 2000년에는 15퍼센트에 이르렀다.

현재 프랑스에는 비만 아동이 100만여 명으로 추산된다. 이를테면 어린이 여섯 명 중에서 한 명은 비만인 것이다! 이는 위험수위를 훨씬 넘어선 수치다. 2000년 프랑스의 비만 아동 비율은

1990년 미국 비만 아동 비율과 같다. 이런 점에서 볼 때 우리 앞날은 솔직히 밝다고 할 수 없다. 요사이 8세 아동의 비만 비율이 19퍼센트에 육박한다는 통계도 나와 있다.

국립식생활위원회CNA는 소아 비만 예방은 나라에서 추진해야 할 우선순위 사업이라고 주장했다.

갓난아기들이라고 해서 예외는 아니다!

비만이라는 전염병은 한 살이 채 안 된 갓난아기들이라고 해서 피해 가지 않는다.

물론 유아 비만이라는 용어는 아직 쓰이지 않으며 유아들에게 체질량지수를 측정하지도 않는다. 다만 몸무게와 키의 관계가 변해가는 추이를 관찰한다. 이를 가리켜 '지방축적지수'라고 한다. 그런데 이 지방축적지수가 꾸준히 늘어나고 있다. 미국에서 실시된 국민건강영양조사NHANES : National Health And Nutrition Examination Survey에서 생후 6~11개월 된 유아들의 지방축적지수를 관찰해보니 1978년 이후 이 지수는 끊임없이 늘어났다고 한다. 그리고 이 지수의 '정상치(전문가들이 말하는 백분위수 95 이상)'를 벗어난 유아는 남아의 경우 1978년에 4퍼센트였다가 1991년 7.5퍼센트로 늘어났고, 여아는 6.2퍼센트에서 10.8퍼센트로 늘어났다. 13년 사이에 거의 두 배로 늘어난 것이다. 이 사실은 놀라운 동시에 적어도 다음의 두 가지 이유에서 매우 걱정스럽다.

첫째, '너무 많이 먹는다'와 '충분히 움직이지 않는다'는 명제는 그저 우유 또는 모유를 먹을 뿐 아직 걸음도 걷지 못하는 유아들에게는 적용되지 않는다.

둘째, 최근 연구(생후 10개월 된 유아들을 18세가 될 때까지 관찰한 연구)에서 한 살 된 유아의 지방축적지수와 이들이 17년 뒤에 성인이 되었을 때 측정한 체질량지수 사이에는 밀접한 관계가 있다. 마치 성인 비만이 아주 오래전부터, 다시 말해 식습관이나 운동을 통한 열량 소모량을 마음대로 다룰 수 없는 아주 어린 나이 때부터 이미 계획되었다는 느낌이 들 정도다.

비만 예방 정책의 완패

세계적인 '전염병'이며 각 나라에서 맨 먼저 예방해야 할 질병인 비만 문제는 정책 입안자들의 관심을 모았다. 세계는 이 전염병에 맞서 싸우고자 단호한 의지와 인내로 모든 수단을 동원했다. 이들은 처음에는 개인의 습관을 문제 삼다가 나중에는 제조업체, 유통업체, 광고업체 등을 문제 삼았다. 그래도 눈에 띌 만한 개선은 이루어지지 않았다. 왜 그럴까?

- 왜 이 전염병은 계속해서 퍼져 나가는가?
- 왜 아무것도 이 전염병이 퍼져 나가는 것을 막지 못하는가?
- 왜 우리는 점점 더 뚱뚱해지고, 점점 어린 나이에 그렇게 되는가?
- 왜 비만을 예방하고자 전 세계에서 실시한 여러 정책들은 번번이 실패만 하는가?

비만의 발생, 확산, 비만에 대한 인식, 처방 등은 모두 최근에 시작된 문제다. 비만이라는 문제 속에는 집단의 원인과 개인의 원인이 섞여 있다. 어쩌면 비만은 얼핏 보기와는 다르게 훨씬 더 유서 깊고 뿌리가 단단한 질병일 수도 있다. 우리는 바로 이 깊은 뿌리 부분에 관심을 가져야 한다. 그렇다고 해서 당장 기적 같은 해결책을 제안할 수는 없다. 다만 이 심각한 문제에 대해 숙고해야 한다는 경각심을 갖기 바란다. 그리고 이러한 숙고 과정을 통해 멀리 내다보고 지속 가능한 해결책을 만들기를 기대한다.

이제부터 나는 지금까지 수없이 반복되어온 흔한 연구에서 벗어나 아무도 이 전염병의 뿌리를 찾을 것이라 기대하지 않았던 새로운 영역을 탐구할 것이다. 이를 통해 과연 '비만은 우리의 운명'인지를 살펴보려고 한다. 이 문제를 함께 생각하는 과정에서 잘 알려진 학자나 그렇지 않은 학자들, 땅과 더불어 하는 일을 사랑하는 농부들, 일반 소비자, 의사, 기업가들을 만나게 될 것이다. 이들은 대부분 지난 20여 년간 내 업무와 관련해 만났던 사람들이다. 바로 이들이 우리를 놀라운 발견의 세계로 안내해줄 것이다. 우리가 찾아가는 그 길은 진실로 어려운 길이다.

나는 즐거운 마음으로 독자들에게 그들 한 사람, 한 사람을 차례로 소개하고자 한다. 먼저 젖소를 기르는 목축업자이며 취미 삼아 벌을 기르는 양봉가인 내 친구 뤼시앵을 만나보도록 하자.

네가 무얼 먹었는지 말해주면, 난 네가 누구인지 말해줄게

1

우리를 형성하는 유전자는 어디에서 오는가?

생태계와 건강이 밀접하게 관련 있을 거라는 막연한 예감

뤼시앵과 그가 기르는 젖소와 꿀벌

뤼시앵은 나의 20년 지기다. 그는 렌에서 그리 멀지 않은 곳에서 우유를 생산하는 낙농업자로 그 방면의 전문가라고 할 수 있으며, 땅을 일구고 가축을 돌보는 일을 어느 누구보다도 사랑한다. 젖소 50마리에서 얻는 우유가 뤼시앵의 생계 수단이라면, 열정을 기울이는 또 다른 액체는 바로 꿀이다. 여가 시간에 뤼시앵은 양봉가로 변신한다. 그를 찾아갈 때마다 우리 두 사람은 벌통 근처에서 많은 시간을 보낸다.

뤼시앵은 목축업자이며 양봉가인 데다 철학자 기질도 다분하다. 난 뤼시앵이 기분이 좋을 땐 이따금씩 목소리를 높여가며 들려주는 여러 이야기를 흥미롭게 듣는다.

이 책을 뤼시앵의 이야기로 시작하는 것은 그가 언젠가 로열젤리 이야기를 들려주었기 때문이다. 그 이야기는 너무도 놀랍기 때문에 영양을 다루는 글이라면 당연히 첫머리에 소개되어야 마땅하다.

여왕벌은 벌통 안에 있는 다른 벌들보다 상체도 하체도 훨씬 크다. 뤼시앵의 말로는 벌통 속 다른 벌들의 평균수명은 45일 정도이지만 여왕벌은 4년 넘게 살 수 있다고 한다. 여왕벌은 그러한 긴 한평생을 오로지 번식에 바친다. 다른 벌들이 짧은 여생을 지루하고 반복적인 노동으로 보내는 것과는 아주 다르다.

벌들의 사정이 이럴진대, 뤼시앵은 로열젤리를 얻고 싶을 때마다 벌통에서 여왕벌을 끄집어낸다. 그러면 벌통 안에서는 일벌들이 새로운 여왕벌을 '만들어낸다'. 만들어낸다? 이보다 더 정확한 표현은 없을 것이다. 말 그대로 일벌들이 여왕벌을 만들어낸다. 아니, 어떻게? 그건 간단하다. 로열젤리라고 하는 특별한 식품을 만들어내면 된다.

이 특별한 식품은 여왕벌을 다른 벌들과 구별해주는 유일한 요소다. 벌 유충은 벌통 깊숙한 곳에 자리 잡고 있는 좁은 벌집 속에서 8일을 지낸다. 이때까지 모든 유충은 완전히 똑같으며, 영양분을 공급하는 벌이 똑같은 양분을 나누어준다. 말하자면 모든 벌이 똑같은 식사를 하는 것이다. 이틀은 로열젤리, 나머지 엿새는 꿀로 구성된 단일 식단이다. 8일이 지나면 장차 일꾼이 될 벌들이 벌집에서 나온다. 이 벌들은 어느 정도 학습 과정을 밟은 다음 곧장 45일 동안 힘들고 따분한 노동을 해야 한다. 그러고 나면 끝이다!

그런데 벌통 한구석에 있는 몇몇 유충은 8일 내내 특별식을 맛본다. 다시 말해서 다른 유충들에게는 이틀 동안만 공급하던 로열젤리를 이 유충들에게는 8일 동안 공급한다. 이렇게 해서 훗날 여왕벌이 될 벌들이 세상 밖으로 나온다. 고단하고 힘든 노동에 투입되어 짧은 인생을 모두 소모해야 하는 서글픈 운명 대신 군왕같이 대접받는 찬란한 인생이 이들 앞에 펼쳐지는 것이다!

무얼 먹느냐에 따라 여왕이 되기도 하고 평민이 되기도 한다. 이 차이는 여왕벌의 일생 동안 계속된다. 1,500일 정도의 긴 여생 동안 여왕벌은 줄곧 로열젤리만 먹는다. 여왕으로 태어나는 것이 아니라 여왕으로 만들어지는 것이다.

유전자로 볼 때 벌들은 모두 같다. 어느 날 애벌레가 갑자기 여왕벌이 되도록 예정되어 있지 않다. 오직 유충 때 먹은 음식 성분이 평범한 유충을 훗날 여왕벌로 변모시킨다. 보통 꿀은 거의 설탕과 물로 이루어졌으나 로열젤리는 단백질, 지방, 무기질, 비타민 등의 성분이 골고루 들어 있기 때문에 몸속에서 특별한 일을 한다. 바로 이러한 성분 덕분에 로열젤리는 영양이 풍부한 식품으로 알려져 있다. 이 같은 성분 요소들을 '영양소'라고 한다(앞으로 우리는 이 단어를 자주 사용할 것이다). 이 소중한 영양소가 평범한 벌들의 잠들어 있는 유전자들을 깨워서 훗날 여왕으로 만든다.

유전자의 발현과 섭취하는 식품의 질, 풍요로운 환경이라는 세 가지 요소의 조화로운 관계는 '힘'을 상징하는 동시에 '먹이사슬의 취약성' 을 상징한다고 뤼시앵은 지적한다.

여왕벌을 만들어가는 공정은 먹이를 가공하는 것에서부터 출발한다. 벌들이 주변 생태계로부터 스스로 만들어낼 수 없는 요소들을 얻는다. 그리고 그렇게 해서 찾은 요소와 자신들의 몸속에서 만들어지는 요소를 합성하여 훗날 로열젤리, 즉 평범한 벌을 여왕벌로 변신시키는 묘약을 만든다.

로열젤리에 포함되어 있는 다양한 영양분들은 일종의 스위치라고 할 수 있는 '수용체' 에 작용하여 유전자를 활성화한다. 모든 벌들은 여왕벌이 될 수 있는 유전자를 지니고 있다. 인간도 마찬가지다. 누구나 뚱뚱해지거나 날씬해지거나 건강하거나 병에 걸릴 가능성이 있다. 그런데 필요한 영양분이 수용체에 도달하지 못하면 잠재성은 발현되지 않는다.

뤼시앵은 일벌들이란 불완전한 여왕벌들이라고 말한다. 시詩처럼 들릴 수도 있으나 일리 있는 말이다. 뤼시앵은 벌들이 로열젤리를 만드는 데 필요한 요소들을 주변에서 찾을 수 있도록 주변 생태계에 신경을 쓴다고 말한다. 그래야만 계속해서 여왕벌이 만들어지고 벌들이 생겨서 벌통을 꿀로 채워주기 때문이다.

또한 그는 만일 우리가 생태계에 신경을 쓰지 않으면, 다시 말해 우리 입으로 들어가는 식품에 신경을 쓰지 않으면, 틀림없이 우리 유전자와 영양소 사이가 끊어질 거라고도 말한다. 내가 보기에도 뤼시앵의 말이 옳다. 생명을 유지하는 균형 상태는 까딱 잘못하면 깨지기 쉬우며, 그 아슬아슬한 균형 상태는 제대로 된 음식물 섭취로 유지될 수 있기 때문이다.

우리를 구성하는 유전자는 '나이가 들었' 지만 세대마다 변하지 않는다. 유전자의 변형이란 거의 수십만 년에 한 번 이루어질까 말까 하는 정도다. 그런데 우리의 식생활은 빨리, 너무도 빨리 바뀐다. 그러니 우리의 '나이 든 유전자' 와 '새로운 음식물' 사이에 '세대차' 는 얼마든지 생길 수 있다.

인류의 진화는 수백만 년 동안에 서서히 이루어졌다. 저 유명한 오스트랄로피테쿠스 '루시' 는 무려 300만 살이다. 물론 우리 인간들에게는 모름지기 루시보다 훨씬 나이 많은 먼 사촌들도 있다. 그네들의 나이는 적게 잡아도 600만 살은 된다. 그렇게 멀리까지 갈 것도 없이, 수만 년 전으로 거슬러 올라가면 바로 지금의 우리를 만날 수도 있다.

이를테면 지금으로부터 2만 년 전에 살았던 '괜찮은' 크로마뇽인 한 명을 뽑아서 면도를 깔끔하게 시킨 다음 근사한 양복을 입혀 놓았다고 하자. 행여나 아침 출근길에 사람들이 그를 만난다 해도 아무도 그가 크로마뇽인이라는 사실을 눈치 채지 못할 것이다. 크로마뇽인의 유전자가 곧 나의 유전자이며 여러분의 유전자이다. 지금으로부터 길게는 10만 년 전, 짧게는 1만 년 전의 환경이 서서히 현재 우리의 모습을 만든 것이다. 말하자면 우리가 수만 년 동안 먹을거리를 찾아다니고, 음식을 만든 방식이 현재의 우리와 같은 몸의 조직과 기능을 만들어냈다. 그것이 우리가 이 세상을 사는 데 가장 알맞은 기능임은 두말할 필요도 없다. 그런데 그 환경과 섭생방식이 최근 수십 년 사이에 급격하게 바뀌었으니, 틀림없이 우리 몸도 많은 변화를 겪었을 것이다. 그 변화의 결과를 조목조목 살펴보기에 앞서, 시간을 거슬러 올라가 지금으로부터 2만~5만 년 전 시기를 훑어보도록 하자.

우리의 먼 조상 중 한 사람인 루시가 우리를 안내할 것이다. 루시는 오스트랄로피테쿠스라는 이름을 갖고 있긴 하지만, 같은 이름을 쓰는 더 먼 조상과는 거의 닮지 않았다. 루시는 오히려 우리와 훨씬 더 닮았다.

모든 것이 우리를 뚱뚱하게 만든다

루시와 루시의 자매

루시는 피부 아래쪽에 열량을 저장하는 방식을 처음으로 고안해냈다

|

지금으로부터 약 3만 년 전 루시라는 15세 소녀가 유럽과 아시아의 접경 지역 어디에선가 살았다.

오늘은 날씨가 춥다. 낮이 점점 짧아지고 태양은 점점 뜨거운 기운을 잃어가지만, 화창한 날이라 멀리까지도 시야에 들어온다.

루시는 자매들과 같이 씨앗 알갱이와 과일을 따러 집을 나섰다. 아마도 오늘이 겨울이 오기 전에 들판에서 먹을거리를 채집할 수 있는 마지막 날이 될 터였다. 루시는 동생들과 마을 근처 언덕으로 올라갔다. 저 멀리 사냥에서 돌아오는 남자들이 보였다. 루시는 미소를 띤 채 채집한 씨앗과 과일들이 들어 있는 꾸러미를 내려놓았다. 두 손으로 탐스러운 머리채를 잡아 목 뒤로 틀어올린 다음, 눈부신 햇살에 두 눈을 가늘게 뜨고 집으로 돌아오는 남자들의 무리를 살폈다. 아버지와 오빠의 모습이 눈에 들어왔다. 두 사람이 다른 남자들보다 유난히 키가 더 큰 것은 아니었지만, 떡 벌어진 상체만큼은 남들보다 우람했다. 아버지와 오빠가 사냥감을 들고 돌아오니 루시와 동생들은 그걸 나눠 먹을 것이다. 곧 혹독한 추위가 닥쳐오겠지만 온 가족이 겨우내 나누어 먹을 식량은 모자라지 않을 것이다. '오늘 저녁에는 마을 전체에 고기 굽는 냄새가 나겠군' 하고 루시가 생각했다.

밤이 되어 루시와 동생들은 만복감을 느끼며 잠자리에 들었다. 겨울이 이어지는 여러 달 동안 아마도 이처럼 포만감을 느끼기는 어려울 것이다. 머지않아 추운 날과 긴긴 겨울밤이 오래도록 이어질 터였다.

대지를 덮어버리는 눈 속에서는 채집도 할 수 없다. 풀이라고는 아예 자라나지 않기 때문이다. 물론 과일이나 씨앗 알갱이도 없고 얼어붙은 땅속에서 식물의 뿌리를 캐내기도 어렵다. 남자들이 사냥을 나가긴 하지만, 빈손으로 돌아오는 날들이 더 잦다. 짐승들이 따뜻한 곳을 찾아 떠났거나 어디엔가 웅크린 채 통 돌아다니지 않기 때문이다. 근처 호수에 사는 물고기들도 얼어붙은 물속에 갇혀버렸다. 비축해둔 얼마간의 씨앗 알갱이도 거의 바닥이 났다.

그러던 어느 날 마을의 무당은 이제 다시 태양이 모습을 드러내고 밤이 짧아질 거라고 예언한다. 마을 사람들은 불 가까이에 모여 앉아 태양이 돌아오기를 기다린다. 태양이 다시 나와야 풀이 자라고 사냥감들도 돌아와 그들에게 충분한 먹을거리가 생기기 때문이다.

오랜 기다림 끝에 마침내 태양이 돌아온다.

루시는 태양이 오래 머물러 있는 따뜻한 날이 좋다. 그런 날에는 동생들에게 어떤 풀을 뜯어야 하는지, 어떤 씨앗 알갱이를 주워야 하는지 가르쳐준다. 사람의 몸을 치료하는 풀, 반대로 잘못 건드리면 사람을 죽이기도 하는 풀들을 구분해서 알려준다.

아마도 루시가 양봉업자인 내 친구 뤼시앵의 먼 조상일 수도 있다. 뤼시앵처럼 루시도 시간을 들여서 주변을 관찰하고 이해한다.

어느 날 루시가 네 명의 여동생들을 바라본다. 언니처럼 동생들도 봄이 돌아와 제대로 먹으면서부터 금세 볼에 통통하게 살이 올랐다. 루시, 루시의 아버지와 오빠, 동생들은 모두 식욕이 왕성하다. 이들은 모두 마을 사람들 절반이 넘게 죽어나간 모진 겨울의 추위를 이겨냈다.

루시는 잠시 생각에 잠겨 꿈을 꾼다. 씨앗 알갱이가 땅에 떨어지고 얼마 뒤에 알갱이가 떨어진 곳에서 새 풀이 자라난다. 동그스름한 씨앗 알갱이 속에 단단한 '힘'이 있어서 연약하게 돋아난 새 풀에 양분을 제공한다는 것을 루시는 잘 안다. 씨앗 알갱이처럼 탱글탱글하게 살이 오른 동생들을 바라보면서 루시는 자신들도 모진 겨울을 견디기 위해서는 '힘'이 있어야 하며, 그 힘은 피부 아래쪽 둥그스름하게 부풀어 오른 허벅지 부근에 저장되어 있음을 깨닫는다.

루시는 풀이 자라나는 과정, 사냥감들이 돌아오는 때, 소화도 잘 되지 않는 풀이 육질 좋은 매머드의 고기로 변하는 먹이사슬의 관계를 지켜본다. 그러고는 식물이 살아남는 데 필요한 힘, 즉 당분과 지방으로 가득 찬 알갱이를 동물들이 먹음으로써 그 힘을 가로챈다는 사실을 깨닫는다. 루시는 아버지와 오빠가 사냥해서 잡아오는 짐승들의 고기 속에 그 힘이 농축되어 있다고 추측한다.

루시가 살던 시대에는 먹을거리가 아주 귀했다. 그래서 인간의 몸은 먹을거리가 있을 때 잔뜩 포식하여 힘(에너지)을 저장해두는 방식을 터득해야만 했다. 그 방식을 잘 터득한 자들이 바로 우리 조상이다.

그렇다면 나머지는? 안된 얘기지만 나머지는 모두 죽었고 그들의 유전자는 우리에게 전달되지 않았다.

겨울을 나는 데 필요한 힘을 최대한 비축하고자 루시는 다음과 같은 여러 단계를 거친다.

- 먼저 먹을거리가 있을 때 최대한 많이 먹어둔다.
- 그런 다음 그것으로 지방을 만든다. 지방은 우리 몸이 힘을 비축하는 형태다.
- 지방을 만들고 나면 피부 아래쪽에 그 지방을 축적해둘 장소를 마련한다.

가을이 되어 루시의 허벅지가 두툼하게 부풀어오를 때가 바로 지방조직(지방이 축적되는 곳)이 만들어지는 시기이다. 지방조직은 종의 생존을 위해 꼭 필요하므로, 이 조직을 구성하는 세포는 죽어 없어지는 법이 없다. 우리 몸을 구성하는 세포와는 달리 지방조직세포는 절대로 죽지 않는다. 이 세포들은 한 번 형성되어 기능을 시작하면(지방을 만들어 쌓고 필요할 때 이 지방을 내보내는 일) 우리가 죽을 때까지 함께한다.

당시의 생활에 완벽하게 적응한 루시의 체형은 수만 년이 지난 오늘날 각종 식이요법을 이용한 다이어트에 매달리는 후손들이 어째서 요요현상(식이요법이 끝나고 나서 지방조직세포가 다시금 지방을 축적하는 현상)을 피할 수 없는지를 어느 정도 잘 설명해준다.

과육이나 씨앗, 식물 뿌리에 들어 있는 당분, 일부 곡식 알갱이나 육류에 포함되어 있는 기름은 루시의 식욕을 자극하는 동시에 몸 안에 지방을 만들어서 비축하는 기능을 더 빠르게 진행시킨다. 그에 따라 새로운 지방조직세포들의 생성이 촉진된다.

당시에는 수확하는 계절에 많이 먹어둘 필요가 있었는데, 이는 구석기시대의 혹독한 겨울을 이겨내는 데는 필수적이었다.

식사를 끝내고 나면, 루시(루시뿐 아니라 모든 사람들이 다 마찬가지다) 혈액 속에 포함된 당분의 비율이 올라간다. 당분이 일정 비율에 도달하면 췌장에 신호가 전달되어 그곳에서 인슐린이 분비된다. 인슐린은 세포의 문을 열고 들어가 식사를 하고 나서 혈액 속에 떠다니는 당분을 비롯한 모든 영양 물질을 세포 안으로 끌어들인다. 세포에 들어온 당분은 환영받는다. 우리 몸, 그중에서도 특히 뇌(뇌는 에너지를 엄청 쓴다)와 심장을 제대로 움직이는 데 필요한 에너지를 공급하기 때문이다. 당장 필요한 에너지를 충족시키고 나면, 당분은 지방의 형태로 저장되어 에너지를 합성하는 데 이용된다. 이렇게 해서 에너지는 여러 가지 다양한 형태로 다시 비축되어 우리 몸이 필요로 할 때마다 사용된다.

요약하자면 이렇다. 당분은 인슐린 분비를 조절하고 지방합성에 관여한다. 또한 식욕을 촉진하며, 지방조직세포의 수를 증가시킨다. 몇몇 종류의 지방은 식욕을 촉진하는 특별한 능력이 있으며, 지방조직세포의 크기를 증대시키기도 한다.

우리 몸의 모든 기관은 지방의 형태로 에너지를 합성하고 비축하기 쉽도록 구성되어 있다.

루시의 에너지

당분, 단백질, 지방

루시가 먹는 음식에 당분은 그다지 많이 포함되어 있지 않다. 그래서 루시의 몸은 남는 단백질을 당분으로 만드는 방식을 터득했다.

하루하루 우리가 깊은 잠에 빠져 있는 밤 시간이면 우리 몸에 필요한 에너지를 합성하려고 복잡한 공정이 진행된다. 우리에게 필요한 에너지를 만들고자 '징집된' 단백질은 아무 말도 없이 근육을 떠나 당분으로 바뀌며, 이런 일이 일어나는 동안에도 우리는 그대로 잠들어 있다. 근육을 떠난 단백질은 우리의 뇌가 때로는 기분 좋고 때로는 걱정스러운 여러 가지 꿈을 만드는 데 필요한 에너지로 바뀐다. 아주 깊은 밤, 밥을 먹은 지 꽤 오랜 시간이 지난 다음에도 우리의 뇌, 심장, 간 같은 몸의 각 기관은 꾸준히 작동하는 데 필요한 에너지를 계속 공급받는다.

루시는 뇌가 기능하는 데 필요한 당분을 주로 여름에 거둔 씨앗 알갱이, 식물 뿌리, 섬유소, 과일에서 얻는다. 이는 미래의 싹을 틔우기 위해 식물들이 저장해두었던 당분을 루시가 '슬쩍 가로챈' 것이라고 할 수 있다.

구석기시대의 들판에서는 1년 중 지극히 짧은 기간에만 씨앗 알갱이에 비축 지방이 풍부하게 들어 있었기 때문에, 보통 식사를 통해서 흡수 속도가 빠른 당분을 섭취하기란 매우 드문 일이었다.

그런데 요즘 들어 몇몇 학자들은 지방 축적이 좀 더 쉬운 식물성 당분과 지방 역시 식욕을 촉진한다는 사실을 발견했다. 물론 그 자체로는 그리 놀라울 것 없는 발견일 수도 있다. 루시는 당분과 지방이 풍부한 씨앗 알갱이를 채집하면, 서둘러서 아주 많이 먹고 그것을 피부 아래쪽에 저장해두어야 했으니까.

루시의 식단에는 당분과 식물성 기름이 흔치 않았을 뿐 아니라, 어쩌다가 먹게 되는 당분과 식물성 기름조차도 그 성분이 21세기를 사는 우리가 먹는 당분, 지방과는 완전히 달랐다.

그러고 보면 생명이란 참으로 오묘하게 만들어졌다. 루시에게는 다른 선택의 여지가 없었기 때문이다. 만일 다른 선택을 했다면 루시는 살아남을 수 없었을 것이다. 씨앗 알갱이와 짐승으로부터 얻은 에너지, 즉 당분과 지방을 원료로 하여 만들어낸 에너지를 루시와 그 동생들은 몸 안에 비축해두었다.

이 비축 에너지는 인생의 특정한 시기에 다른 시기보다 훨씬 더 요긴하게 쓰였다. 이를테면 이유離乳 시기는 물론 사냥이나 채집 경험도 별로 없는 상태에서 필요한 식량을 홀로 마련해야 하는 청소년기와, 폐경기 등이 여기에 해당된다.

루시의 어머니는 루시가 여덟 살 때 돌아가셨다. 그래서 그 후 마을 여인들이 루시와 오빠, 여동생들을 돌봐주었다. 여인들은 이 아이들 몫의 고기와 과일, 씨앗, 뿌리 등을 나눠주었다. 하지만 그렇게 몇 년의 시간이 흐르자 더는 루시네 남매에게 먹을거리를 주는 사람이 없었다.

어느 봄날 저녁, 무당이 벌인 성인식을 통해서 루시와 오빠는 성인 세계에 입문했다. 그날부터 두 사람은 스스로 먹을 것을 구해야만 했다. 루시는 이미 오래전부터 이 순간이 올까봐 두려움에 떨었었다. 처음 몇 달은 정말 견디기 힘들었다. 하루라도 빨리 민첩한 사냥꾼이나 채집꾼이 되어야만 했다. 이 무렵엔 제대로 된 식사를 해본 적이 드물었고, 따라서 많은 청소년들이 살아남기 힘들었다. 태양이 오래도록 머무는 시기에는 실력 있는 사냥꾼, 수완 좋은 채집꾼이 되어서 먹을 것을 손에 쥘 수 있을 때 최대한 많이 먹어두었다가, 태양이 기운을 잃는 계절을 대비해서 피부 아래쪽에 지방을 비축해두어야 했다.

루시는 별다른 문제없이 청소년기를 넘겼으며, 동생들에게 먹을거리를 찾아내는 방법을 가르쳤다. 적당한 시기에 가장 영양분이 많은 알갱이를 골라야 하며, 몇몇 식물은 비록 군침이 돌 정도로 맛있어 보이더라도 절대 따지 말아야 한다고 누누이 강조했다. 그런 먹음직한 식물들은 때로 생명에 위협이 되기 때문에 무당들만 그 같은 식물들을 취한다는 설명도 덧붙였다. 제대로 된 먹을거리를 구하려면 관목 숲을 돌고, 나뭇가지 위로 올라가는 것은 물론 땅을 파서 뿌리를 캐내기도 해야 했다. 먹기 좋은 분량만큼 포장되어 나온 채소나 고기처럼 손쉽게 먹을거리를 손에 넣는 시대가 오려면 아직도 한참 기다려야 했다.

몇 년이 지난 뒤 루시는 많은 자녀를 낳았다. 적당히 살집이 오른 루시는 마을 남정네들의 애간장을 녹였다. 그들은 너 나 할 것 없이 저마다 루시처럼 통통한 아이를 원했기 때문이다. 루시가 낳은 아이들은 모두 살아남았고, 이는 정말 기적에 가까운 일이었다. 아이들은 모두 엄마를 닮았다. 특히 딸들은 탐스러운 머리채며 신비스러운 눈길, 올바른 사고방식, 탐스럽게 부풀어오른 허벅지까지 엄마를 그대로 빼닮았다.

루시는 이제 할머니가 되었다. 거듭되는 임신과 출산으로 몸에 기운이 쭉 빠졌고, 더 이상 이제 아이를 가질 수 없게 되었다. 그즈음 루시는 자신의 몸이 다시 한 번 크게 변하는 것을 느꼈다.

할머니가 된 루시는 가족과 마을 사람들에게 아무짝에도 쓸모없었다. 청소년기와 마찬가지로 홀로 먹을거리를 마련해야 했다. 고기를 먹을 기회는 드물었고, 갓 성인이 되어 힘을 길러 마을의 생존을 짊어져야 할 젊은이들이 먹고 남긴 음식이나 얻어먹을 뿐이었다. 그래도 루시는 앞으로도 여러 해 동안 살아 있을 것이다. 앞으로 지방 형태로 에너지를 비축해놓는 습관이 다시 발동하여 남은 루시의 여생을 지킬 것이고, 추운 겨울을 이겨내게 도와줄 것이다.

어느 날 해질녘, 마을 남자들이 사냥터에서 돌아올 즈음이었다. 루시는 어렸을 때 아버지와 오빠가 사냥에서 돌아오는 모습을 보기 위해 올라가곤 했던 언덕으로 올라갔다. 밝은 눈동자의 두 눈을 가늘게 뜨고 미소를 지으며 아들들과 손자들이 사냥에서 돌아오는 광경을 지켜보았다. 그들은 예전에 아버지와 오빠가 그랬던 것처럼 통통한 몸집을 둔하게 움직였다. 하지만 마을의 다른 남자들하고 구분이 될 정도로 체격이 크지는 않았다.

루시와 오빠, 여동생들의 자손들은 그 수가 무척 많았으며, 이제 이들 집단은 남자건 여자건 모두 통통한 사람들뿐이었다. 구석기시대에 처음 등장한 예술가들은 루시를 추억하려고 특히 큼지막한 엉덩이를 아름다운 조각으로 남겼다.

루시는 우리의 조상이다. 몸의 특징 덕분에 궁핍한 시대에 살아남을 수 있었던 루시는 오늘날처럼 먹을거리가 지천으로 널린 풍요의 시대에는 알맞지 않을 수도 있다.

당분이 들어 있는 음식을 먹을 때마다 인슐린이 조금씩 분비된다. 오늘날 우리가 먹는 거의 모든 음식에 당분(그것도 대부분 흡수가 가장 빠른 형태의 당분)이 들어 있으므로, 인슐린은 아주 빠른 간격으로 자주 분비된다. 설탕을 넣은 커피, 비스킷 한 조각, 탄산음료나 알코올음료 등은 인슐린 분비를 촉진한다.

지방조직의 성장을 촉진하는 기름 또한 현대를 사는 우리가 많이 먹는다. 이러한 기름은 세포전달물질이라는 그럴듯한 이름으로 불리는 분자의 형성을 촉진한다. 세포전달물질은 밥을 먹고 나서 남는 에너지를 비축하는 세포수를 늘려 지방조직의 성장을 촉진한다. 그러니 비만이 엄청나게 늘어나는 것도 놀라운 일은 아니다. 특히 요즘처럼 풍요로운 시대가 되기 이전 시대에는 생명에 가장 큰 위협을 느꼈던 청소년기나 폐경기에 비만이 갑자기 늘어났다.

요즘 우리는 잦은 간식, 당분의 과다 섭취, 질 나쁜 기름의 사용 같은 예전과 너무나 다른 식생활에 익숙해 있다. 이 같은 습관은 두 가지 점에서 매우 나쁘다. 첫째, 지방의 생성과 축적이 쉽다. 둘째, 뒤에서 다시 이야기하겠지만, 축적된 지방은 분해가 어렵다. 빗대어 말하자면 브레이크가 고장 난 자동차의 가속 페달을 계속 밟는 격이다.

루시는 지방을 분해하는 방식을 고안했다

탐스럽게 부풀어오른 허벅지를 지닌 우리의 조상 루시는 당분과 지방 형태로 에너지를 비축하는 방식을 고안했다. 또한 그녀는 필요할 경우에 이 비축된 에너지를 사용하는 방식도 알고 있었다. 에너지가 필요할 때면 루시의 몸 안에서는 특별한 기제가 발동한다. 에너지가 비축되는 과정과 정반대되는 기제임은 두말할 필요도 없다.

이러한 기제를 조율하는 것은 혈액 속에 포함된 당분의 수치다.

식사를 하고 나서 루시의 혈액 속에 당분의 양이 늘어나면, 즉 혈당 수치가 올라가면, 인슐린이 분비되고 이 인슐린은 세포 속으로 당분이 들어갈 수 있도록 도와서 에너지의 비축을 쉽게 한다. 이때 에너지는 주로 두 가지 형태로 비축된다.

첫째, 매우 빠르게 소비되는 에너지. 흔히 글리코겐이라고 부르는 복합당은 간과 근육 등에 저장되었다가 필요할 때 곧바로 사용된다.

둘째, 지방 형태로 (지방조직 속에) 축적된 비축 에너지.

끼니와 끼니 사이에 텅 비었을 때 혈액 속의 당분 수치가 내려가면, 반대로 세포에 신호가 전달되어 세포들은 바깥쪽으로 문을 연다. 그러면 첫 번째 형태의 에너지, 즉 빨리 소모되는 에너지는 간이나 근육을 떠나 몸의 각 기관에 공급된다. 그것으로도 충분하지 않으면 우리 몸은 두 번째 형태의 에너지, 즉 지방 형태인 에너지를 동원한다. 우리 몸은 기가 막히게 완벽한 구조를 이루고 있어서 이때 인슐린과 정확하게 반대되는 기능을 하는 물질, 즉 글루카곤이 분비되어 당분의 분해를 돕는다.

루시는 어떻게 비축 지방을 봄눈 녹듯 사라지게 했는가?

'지방 분해', 사실 약간 복잡하지만 그래도 효과가 있다.

요즘 들어 루시는 주의가 산만한 편이다. 하지만 석양이 나뭇가지 사이로 멋진 빛을 선사하는 구석기시대의 봄날 저녁, 어떻게 나른한 공상에 빠지지 않을 수 있단 말인가? 루시는 들판을 거닐면서 변화무쌍하게 바뀌는 풍경을 바라보는 걸 무엇보다 좋아한다.

이제 곧 밤이 될 테니 루시는 서둘러서 집으로 돌아가야 한다. 멀쩡하게 깨어 있으면서도 공상을 즐긴 탓에 루시는 동굴을 잘못 찾아든 것도 모르고 있었다. 이상하게 코를 찌르는 강한 냄새 때문에 루시는 뭔가 잘못되었다는 걸 알아차렸다. 어둠에 잠긴 동굴 속에서 루시는 맨 먼저 아주 가까이에 있는 곰의 불타오르는 듯한 두 눈을 보았다. 곰이 무시무시한 목소리로 으르렁거리기 직전 루시는 공상에서 깨어나 희미한 빛이 느껴지는 동굴 입구 쪽으로 달리기 시작했다. 곰의 거친 숨소리와 쿵쾅거리는 육중한 발자국 소리가 바로 가까이에서 들렸다.

저녁 무렵이면 루시의 혈당 수치는 매우 낮다. 다시 말해서 혈액 속에 당분이 별로 없는 상태이다. 그런데 지금 루시는 빨리 그리고 아주 멀리까지 달아나야 하는 상황이다. 루시는 곰이 얼마나 빨리 달리는지, 얼마나 왕성한 식욕을 자랑하는지 잘 안다.

루시가 있는 힘을 다해 달리자마자 다리의 근육은 생존을 위한 달리기에 필요한 열량을 써버렸다. 그러자 엉뚱녀 루시의 췌장은 곧바로 활동에 들어가 혈당이 낮아졌음을 확인한 다음 글루카곤을 분비한다. 글루카곤이 점점 더 빨리 달려야 하는 루시의 근육으로 들어간다. 이내 엉뚱녀의 간에 도착한 글루카곤은 그곳에 저장되어 있던 많은 양의 당분을 걸음아 날 살려라 달리고 있는 루시의 혈액으로 보낸다. 혈액을 통해 몸속을 돌아다니던 당분은 뇌에까지 전달된다.

얼마나 다행인가! 순순한 달리기 시합으로 치자면, 곰이 훨씬 유리하겠지만 우리의 루시는 두 발 동물이며 두뇌 회전이 빠르다는 무시 못할 장점을 가지고 있지 않은가! 곰은 네 발로 공격하는데 이는 강점일 수도 있지만 나무가 무성한 숲에서는 오히려 약점이 된다. 루시는 나무 사이로도 달리고 지그재그로도 달리면서 동시에 어느 길이 가장 지름길인지 열심히 머리를 쥐어짤 수 있다. 이 같은 두뇌 회전을 위해 루시의 뇌는 당분을 필요로 한다.

글루카곤 덕분에 간 저장고에서 풀려나온 당분이 달리기에 필요한 근육과 가장 짧은 거리를 찾느라고 궁리해야 하는 뇌를 위해 어마어마한 에너지를 공급한다. 이건 죽느냐 사느냐의 문제다!

이제 주위에는 온통 어둠이 내리기 시작한다. 뒤를 돌아보니 아직까지도 곰의 이글거리는 눈동자가 눈에 들어온다. 루시는 무섭고 피곤하다. 날이 어두워지자 추위가 몰려온다. 심장이 요란스럽게 방망이질한다.

자, 난 이 정도에서 이 숨 가쁜 대결을 끝내려고 한다. 장담하건대, 이번 시합에서 루시는 절대 죽지 않을 것이다. 나는 슬프게 끝나는 이야기라면 질색이다. 그런데 한 가지는 짚고 넘어가자. 곰은 왜 루시를 잡아먹지 못했을까? 그건 우리의 엉뚱녀 루시가 무수히 많은 기제를 발동시켰기 때문이다. 그 기제들이란 늦은 봄날 저녁 석양만큼이나 다양하며 서로 도움을 준다는 것이 놀라울 따름이다.

루시는 두려움에 떨었고, 배가 고팠으며, 추웠다. 자, 이런 상황이라면 루시의 뇌는 스트레스 호르몬(이를테면 아드레날린 같은 종류)을 분비한다. 그런 다음 다른 종류의 물질이 그 뒤를 잇는다. 어둠 속에서 방망이질하는 루시의 심장과 루시가 느끼는 두려움은 지방 분해 효과가 있는(비축 지방을 거둬들이는 효과) 분자들을 생산해낸다. 그건 당연한 일이다. 젖 먹던 힘을 다해서 뛰어야 하는 상황이라면 심장 또한 어마어마한 에너지를 필요로 한다. 그런데 뇌와는 다르게 심장은 지방을 에너지원으로 이용할 수 있다.

이렇듯 지극히 복잡한 체계가 가동한 것이다. 내분비샘에서 '카테콜아민' 이라는 '지방 분해' 분자를 내보내서 지방조직세포 안에 들어 있던 지방들이 저장고에서 빠져나온 것이다. 루시는 달리고 또 달려야 했으므로 '비축 열량' 에 의지할 수밖에 없었다. 쓸 수 있는 당분은 이미 바닥이 났거나, 아주 적은 양만 남아 있었으므로 비축 열량은 뇌를 가동하는 데 사용해야 했다.

루시는 자신이 곰보다 힘에서는 뒤지지만 머리 쓰기에서만큼은 한 수 위라는 사실을 잘 알고 있었다. 몸속에 있던 당분이 바닥나면 저장되어 있던 지방이 나서서 생존에 필요한 에너지를 공급한다. 다행히 계절은 늦은 봄이었으므로 루시는 허벅지, 엉덩이, 배 부위에 이미 상당량의 열량을 저장해둔 상태였다. 따라서 루시는 간에 저장되어 있던 당분으로 머리를 쓰고, 당분과 비축 지방으로 근육을 움직였다. 동시에 주로 지방을 통해 열량을 공급받는 심장을 가동시켜 곰을 따돌렸던 것이다.

수천 년이 지난 지금도 루시의 신체 기제는 그대로 작동한다. 지방조직에 비축되어 있는 지방을 저장고 밖으로 끌어내기란 쉬운 일이 아니다. 지방조직의 주된 기능은 어려운 시기에 대비해서 지방을 비축해두는 것이기 때문에, 아주 심각한 상황이 아니라면 이 에너지를 좀처럼 (지방조직) 밖으로 끌어내기 어렵다. 이를테면 추위, 배고픔, 공포 등으로 심장 운동이 활발해지는 상황이 여기에 속한다.

이제 그로부터 수천 년이 지난 지금 루시의 후손이 주말마다 농구를 한다고 하자. 농구는 어두운 숲에서 하는 것도 아니고 사나운 짐승이 죽기 살기로 따라오는 경우도 아니다. 오히려 친구들끼리 보내는 즐거운 시간이다. 물론 빨리 움직여야 하기 때문에 처음에는 근육과 간에 저장되어 있던 당분이 에너지원으로 사용된다. 경우에 따라서는 패배에 대한 스트레스와 패배로 느끼게 될 실망에 대한 두려움이 생길 수도 있다. 손에 땀을 쥘 정도로 조마조마하게 진행되던 시합이 끝날 무렵이면, 허벅지나 엉덩이에 비축되어 있던 지방이 몇 그램 정도 저장고로부터 나와 승리를 결정짓는 마지막 덩크슛을 하는 데 필요한 열량을 공급한다. 승리하려면 뇌의 명철한 판단(그에 따른 당분 소모)과 규칙적으로 뛰는 심장(그에 따른 지방 소모) 그리고 제대로 자리 잡은 근육(그에 따른 당분과 지방 소모)이 필요하다.

시합이 끝난 후 루시의 먼 후손의 지방저장고는 약간 줄어들었다. 하긴 선수 세 명이 모자라서 혼자서 일인 삼역을 해야 했으니까. 하지만 이겼다고 해서 친구들과 농구장 근처 술집에서 너무 거하게 뒤풀이를 해서는 안 된다. 몸매관리에 전혀 도움이 되지 않으니까. 물론 이론상으로는 잘 알지만, 운동하는 기쁨이 몸매관리에만 있는 건 아니지 않은가. 시합이 끝나고 나서 친구들과 술 한잔 같이 마시면서 수다 떠는 기쁨도 누리지 못한다면, 집으로 돌아가는 마음이 어찌 행복하겠는가.

당연한 말이지만, 매머드를 잡기 위해서나 곰의 공격을 피하고자 오래도록 달려야 했던 구석기시대에는 혈액 속의 당분 수치가 내려가는 경우가 잦았기 때문에 비축된 지방을 재빠르게 써버릴 수 있었다. 그런데 오늘날에는 먹는 음식 성분도 달라졌을 뿐 아니라 지나치게 자주 음식을 먹는 습관 때문에 지방이 쉽게 축적된다. 게다가 축적된 지방을 써버리는 일이 점점 더 어려워지고 있다. 단맛 나는 과자, 탄산음료 한 잔, 친구들과 나눠 먹은 케이크 한 조각 등이 혈당 수치를 높이고, 에너지를 써버려야 한다는 신호를 막아버리므로 축적된 지방 분해를 방해한다. 물론 그렇다고 해서 바로 뚱뚱해진다는 말은 아니다. 어디까지나 날씬해지는 데 방해가 될 뿐이다.

말했다시피, 매머드도 거의 찾아볼 수 없고 곰이 우리의 주거지를 습격하는 일도 거의 없는 요즘에는 죽을힘을 다해 뛸 일이 없으니 혈당 수치가 내려가는 일도 드물다.

자, 지금까지가 지나간 1만 년 동안 궁핍한 세계에서 생존을 위해 고심하던 시절에 형성된 몸 구조가 풍요와 과잉의 세계에 접어들어 얼마나 부적절한 구조로 되었는지를 보여주는 대목이다.

지방조직을 합성하는 능력이 구석기시대라는 어려운 시기를 살아낸 우리 조상에게는 생존을 보장해주는 기회였다. 하지만 오늘날 이 같은 능력을 100퍼센트 활용한다면, 우리는 흔히 문명병이라고 하는 질병(당뇨병, 비만 등)에 걸리기 십상이다. 문명병이 그 모습을 드러낸 지는 이제 겨우 반세기 정도 되었지만, 언제 폭발할지 모르는 뇌관처럼 우리를 불안케 하고 있다.

루시의 지방조직에 관해 오늘날 과학적으로 알려진 사실

지방이 비축되는 지방조직이란 매우 중요한 신체 기관이다. 헤아릴 수 없이 많은 합성이 이루어지는 공간이고 호르몬을 만들어내는 곳이기도 하다. 지난 수천 년 동안 인류가 진화를 거듭하면서 이 기관은 처음보다 그 중요성이 줄었다. 특히 최근 수십 년 사이에는 그 현상이 더 뚜렷하다. 하지만 만일 이 지방조직이 없었다면, 우리의 조상인 루시와 그 동생들은 구석기시대의 혹독한 겨울을 버티지 못하고 멸망했을 것이다.

지방조직은 우리의 생존에 큰 영향을 미치기 때문에 이를 구성하는 세포들은 한 번 형성되면 거의 죽지 않는다. 이 조직은 우리가 태아일 때, 즉 임신 6~7개월 정도 되는 시기에 생겨나고, 특히 임신 마지막 3개월부터 출산 직후 수개월까지 활발하게 생성된다. 구석기시대 동굴은 추웠기 때문에 태어날 때부터 이불을 두르듯 몸 안에 이 지방질 조직을 두툼하게 감고 있는 편이 생존 확률이 높았다.

이 '몸 안의 이불'은 생후 처음 몇 개월 사이에 특별한 지방조직이 된다. 갓난아이의 에너지를 저장하고 보온을 통해 출산 당시 아기가 받을 수 있는 '열 충격'을 줄여주는 완충장치 역할을 하는 것이다.

지방조직은 몇 가지 단계를 거쳐 성장하는데, 대부분 세포수를 늘리는 단계와 세포 크기를 키우는 성숙 단계가 번갈아가면서 나타난다. 또한 지방조직은 나이에 관계없이 모든 나이에 새로운 세포를 만들어 성장을 꾀할 수 있다.

지방조직의 세포수는 한 번 늘어나면 절대로 줄어드는 법이 없으며 이 과정은 '소리 소문 없이' 이루어진다. 비만이 될(또는 매우 뚱뚱해질) 가능성은 아주 어린 시기에도 나타날 수 있으며, 세포수가 늘어났다고 해도 당분간 몸무게에는 별다른 변화가 없기 때문에 겉으로는 잘 드러나지 않을 수 있다. 심지어 태아 상태에서 이미 지나치게 많은 지방조직세포가 형성되는 경우도 있다.

이렇게 지방조직세포의 개체수가 늘어나고 크기가 커지는 과정은 모두 외부 자극으로 조절된다. 이때 외부 자극이라고 하면 대체로 다음과 같은 세 가지를 들 수 있는데, 먼저 두 가지는 음식과 관련이 있다.

첫째, 인슐린 분비를 촉진하는 당분.

둘째, 세포전달물질을 만들어내는 몇몇 식물성 기름.

셋째, 성호르몬(특히 이유기, 사춘기, 폐경기 같은 인생의 커다란 전환기에 이 호르몬의 활약이 두드러진다).

외부 자극이 지나치게 간략한 듯하지만 그래도 중요한 내용은 다 들어 있다. 우리는 일생 동안 (특히 인생의 격변기 내지 대전환기에) 지방조직세포를 만들어내며, 이 세포들은 무엇보다 지방으로 그 안을 채우려는 습성이 있음을 명심해야 한다.

그렇다면 루시의 먼 후손인 우리가 지켜야 할 철칙은 무엇이 있을까?

군것질을 하지 않는다, 되도록 자주 몸을 움직인다, 걷는다, 당분과 몇몇 기름은 먹지 않는다. 그리고 루시가 열량을 비축한 것은 몇몇 시기에 당장 필요한 열량보다 많은 열량을 섭취했기 때문이었음을 기억하자. 다시 말해서 필요한 열량만큼만 먹으면 비축될 열량은 없다. 이 점을 잊지 않는다면, 간혹 여럿이 어울려서 즐겁게 밥 먹는 일을 완전히 외면할 수는 없더라도 먹는 양만큼은 우리가 평소에 써버리는 열량을 고려해서 조절할 수 있지 않을까.

루시는 아버지와 오빠, 시간이 지난 뒤에는 아들들과 손자들이 돌아오기를 기다리던 언덕에 앉아 꿈속에 잠긴다. 아마도 루시는 깨어나지 않을 것이다. 삶이 천천히 그녀로부터 빠져나가고 구석기시대도 저물어간다.

구석기시대의 습성은 우리 유전자 속에 남아 있지만, 이제 새로운 시대가 시작되려고 한다. 우리에게 새로운 식습관을 선사할 새로운 시대가 다가왔다.

우리 몸을 구성하는 유전자와 식품 사이에 생겨난 최초의 괴리

농업을 발명한 룰루

룰루는 우리의 먼 조상인 루시와 닮았다. 키가 조금 더 크고 더 날씬하지만, 이따금씩 동요하는 밝은 빛깔의 눈동자는 똑같다. 룰루는 루시가 했던 것처럼 자신을 둘러싸고 있는 주변 사물들을 살핀다. 당황스러울 때도 있지만 대체로 경이로움을 느끼며 룰루는 주변 환경을 이해하고자 한다. 그러다가 어느 순간 주변을 이해하고 설명하려는 의지가 발동하기 시작하면 룰루의 눈동자는 한층 강렬해진다.

루시가 살았던 시대로부터 벌써 수천 년이 지난 지금, 기후는 한결 따뜻해졌다. 덕분에 사냥감도 많아졌고 곡식과 과일이 자라나는 시기도 1년 내내 고루 분포하게 되었다. 하지만 부락 단위가 커지자, 사냥할 곳은 예전보다 훨씬 좁아졌다. 부락 간에 갈등이 발생하면 사냥할 때 쓰는 무기들이 전쟁을 하는 무기로 돌변하기도 했다.

풀이 무성하게 자라나고 철따라 열매를 맺는 식물들이 늘어나자, 열매를 먹고 사는 사냥감들도 덩달아 늘어났다. 그러나 식사는 예전처럼 간소하고 양도 적다. 살아갈 곳은 줄어드는데 식구가 늘어났기 때문이었다.

부락 안 나이 든 노인들이 예전, 그러니까 인구가 그리 많지 않았던 옛 시절 이야기를 들려주곤 한다. 축복받은 그 시절에는 풀뿌리며 씨앗 알갱이, 과일들이 지천으로 널려 있어서 그것들을 먹고 자란 사냥감들은 살집이 좋고 육질이 부드럽고 육즙도 많았다고 한다. 노인들의 입을 통해서 듣는 전설을 살펴보면 그때에는 삶이 수월했던 모양이다.

룰루가 속한 부락은 예전에 루시가 살던 지역인 유럽과 아시아의 접경지대를 근거지로 삼고 있다.

룰루가 언덕으로 올라간다. 루시가 사냥터에서 돌아오는 남자들을 기다리던 바로 그곳이다. 하지만 지금 루시가 살아 있다면,

룰루의 눈에 비친 이 풍경을 도저히 알아볼 수 없을 것이다. 1년 중 가장 더운 계절인 요즘 들판에는 갖가지 알갱이가 열리는 키가 큰 식물들로 뒤덮여 있다. 세월이 흘러 쭉쭉 뻗은 줄기가 언덕은 물론 바위틈까지도 뚫고 나왔기 때문이다.

룰루는 가끔 자신의 키만큼이나 높게 뻗은 줄기 끝에 매달린 이삭에서 알갱이가 터져 나오는 광경을 지켜보았다. 거센 기세로 자리를 넓혀가는 식물들은 머지않아 언덕을 뒤덮어버릴지도 모른다. 이삭에서 터져 나온 알갱이들은 하나하나가 새로운 식물을 만들어낼 것이다. 비가 오면 알갱이들은 젖은 흙 속으로 스며든다. 룰루는 가을비를 매우 좋아한다. 피부를 타고 흘러내리는 물의 감촉과 빗속에서 코끝으로 전해지는 흙냄새도 좋아한다. 그럴 때면 룰루는 공상에 잠겨 앞으로 다시 시작될 생명의 순환을 눈앞에 그려본다. 며칠이 지나고 나면 자그마한 푸른 잎이 젖은 흙을 뚫고 고개를 쏙 내밀 것이다. 싹을 틔운 알갱이는 새로운 줄기로 자라나고, 첫 추위가 몰려올 무렵이면 성장을 멈출 것이다. 다시 봄이 돌아와 낮이 길어지면 룰루는 언덕에 오를 것이고, 성장을 멈추었던 줄기도 다시 자라날 것이다.

룰루는 생명이 다시금 자라나는 약간 더운 날들이 좋다. 언덕 아래 들판에는 벌써 쑥쑥 자라난 풀들이 진한 빛으로 변해가고 있었다. 머지않아 풀을 먹고 사는 덩치 작은 반추동물들이 들판으로 몰려나올 것이다.

날씨가 화창한 날이면 룰루는 높이 뻗은 줄기에서 떨어진 알갱이들을 한 움큼씩 집어들었다. 집어든 알갱이를 부락으로 가져가서 짓이겨 가루로 만드는 대신 룰루는 그것들을 자신이 살고 있는 흙집 뒤 젖은 흙 위에 뿌렸다. 비가 와서 흙과 알갱이가 한데 섞이기를 기다렸다. 비가 오지 않자, 룰루는 물을 길어다 알갱이들 위에 뿌려주었다. 나뭇가지를 하나 꺾어서 흙을 조금 판 다음 알갱이들과 물과 흙을 잘 섞었다. 며칠 후 흙을 뚫고 작은 연둣빛 새싹이 솟아나왔다. 그로부터 몇 주일이 지나자 작은 새싹은 어느 새 힘 있는 줄기로 자라났다. 다시 몇 달이 흘렀을 때 줄기 끝에 이삭이 영글었고, 그 후 이삭으로부터 영양분이 많은 알갱이들을 거둬들일 수 있었다.

신석기시대에 들어와 맨 처음 알갱이를 땅에 심는 것으로 룰루가 농사를 발명해냈다. 그러나 오대륙에 퍼져 있는 신화를 보면, 놀랍게도 룰루의 천재다운 행동에 그 어떤 찬사도 보내지 않는다. 룰루의 발명을 찬양하고 룰루를 위한 제단을 짓는 것이 아니라 오히려 나무라는 투다. 초기 농경시대는 몹시 힘든 시대였기 때문이다. 우리 조상은 밀과 소, 이집트 콩, 무화과, 암양, 돼지, 사탕무, 상추, 사과나무, 뿔닭, 호박 같은 가축, 곡식, 채소를 동시에 길러내야 했다. 그러나 짐승을 가축으로 기르지는 못했을 것이다. 또한 농사를 지으면서도 오래도록 사냥과 채집을 통해서(그 사정은 요즘도 다르지 않다!) 식량의 상당 부분을 충당했을 것이다.

하지만 농사 때문에 영양의 불균형이라는 새로운 현상이 나타났을 것이 틀림없다. 농사를 통해서 수확량이 늘어나던 초기 단계에, 식품의 가짓수는 줄어들었을 확률이 높다. 식량을 확보하는 문제를 해결하려던 룰루의 첫 시도는 훗날 인류에게 몰아닥칠 부작용의 씨앗을 이미 지니고 있었던 것일까.

이제 인류는 사냥과 채집으로 수많은 종류의 먹을거리를 얻던 시대를 끝내고 필요한 식량을 직접 생산하는 시대로 접어들었다.

룰루는 선악과를 한 입 베어 문 것이다. 밀의 원조인 씨앗 알갱이 한 줌을 땅에 뿌리는 동작을 통해서 룰루는 먹을거리를 취사선택하는 시대, 잘 짜인 농사, 단위면적당 수확량을 높이기 위해 연구를 거듭하는 시대로 접어든 것이다. 룰루의 이 상징적 행동으로 모든 것이 순식간에 변했다. 엄청난 인구 증가와 유전자변형식품의 출현 또한 예고된 것이었다. 신들의 영역에 감히 뛰어들어 신들의 노여움을 산 룰루는 이제 이브가 되어 에덴동산에서 쫓겨났다.

그로부터 제법 세월이 흘러 룰루의 후손들은 곡식을 저장해서 보관하는 기술을 발명해냈다. 그들은 염소와 개를 비롯한 다른 짐승들도 가축으로 길렀다. 이제 궁핍의 시간은 거의 사라졌고, 루시 때부터 끈기를 가지고 다듬어온 체형은 농업과 가축 사육의 시대를 맞아 점점 더 적응력이 떨어져갔다.

곡식과 과일, 채유 식물들을 수확하면서 룰루의 후손들의 식생활은 뚜렷하게 바뀌었다.

영양학 분야에는 꽤 특별한 (그러면서 동시에 매우 진지한) 전공이 바로 '구석기 영양학'이다. 구석기 영양학에서는 룰루가 농업을 발명하기 전에 우리의 신체 구조를 조상의 식사를 통해서 연구한다. 구석기 영양학자들은 2만 년이 넘는 화석이 되어버린 식사를 연구 대상으로 삼는다. 또한 현재 아마존 유역이나 태평양 군도의 밀림에서 거주하는 이 시대 마지막 원시인들의 식생활도 면밀히 관찰한다.

구석기 영양학자들이 작성하는 논문들은 현재 우리가 지닌 유전자(루시의 유전자와 같은 유전자)와 우리 식생활의 차이에 대한 해박한 정보를 제공한다. 우리 몸은 우리의 조상인 수렵-채집인 어부들로부터 물려받았다. 뤼시앵의 벌들이 꿀을 먹도록 만들어진 것과 젖소들이 풀을 뜯어먹도록 만들어진 것처럼, 우리는 섬유질과 짐승의 몸에서 얻을 수 있는 각종 먹을거리들에서 매우 다양하고 광범위한 영양분을 섭취하도록 만들어졌다. 사냥으로 잡은 짐승의 고기에서 얻는 단백질과 지방은 우리 몸에 없어서는 안 될 영양분을 제공한다. 부락 여자들이 채집한 씨앗, 과일, 나무 열매, 뿌리 같은 몇몇 곡식만을 주식으로 먹을 경우 부족하기 쉬운 원소, 비타민, 마이크로 영양소를 공급하는 것이다.

룰루가 봄이면 즐겨 감상하곤 했던 오색영롱한 주변 풍경은 오늘날 '생태계의 다양성'이라고 부를 만한 것이었다. 그런데 봄날의 풍경이 차츰 변해갔다. 곡물 재배와 더불어 특정 지역에서는 특정 작물만을 키우면서부터 풍경은 점차 단조로운 모습으로 바뀌어 갔다. 일부 작물은 아예 재배하지 않게 되어 여러 세대를 거치면서 점차 우리 식탁에서 자취를 감추어버린 곡물이나 채소, 과일이 적지 않다. 가금 사육장이나 외양간도 들판이나 정원과 사정이 별반 다르지 않아서 기르는 가축의 종류는 점점 줄어들었다. 거위, 말, 토끼 고기의 소비는 최근 몇십 년 사이에 뚜렷하게 줄어들었다.

가축에게 먹이는 사료 또한 시간이 흐름에 따라 점차 단순해졌다. 이제는 거의 옥수수, 밀, 콩으로 이루어진 사료만 먹인다. 그래도 봄날의 풍경은 언제나처럼 아름답고, 햇빛을 머금은 젖은 흙의 냄새는 룰루의 마음을 들뜨게 한다. 생명의 계절이 돌아왔음을 알리는 신호이기 때문이다. 하지만 예전보다는 단조롭고 덜 다채로운 풍경임에 틀림없다.

루시가 생존을 위해 열심히 사는 모습을 지켜보면서 우리는 식사와 식사 사이 간격의 중요성, 군것질의 폐해를 거듭 강조했다. 룰루의 출현과 더불어 농업이 시작되었고 그로 말미암아 과거 식생활과는 단절되어버렸다. 이를 통해 우리는 섭생에서 두 가지 중요한 원칙을 새삼 깨닫게 된다.

첫째, 다양성. 되도록 여러 가지 종류의 먹을거리를 먹는 것이 중요하다. 우리의 운동량이 예전보다 눈에 띄게 줄어들었으므로, 식사량은 많지 않아도 되지만 다양한 종류의 음식을 먹는 것은 여전히 중요하다. 고기, 곡식, 과일, 치즈, 동식물성 기름 등은 과거에 우리가 주변 환경(오늘날 용어로는 생태계)에서 쉽게 구할 수 있었던 특별한 영양소를 공급한다.

둘째, 균형. 필요량보다 너무 많은 열량을 취하는 것은 금물! 당분 형태의 열량이든 지방 형태의 열량이든 마찬가지다. 우리 몸은 과잉 열량을 몸속에 비축해두려는 성질이 있다. 우리가 먹는 당분이나 지방은 그 양도 중요하지만 질도 (이에 대해서는 뒤에서 상세히 다룰 것이다) 대단히 중요하다. 바로 이것들이 지방 비축과 소모를 조절하는 기제에 직접 작용하기 때문이다.

다시 한 번 정리해보자. "모든 식품을 적당히 먹고, 저마다 식사는 자신의 필요에 맞게 먹어야 하며, 군것질은 하지 않으며, 운동을 많이 해야 한다."

사실, 이런 말은 누구나 한다. 하지만 내 이야기는 여기서 끝이 아니다. 책을 한 권 쓰기로 한 만큼, 누구나 하는 말만 할 수는 없지 않겠는가. 분명히 더 많은 이야깃거리들이 있다. 여러분이 이미 알고 있는 이야기도 있겠지만, 처음 듣는 이야기, 말하기 다소 조심스러운 이야기, 신중하게 접근해야 하는 이야기들도 있을 것이다. 하지만 식습관에서 가장 기본이 되는 원칙은 앞에서 이야기한 말 속에 모두 들어 있다.

요즘 우리는 너무 많이 너무 자주 먹는다. 그런데도 다양한 음식을 충분히 섭취하지 못한다. 올바른 식습관에 대해서는 나보다 훌륭한 전문가들이 많으므로, 나는 이제부터 구라구라를 소개할까 한다.

식생활 원칙의 확립

구라구라의 등장

룰루가 농사를 발명한 지도 벌써 여러 세기가 지났다. 룰루의 후손들은 밀, 보리, 콩, 아마의 원조인 곡물들을 키우는 방식을 터득했으며, 과실수들을 선별해서 접붙이는 방식도 알게 되었다. 이제 그들은 포도를 재배했다. 야생의 염소와 양들을 가축으로 기르면서 젖을 짜는 방식도 익혔다. 개들을 훈련시켜 인간의 바쁜 일손을 돕도록 했으며, 돼지와 토끼도 길렀다. 그리고 식품을 저장하는 방법도 발명했다. 밀과 밀가루를 비축했으며 포도주, 치즈, 버터도 제법 능숙하게 만들었다. 지금은 올리브 열매를 짜는 방식도 연구 중이다.

너그러운 자연 덕분에 수확이 좋은 해에는 흙집 옆에 지은 헛간이 가득 찼고, 무화과나무 그늘 아래에서는 흥겨운 잔치가 열리곤 했다. 하지만 풍요와 과잉은 별다른 차이가 없는 말이었다. 포도주를 발명해낸 뒤로는 술에 취하는 새로운 현상이 나타났다.

자연의 변덕만이 인간에게 유일한 한계로 작용했으므로, 인간은 풍년이 든 해에는 술에 취하고 소화불량 걸릴 만큼 먹었으며, 흉년에는 굶어 죽어갔다.

이미 오래전부터 인간 사회에서는 무당을 두어 영적 세계와 교감해왔다. 당시에는 자연이 변덕을 부리지 않게 해달라고 신들에게 부탁하는 일이 무당의 주요 업무였다. 동지가 지나면 태양이 어김없이 나타나서 사냥감을 많이 잡게 해주고, 여름이 너무 가물지 않고, 겨울이 너무 춥지 않기를 빌었던 것이다.

룰루가 농사를 발명한 이후 무당들의 기도는 비와 태양을 부르고, 날씨가 이변 없이 순환하는 데 초점이 맞추어졌다.

구라구라는 여느 무당과 다르다. 다른 무당처럼 비의 신, 바람신, 태양신과 아무 문제없이 소통하지만 마을 사람들의 태도는 못마땅하게 여긴다. 그래서 구라구라는 마을 사람들을 나무라며, 그들이 먹을거리와 마실거리에 너무 집착한다고 자주 비난한다. 그래도 그 사람들에게는 쇠귀에 경 읽기여서 구라구라는 아예 인간이 아닌 보이지 않는 신들에게 하소연한다. 그러거나 말거나 마을 사람들은 곡식을 추수할 때, 포도를 수확할 때, 전쟁의 승리를 축하할 때, 남녀의 결합 예식에 이어지는 잔치가 있을 때마다 구라구라를 초대한다. 그러니 구라구라는 마을 사람들의 균형 깨진 식습관이 가져온 끔찍한 결과를 지켜본 산 증인이라고 할 수 있다.

구라구라는 무당일 뿐 아니라 치료사이기도 하다. 그는 세대를 이어 무당들에게 전수된 비법들을 간직하고 있다. 구라구라는 식물이나 야생 열매들이 가진 특별한 효험을 잘 알고 있다. 어떤 식물이 상처를 낫게 하는지, 어떤 식물이 독성이 강한지, 어느 누구보다도 잘 안다. 똑같은 식물이라도 얼마만큼의 분량을 처방하면 약이 되고, 얼마만큼의 분량을 쓰면 병이 나는지도 알고 있다. 그러니 구라구라만큼 식품과 건강의 상관관계를 잘 아는 사람은 없다고 봐야 할 것이다.

구라구라는 내가 이 책을 통해서 이야기하려는 주제에서 꽤 중요한 위치를 차지한다. 이는 그가 신들이 알려준 음식 처방을 보통 사람들에게 전해주어 우리 식탁에 맨 처음 신을 도입한 인물이기 때문이다.

구라구라의 이러한 방식은 효과가 아주 좋았다! 구라구라가 그저 치료사로서가 아니라 보이지 않는 신의 대변인으로서 입을 열면 마을 사람들은 그제야 구라구라의 말을 듣고, 그가 지시하는 원칙을 따랐다! 일부 먹을거리를 적게 먹어라, 절제하라, 단식하라고 구라구라가 지시하면, 그대로 식생활에서 반드시 지켜야 할 원칙이 되어버렸다.

그 후에 생겨난 모든 종교는 음식물과 알맞은 거리를 유지하라고 가르쳤다. 종교들은 금식 품목을 두었으며, 음식을 먹는 행위에 대단한 상징성을 부여했다.

종교의 관점에서 보는 영양의 문제는 매우 흥미진진하다. 이를테면 종교는 음식의 절제에서 금지로, 금지에서 다시 절제로 태도를 바꿨다. 종교는 음식에 관해 매우 명확한 지침을 내렸으며, 특정 음식을 신성시하는가 하면 일부 음식에는 불결하다는 낙인을 찍기도 했다. 종교는 식사의 구성 요소에 대해 시시콜콜하게 관심을 기울였을 뿐 아니라 먹는 방식까지도 결정했다. 종교에 따라 고기를 먹지 않는 날을 정하기도 했다. 사순절이나 라마단, 욤 키푸르(유대교의 속죄일. 이날 하루 동안 아무 일도 하지 않으며 금식한다—옮긴이) 등이 그것이다. 채식주의를 완곡하게 권장하는 종교도 있다. 고기를 얻기 위해 짐승을 도축하는 방식이나 음식을 먹는 방식을 말한 종교도 있다.

신의 계시를 받아 인간의 입을 통해 발표된 이러한 지침은 우연히 이뤄졌다기보다는 오히려 구라구라와 그 뒤를 이은 후대 무당들의 지침이 지니는 실용성과 상징성에 근거를 둔다고 볼 수 있다. 이렇게 해서 확립된 원칙은 상당한 통찰력과 엄격성이 있는 듯이 보이지만, 인간이 그 원칙을 실행으로 옮기는 방식은 훨씬 '융통성'이 있다. 말하자면 인간은 금식하라는 지침보다는 금식이 끝나고 나서 벌이는 푸짐한 잔치를 훨씬 좋아하는 경향이 있다. 종교가 확립한 식습관은 매우 흥미진진한 분야로서, 이 문제만 따로 떼어서 상세하게 분석해볼 가치가 있다(역사학자들과 영양학자들 중에 이 문제만을 연구하는 사람들도 있다).

종교에서 내세운 식생활 관련 원칙들은 모두 한 가지 공통된 기능이 있다. 이 기능이야말로 삶의 본질을 이룬다. 바로 안정된 식생활 원칙을 세워 이를 영원토록 지켜나가야 한다는 점이다. 여러 세기 동안 고기를 먹지 않는 날, 사순절, 종교 축일 등은 사람들의 평소 식습관에 영향을 주었다.

오늘날 종교의 쇠락과 더불어 이러한 원칙은 보기 좋게 깨어지고 있다. 따라서 식습관도 제멋대로 표류하게 되었고, 적어도 다음 두 가지의 돌이킬 수 없는 결과를 낳았다.

첫째, 오래도록 이어져 내려온 절제 또는 제한을 강조하던 식습관의 붕괴. 둘째, 영양학에서 볼 때 논란의 여지가 많은 새로운 식습관의 출현.

우리는 식품에 지나치게 신경을 곤두세우기 때문에 주변 사람들을 짜증나게 하는 이들을 저마다 한두 명씩은 알고 있다.

이처럼 지나치게 한쪽으로 치우친 태도(정식증正食症)는, 이제 막 시작되려는 새로운 식습관으로 넘어가는 과도기에 예기치 않았던 색다른 원칙을 내세워 일부 사람들에게 놀라운 흡인력을 발휘하기도 한다. 사실 이런 태도를 신봉하는 사람들의 신앙에 가까운 열정이 그보다 고귀한 일에 사용된다면 훨씬 바람직할 것이다!

이를테면 일부 집단에서는 익히지 않은 음식만을 먹으라고 강권하는가 하면, 유제품은 성인들에게 권할 수 없다고 말하는 무리도 있다. 그 외에도 유기농 제품 맹신자(유기농 제품이 환경 개선에 기여한다는 데에는 이론의 여지가 없으나 영양면에서도 더 뛰어난가에 대해서는 아직도 논란의 여지가 많다), 사교 집단에 가까운 채식주의

자, 앳킨스 다이어트법 신봉자(탄수화물은 먹지 않고 지방과 단백질만을 먹으라고 권하는 식이요법)가 있다. 여기에 현대판 구라구라들이 주장하는 특정 음식 다이어트까지 덧붙일 필요가 있을까?

건강, 토양, 전통을 하나로 묶자

신토불이 전통 고수자 레옹

레옹은 루시의 후손이며 동시에 룰루와 구라구라의 후손이기도 하다. 그는 뤼시앵과 동시대인이다. 적당히 나이를 먹은 레옹은 음식물 소비에 관한 한 아무리 새로운 경향이 등장했다고 해도 눈도 깜짝하지 않는 부류이다. 레옹은 시골에서 텃밭을 가꾸며 가축도 기른다. 레옹과 아내는 전통 요리법을 이어받아 실천한다. 말하자면 레옹은 멸종 위기에 처한 소비자라고 할 수 있다.

여러 세기에 걸쳐서 각 지역은 그 지역에서 생산되는 농산물을 기본으로 하는 음식의 전통을 확립했다. 밀농사에 알맞은 지역이라면 자연히 밀이 먹을거리의 토대를 이루게 되었다는 말이다. 젖소를 기르기에 알맞은 토양에서라면 젖소에서 얻는 우유가 그 지방 치즈의 주원료로 쓰이는 식이다.

시간이 흐르고 그 지역의 기후와 토양에서 생산되는 농산물, 낙농 제품, 종교 지침, 유행 같은 요소들이 어렵사리 균형을 이룬 가운데 음식의 걸작들이 나타났다. 전통 음식이라고 해서 모두 영양면에서 뛰어나다고는 할 수 없지만, 적어도 전통 음식은 생태학의 균형에서 얻어졌으며, 생태학 균형은 동시에 영양의 균형을 보장해준다는 데에는 이론의 여지가 없다.

시대에 따른 조리법의 변화를 연구하는 역사학자들은 세월이 흘러갈수록 점점 더 다양한 야채를 더 많이 사용한다는 점을 지적한다. 신토불이 전통을 고수하는 레옹 부부조차도 감자에서 토마토에 이르기까지(이 두 가지는 아메리카 대륙에서 유럽으로 건너와 아주 훌륭하게 적응한 사례), 다른 대륙에서 전파된 야채를 거리낌 없이 사용한다는 점에서는 나름대로 조리법에 혁신을 가져왔다고 할 수 있다.

신토불이 전통 고수자 레옹의 부인은 깨어 있는 시간 대부분을 텃밭과 부엌을 오가며 식사 준비를 하는 데 보낸다.

"이건 사는 게 아니야"라고 레옹의 손녀딸들은 분개한다. 손녀딸들의 말이 옳을 수도 있다. 어쨌거나 손녀딸들은 식사 준비에 그토록 많은 시간을 보내기를 거부한 지 오래되었다.

1950년에는 2시간이었던 식사 준비 시간이 그로부터 50년이 지난 지금은 20분으로 줄었다. 레옹의 손녀딸들이 그만큼 더 자유시간을 즐기게 된 걸 생각하면 참 잘된 일이다. 하지만 짧은 시간에 빨리 마련한 식사가 영양면에서도 균형을 잃지 않으면서 손쉬운 식사가 되려면 진보가 가져다준 이 경이로운 시간을 좀 더 나은 영양 관련 교육에 써야 할 것이다.

앞에서 말했다시피 양봉업자 뤼시앵은 먹이사슬과 로열젤리의 관계를 설명하면서, 로열젤리에 들어 있는 특별한 영양소는 벌들이 벌통 주변 생태계에서 그러모은 것이라고 말했다. 벌들 스스로 여왕벌이 먹어야 하는 비타민이나 아미노산 같은 미량 원소들을 만들어내지 못하기 때문이다.

이렇듯 영양의 균형이란 매우 허약해서 깨지기 쉽다. 주변 생태계의 변화가 로열젤리의 구성 성분에 안 좋은 변화를 일으킬 수 있다. 로열젤리의 성분에 조금이라도 변화가 생기면 여왕벌을 옹립하는 체계가 휘청거리게 되며, 결국 벌통의 생존까지도 위협받을 수 있다.

사람도 마찬가지다. 세월이 흘러가면서 각 지방마다 불안한 대로 균형 관계가 자리 잡았고, 이 균형 관계는 끊임없이 변화하는 와중에서도 갑작스러운 단절은 피했다. 기후와 토양, 인간에게 필요한 영양분의 균형은 우리의 생존을 위해 매우 중요하다. 지역 특성을 살린 음식의 전통(그리고 자연스러운 진화)이야말로 균형의 결과물이자 보증수표였다.

우리 몸은 여전히 루시의 몸처럼 기능하는데, 그 몸 안에 들어가는 먹을거리는 룰루가 농업 발명과 더불어 생산해내는 것들로 제한되는 데다(이것만으로도 벌써 문제의 소지가 있다), 그것만으로도 부족해서 구라구라가 제시하는 지침과 레옹이 찬미하는 전통 요리 지침까지 따르다 보면, 우리 몸의 기능은 그야말로 풍비박산이 나버릴지도 모를 일이다. 유감스럽다. 물론 식생활과 관련한 특별한 지침이나 전통 지침이 이로운 점도 있을 것이다. 적어도 역학疫學 전문가들은 그렇게 말한다. 다음에서는 역학 전문가들이 무슨 일을 하는 사람들인지 알아보기로 하자.

역학과 영양

유전자와 환경 그리고 건강 관계를 분석하는 학문

내 어머니는 간호사이다. 1970년대 초, 어머니가 일하던 병원에서는 국립보건의학연구소INSERM에서 작성한 서류들이 은밀히 돌아다녔다. 그 서류들은 흔히 현대병이라고 일컫는 질병(암, 당뇨병, 심근경색 따위)이 사람들의 식습관이나 흡연 습관에서 비롯된다는 내용을 담고 있었다. 당시로서는 혁명에 가까운 내용이었으며, 내 어머니가 그로부터 10년쯤 지난 다음 들려준 이야기로는 그런 이론을 주장했다가는 윗사람의 눈 밖에 나기 십상이었다고 한다.

새로이 출현한 질병과 식습관의 변화를 연결 지으려는 이 같은 연구들이 영양 관련 역학의 토대가 되었다고 할 수 있다. 사전을 보면, 역학은 "생활양식이나 사회 환경 같은 요소가 주민들의 건강에 미치는 영향을 연구하는 학문"이라고 정의되어 있다.

19세기 유럽 국가들이 식민지로 삼았던 지역에서는 역학 연구가 활발하게 이루어졌다. 유럽 대도시에서 의학을 공부한 젊은 의사들이 아프리카나 아시아로 건너가 그곳 인구의 상당수를 죽음으로 몰고 가는 전염병을 연구했던 것이다. 1950~1960년대에 들어와 이 지역에 거세게 몰아닥친 독립운동으로 이들 역학 전문가들은 주요 탐구 대상 지역을 잃게 되었다.

그러나 '천우신조'(!)였는지, 서구 사회에서도 심장혈관 계통 질병, 각종 암, 당뇨병, 비만, 알레르기, 신종 호흡기 질환 같은 새로운 질병들이 잇따라서 출현했다. 전문가들은 신종 질병이 전염병만큼이나 빠른 속도로 퍼져 나가고 있다고 한다. 오늘날 비만에 '전염병'이라는 수식어가 붙게 된 것도 같은 맥락이라고 할 수 있다. 전염성은 없으나 일부 나라에서는 전체 국민 3분의 1이 넘게 앓고 있으며, 앞에서 말한 우울한 결과를 불러일으키는 질병이 바로 비만이다.

몇몇 역학 관련 연구 논문은 지역, 식생활 전통, 주민의 건강, 이렇게 세 가지 요소가 얼마나 밀접하게 연결되어 있는지를 극명하게 보여준다. 나는 그중에서 네 가지 예를 들어보려고 한다. 미국의 애리조나 주, 그리스의 크레타 섬, 핀란드, 그린란드를 여행하면서 잠시 틈을 내어 푸른 들판에 행복이 깃들고, 동시에 심장혈관계통의 건강도 보장된다는 프랑스의 제르 지방에도 들러보자.

애리조나 주의 인디언 피마족과 20세기

생태계가 바뀌면 당뇨병과 비만 환자가 엄청나게 늘어난다

대학생이던 시절, 나는 친구들과 저녁 모임에서 으레 밥 딜런이나 조니 캐쉬 같은 미국 가수들이 부르는 발라드풍 음악을 열심히 들었다. 두 사람 모두 1960년대에 유행하던 포크송 〈아이라 헤이즈의 발라드〉를 불렀다. 아이라 헤이즈는 일본 이오지마 섬에 미국 깃발을 꽂아 전쟁 영웅이 된 인디언 병사였다. 헤이즈의 영웅담은 훗날 제임스 브래들리의 소설로 기록되었으며, 클린트 이스트우드 감독이 그 소설을 각색한 영화 〈아버지의 깃발〉을 통해 전 세계에 알려졌다.

그런데 나는 왜 지금 그 이야기를 꺼내는 것일까? 〈아이라 헤이즈의 발라드〉의 가사를 잠시 음미해보자.

> 용감한 인디언이 한 명 있었네, 그를 기억해야만 하지
>
> 그는 피마족이었지, 자부심 강하고 평화로운 부족
>
> 애리조나의 피닉스 계곡에 살던 부족이지
>
> 반짝이는 물결이 수천 년 동안 계곡 사이로 흘렀다네
>
> 백인이 이들에게서 물에 대한 권리를 빼앗아가자
>
> 노래 부르며 흐르던 물은 입을 다물어버렸다네

이 슬픈 발라드를 부르면서 밥 딜런은 나름대로 역학 전문가의 역할을 했다고도 할 수 있다. 피마족이 살던 지역의 계곡을 흐르던 물의 노래가 끝났다는 것은 여러 세기 동안 참을성 있게 지켜온 생태계가 종말을 고했음을 의미한다. 이러한 환경의 갑작스런 변화는 영양과 건강에서도 똑같은 결과를 낳는다.

애리조나 주와 뉴멕시코 주 사이에 끼어서 이웃 지역과는 고립되어 살아온 피마족은 우리의 먼 조상인 루시나 룰루가 살던 것과 거의 비슷한 방식으로 살았다. 이들은 주로 수렵과 채집에 전념했지만, 아주 복잡한 관개방식으로 농사도 지었다. 19세기 중반에 백인과 처음 만났을 때, 이들이 사용하던 관개수로는 이미 2,000년 넘게 사용해온 것이었다. 피마족은 자신의 부모, 조부모, 증조부모가 살던 방식대로 먹고 입으며 살아왔던 것이다.

싸움을 잘하고 용맹한 수렵꾼이었던 피마족에게는 안된 일이지

만, 이들은 오늘날 대규모 당뇨병 전문가 집단의 연구 대상이다.

1846년에 피마족을 처음으로 '발견'한 백인 커니 대령은 깜짝 놀랐다. 대령은 피마족(피마pima는 '강에서 사는 사람'을 뜻한다)이 관개수로 분야에서는 기독교 국가를 훨씬 넘어선다고 인정했다. 또한 피마족은 매우 머리가 좋고 너그러우며 고결한 종족이라고 했다. 하지만 애리조나 주를 접수한 식민지 개척자들은 남에 대한 배려라고는 모르는 파렴치한들이었다. 그들은 순식간에 피마족의 관개용수를 가로챘다. 그렇게 해서 2,000년 넘게 지탱해온 관개 체계와 용수가 단지 두 세대를 거치면서 완전히 사라져버렸다.

밥 딜런이 노래했듯이, 20세기 중반에 들어와 "노래 부르며 흐르던 물은 입을 다물어" 버리게 되었다.

그렇지만 피마족은 굶어죽지 않았고, 다만 식생활방식만이 크게 변했을 뿐이다. 이들은 상황이 이렇게 되자 어쩔 수 없이 자신들이 지켜오던 전통 생활방식을 버려야 했다. 주변 생태계의 변화로 이들은 두 세대 만에 할 일 없이 빈둥대며 정부 보조금에 의지해서 살아가는 백수 대열에 합류했다.

현재 피마족 성인의 75퍼센트는 과체중이거나 완전히 비만이다. 이들에게서 당뇨병이 발병할 확률은 전 세계 다른 어느 종족보다 높다. 성인 두 명 중 한 명은 당뇨병 환자다.

애리조나 인디언 보호구역에서 생활하는 피마족은 1만 5,000명에 지나지 않는다. 이들은 아메리카 인디언 역사에서 가장 뛰어난 농부들로 기억될 수도 있었다. 또한 아이라 헤이즈 같은 전쟁 영웅을 길러낸 인디언 국가로 기억될 수도 있었을 것이다. 그런데 실상은 어떤가? 이들은 서글프게도 너무나 많은 당뇨병 환자와 비만 환자의 비율 때문에 전 세계 영양학자들의 관심을 받는 종족으로 전락하고 말았다. 인터넷 검색창에 'Pima'라고 치면 당뇨병과 비만 관련 자료들이 십여 쪽씩 이어진다. 용감하고 덕망 높은 이 종족은 이보다는 훨씬 나은 대접을 받았어야 마땅하다.

피마족 이야기는 어느 모로 보나 아름다운 이야기라고 할 수 없다. 이 이야기는, 유전자는 유지되지만 주변 환경이 급작스럽게 변하고 그에 따라 생활방식 또한 갑자기 변했을 때 나타날 수 있는 비극을 보여줌으로써 우리에게 타산지석의 교훈을 준다. 유전자로 볼 때 피마족은 두 세대 사이에 아무런 변화가 없었다. 이들은 당뇨병과 비만에 걸릴 가능성이 높은 숨어 있는 유전자를 지니고 있었는데, 생활방식이 변하자 숨어 있는 유전자가 갑자기 엄청나게 발현된 것이다. 생활환경이 바뀌고 이들이 사냥, 고기잡이, 농사를 지으며 터전으로 삼았던 곳에 새로운 종자가 들어오면서 생활의 중심이 뿌리째 흔들렸다. 자연히 먹을거리도 바뀌었는데, 문제는 피마족이 이 같은 갑작스런 변화에 아무런 준비가 되어 있지 않았다는 점이다.

우리가 보기에 피마족의 일화는 농업이 시작된 지 1만 5,000년 만에 (비록 그 사이에 지구 오대륙의 구라구라나 신토불이 전통 고수자 레옹이 나름대로 서서히 변화를 준비했다고는 하더라도) '급작스럽게' 일어난 변화의 예라고 할 수 있다.

더욱 걱정스러운 것은 피마족의 이야기가 바로 우리가 미래에 맞닥뜨릴 중대한 위협을 미리 보여주는 예가 될 수도 있다는 사실이다. 피마족의 예를 통해서 우리는 급격한 생태계 변화로 말미암아 우리의 오래된 유전자와 새롭게 등장할 먹을거리 사이의 괴리가 커져서 몰아닥칠 수도 있는 대혼란을 생각해보지 않을 수 없다.

크레타 섬 주민들과 핀란드 사람들

'7개국 연구' 결과는 지역과 주민 건강 사이의 '생태학적 상관관계'를 보여준다

안셀 키스Ancel Keys는 미국 출신의 유명한 학자이다. 101세에 사망한 안셀 키스는 일생을 식생활 관련 역학에 바쳤으며, 영양학사에 길이 남을 업적을 남겼다. 여담이지만, 제2차 세계대전에 참전한 미군의 군용 식량인 'K' 레이션의 K는 안셀 키스에서 따온 것이다.

키스는 당시 미국 전쟁성의 영양 담당 자문위원으로 일했다. 그 무렵 그는 양심에 따른 병역 거부자들을 대상으로 영양 결핍을 연구했으며, 음식물 섭취 제한이 좋은 결과를 가져온다는 결론에 도달했다. 전쟁이 끝나고 나서 키스는 미국인의 식생활에 깊은 관심을 가지고 연구했고, 콜레스테롤 문제를 파헤치기 시작한 선구자로 발돋움했다. 그는 스스로 여러 가지 문제를 제기했으며, 그 문제에 대한 답을 찾기 위한 방법론도 마련했다. 이렇게 해서 처음으로 몸에 흡수된 지방과 심장혈관 질환의 상관관계 조사가 미국 미네소타 주에서 실시되었다.

그 후 키스는 '7개국 연구'라는 제목으로 훗날 식생활 관련 역학에 관심을 가진 사람들에게 성서처럼 대접받게 될 방대한 연구의 토대를 마련했다. 이 연구의 방대한 정보는 훗날 마가린 제조업체

들에게는 행운을, 우유생산업자들에게는 불운을 가져다주게 된다.

안셀 키스는 지구의 각기 다른 지역에 살면서 비슷한 사회적 지위를 누리는 사람들을 대상으로 그들의 예상 수명을 계산하고, 그들이 심장혈관계통 질환에 걸릴 확률을 계산하는 방식을 고안했다. 세계 각지에서 뽑힌 1만 3,000명의 지원자들은 나이(40~60세), 성별(모두 남자), 사회적 지위(시골에 거주하는 중산층)가 모두 같았다. 차이점이라면 살고 있는 나라(일본, 그리스, 네덜란드, 핀란드, 이탈리아, 유고슬라비아, 미국)가 다르다는 것뿐이었다.

키스는 이들 7개국 출신 지원자들을 거주 장소에 따라 18개 집단으로 분류했다. 이 연구는 독창적인 데다 표본의 규모, 수집된 정보의 양, 조사가 진행된 기간(1956~1970) 등에서 방대한 연구였다. 조사 시기와 표본으로 삼은 대상의 선택도 탁월했다. 말하자면 3개 대륙의 '전통 고수자 레옹'들을 한자리에 모아놓고 구석구석 청진기를 들이댄 형국이었다.

이 야심만만한 조사로 놀라운 결과가 도출되었다. 표본 1만 명 중에서, 핀란드 그룹에서는 466명이 심장혈관 질환으로 사망했고, 미국에서는 같은 병으로 424명, 네덜란드에서는 317명, 이탈리아에서는 200명, 그리스(본토)에서는 149명, 유고슬라비아에서는 145명이 사망했다. 일본에서는 고작 60명, 그리스 크레타 섬에서는 오직 9명만이 같은 병으로 사망했다.

건장한 핀란드인들이 심근경색으로 맥없이 쓰러져가는 동안 일본인들과 크레타 섬 주민들은 놀라울 정도로 이 질병을 피해갔다. 심장혈관계통 질환 분야에서라면 '남부 지역' 사람들(유고슬라비아,

이탈리아, 그리스)이 단연 미국이나 네덜란드 사람들보다 강했다.

물론 이 같은 결과에는 생활방식, 스트레스, 일조량 등 여러 가지 요인이 작용했을 것이다. 하지만 그중에서도 식습관이 가장 중요한 요인이었음을 이 연구는 보여준다. 유럽에서 북부와 남부를 가르는 경도는 돼지고기 가공식품, 감자, 버터를 많이 먹는 북부 사람들과 채소, 치즈, 올리브유를 많이 먹는 남부 사람들을 가르는 기준이 된다. 북부 사람들은 맥주, 위스키, 보드카를 즐겨 마시고, 남부 사람들은 포도주를 좋아하는 데서도 차이를 보인다.

그렇다면 '심장에 좋은' 식습관이 있고, 반대로 '심장에 무리를 주는' 식습관이 따로 있는 것일까? 외부 영향에 덜 노출되어 있는 섬 지역에서는(크레타 섬, 일본) 전통 식습관이 훨씬 잘 보존되는 것일까? 아니면 핀란드의 '전통 고수자 레옹'들은 일본이나 크레타 섬의 전통 고수자들보다 생각이 모자랐던 걸까? 바로 이 대목에서 수십 년째 이어지는 올리브유의 영광이 다시 한 번 빛을 본다.

언제나 그렇듯이, 학문의 성과가 대중화될 때에는 지나치게 빨리 가는 지름길은 경계해야 한다. 지름길이 간혹 그릇된 방향으로 이끌 수도 있기 때문이다. 앞에서 제시한 결과를 유의해서 살핀 사람이라면 누구나 크레타 섬의 주민 그룹에 주목할 것이다. 이들은 다른 그리스 사람들이나 지중해 인근 지역의 사람들과 마찬가지로 올리브유와 치즈를 대량으로 소비하며, 돼지고기 가공식품과 버터는 거의 먹지 않는 사람들이다. 하지만 크레타 섬 주민들의 결과는 그들만큼 올리브유와 치즈를 즐겨 먹으며 돼지고기 가공식품과 버터는 거의 먹지 않는 그리스 다른 지역 사람들이나 이탈리아, 유고슬라비아 사람들과 뚜렷하게 구분된다. 놀랍게도 크레타 섬 주민들의 혈중 콜레스테롤 수치는 핀란드 사람들의 콜레스테롤 수치와 크게 다르지 않다. 따라서 크레타 섬 주민들의 장수 비결을 밝혀내기 위해 적지 않은 학자들이 이 문제를 집중 탐구했다. 이들 혈액 속에 어떤 특별한 성분이 들어 있는지 알아보기 위한 검사도 잇달았다.

그 후 연구진들은 저마다 크레타 섬 주민들의 건강 비결에 대해 나름대로 가설을 세운 뒤 이를 증명해보이는 연구를 앞다투어 진행했다. 크레타 섬 주민들의 '특별한' 식생활은 1990년대 중반에 들어와서야 국립보건의학연구소 소속 프랑스 의사들로 이루어진 임상 연구팀을 통해 과학적으로 설명되었다. 이들이 발표한 논문은 제목부터 의미심장하다. "크레타 섬식의 섭생은 알파 리놀렌산 오메가3가 풍부한 지중해식 섭생." 이에 대해서는 뒤에서 다시 상세하게 다루기로 하고, 여기에서는 이들 섭생방식이 루시와 전통 고수자 레옹이 지키던 전통 섭생방식과 크게 다르지 않다는 정도만 이야기해두겠다.

한편 일본인에게서는 혈중 콜레스테롤 수치와 심장혈관계통 질환의 상관관계를 다룬 통계 수치가 없다. 일본인을 유럽의 '북부 지방'(감자 소비자)과 '남부 지방'(채소와 과일 소비자)을 가르는 경계선에 위치시키기란 어렵다. 일본인은 과일과 야채 소비량이 아주 적은 대신 생선을 굉장히 많이 먹으며 차를 많이 마신다.

늘 그렇듯이 이 정도 규모와 종류의 문제를 다루는 연구는 무수히 많은 문제에 대한 해답을 제시하기도 하지만, 그만큼 많은 질문거리를 만들어내기도 한다. 요즘 시대라면 안셀 키스와 동료들이 사용한 통계방식은 틀림없이 비판의 대상이 되었을 것이다. 하지만 세계에서 처음으로 섭생방식과 죽음의 위험성, 지역과 전통 그리고 특정 질병에 걸릴 확률 사이에 긴밀한 상관관계가 있음을 밝혀낸 이 미네소타 출신 역학자의 뛰어난 통찰력과 빈틈없는 관찰력만큼은 찬사를 받아야 마땅하다. 안셀 키스는 자신이 작성한 몇몇 논문에서 이러한 관계를 '생태학적 상관관계'라고 표현했다.

인류 최초의 의사이자 가장 유명한 의사인 히포크라테스를 낳은 그리스식 섭생이 건강에 좋다는 사실은 매우 상징적 의미를 지닌다. 히포크라테스는 오래전에 "섭생, 너는 그것을 의학의 최우선으로 삼아야 할 것이다"라고 썼다. 영양학 강의가 의학 교육에서 빠져 있는 현실을 감안할 때, 누구나 두고두고 생각해보아야 할 문장이 아닌가!

극지방으로 간 학자들

육식을 주로 하는 에스키모인의 섭생 비결

'7개국 연구'와 크레타 섬 주민들의 유별난 건강 상태는 버터나 육류, 특히 돼지고기 가공식품 섭취량을 극도로 제한하는 섭생방식의 유행을 불러일으켰다. 동시에 흔히 동물성 지방으로 잘 알려진 콜레스테롤은 심장혈관계통 질환을 일으킬 수 있는 '위험 요소'로 묘사되었다. 당시에는 과식의 상징이자 식탐이라는 원죄의 결과물이며, 심장혈관 질환을 일으키는 원흉으로 낙인찍힌 콜레스테롤에 대한 관심이 최고조에 이르렀다. 드디어 모든 문제의 원인을 찾아냈으며, 그건 바로 콜레스테롤이라는 식이었다!

따라서 동물성 식품은 지옥 불에나 떨어지라는 식의 지탄이 빗발쳤다. 그러던 중 덴마크의 학자 다이어버그Dyerberg가 그린란드에 사는 이뉴잇(에스키모인)은 심근경색이라고는 모르는 건강한 삶을 누린다는 요지의 논문을 기고했다. 잘 알다시피 그린란드에서는 올리브가 자라지 못할 뿐 아니라, 온통 얼음뿐인 나라이기에 지중해 인근에서나 자라는 채소나 과일을 기를 수가 없다. 이뉴잇들은 오로지 동물성 식품, 다시 말해서 해양 포유류와 물고기만을 먹고 산다.

다이어버그는 당연히 '7개국 연구' 결과를 잘 알고 있었고, 다른 영양학자들과 마찬가지로 동물성 기름보다는 식물성 기름이 건강에 좋다는 사실도 알고 있었다. 그는 오래도록 심장혈관계통 질환에 유난히 강한 에스키모인의 특별한 건강에 관심이 있었다. 동물성 지방과 콜레스테롤은 건강에 나쁘다고 알려져 있으나, 전통 이뉴잇식 섭생방식은 동물성 지방, 특히 해양 포유류(물개, 바다코끼리, 고래 따위)의 지방을 기본으로 한다. 그렇다면 이뉴잇은 혹시 특별한 유전자가 있어서 심근경색을 피할 수 있는 건 아닐까? 이런 가설을 세운 다이어버그는 이 문제를 해결하고자 1970년대에 그린란드에 사는 이뉴잇들의 심장혈관계통 질환의 발생 비율과 이웃한 덴마크 코펜하겐에 정착한 이뉴잇들의 심장혈관계통 질환 발생 비율을 비교했다.

결과는 너무도 분명했다. 코펜하겐에 사는 이뉴잇들의 심장혈관계통 질환의 발생 비율은 다른 덴마크인들과 다르지 않았다. 따라서 심장혈관계통 질환의 발생 여부는 이뉴잇이냐, 크레타 섬 주민이냐, 일본인이냐에 있는 것이 아니라 이뉴잇, 일본인, 크레타 섬 주민들이 먹는 음식에 있었다. 물론 이 세 지역의 식사 내용은 저마다 다르다. 하지만 이들은 '전통 고수자 레옹'이 그랬듯이 여러 세기에 걸쳐 형성된 전통 섭생방식을 고수하고 살았으며, 이 전통 섭생방식은 지역 산물(올리브, 물개, 물고기 등)과 먹는 즐거움, 건강, 이렇게 세 가지 요소를 알맞게 결합하는 것이었다.

이뉴잇들은 크레타 섬 주민이나 일본인처럼 먹지 않는다. 세월이 흐르면서 그들은 자신들을 둘러싸고 있는 주변 생태계와 자신들의 건강을 결합하는 슬기로운 섭생방식을 정착시켰다. 각 지역에서 나는 특산물로 자신들의 몸을 단련하여 사용하는 방식을 터득한 것이다.

질병에 대한 저항력은 유전자에 있는 것이 아니라 식품에 들어 있으며, 이런 음식을 통해 알맞은 유전자를 자극할 수 있다. '7개국 연구'와 이뉴잇 연구가 보여준 사례는 내 친구 뤼시앵의 통찰력이 틀리지 않았음을 보여준다. 벌통을 바라보면서 생태계와 유전자 발현 사이의 상관관계를 말할 때마다(그는 제대로 잘 보존된 생태계가 제공하는 먹을거리의 섭생으로 이 관계가 이루어진다고 믿는다), 뤼시앵은 자신도 모르는 사이에 방대한 역학 자료들이 밝혀낸 사실들을 전달하는 셈이다.

우리가 먹는 음식물과 유전자 사이에는 밀접한 관계가 있다. 끼니때마다 먹는 음식물이 우리의 유전자와 궁합이 맞지 않거나, 주변 생태계가 급변하면(피마족처럼) 우리 몸은 혼란을 겪게 된다. 생태계와 건강 사이에는 안셀 키스가 말한 '생태학적 상관관계'가 반드시 있다.

그렇다면 '프렌치 패러독스'는 어떻게 설명할 것인가?

식도락과 건강은 양립할 수 있을까?

고정관념에서 탈피하기

|

1950년대부터 1970년대에 이르는 동안 역학 전문가들은 쉴 틈도 없이 줄기차게 연구에 몰두했다. 세계적으로 단일화된 식단이 정착하기 전에, 도쿄에서 그린란드, 크레타 섬에서 핀란드에 이르는 지구 구석구석에 청진기를 대야 한다는 조급함에 휩싸인 사람들 같았다고 말해도 지나치지 않을 정도였다. 이렇게 해서 얻은 태산같이 방대한 지리, 전통, 영양에 관한 자료 중에서 프랑스('7개국 연구'에서는 빠진 나라), 좀 더 정확하게 말하자면 프랑스의 남서부 지역은 특별한 위치를 차지했다. 학자들은 프랑스 가스코뉴 지방 사람들의 건강 상태를 '프랑스의 역설(프렌치 패러독스French Paradox)'이라는 놀랄 만한 언어로 그려냈다.

어째서 역설인가? '7개국 연구'에서 드러난 유럽 남부-북부의 편 가르기식 연구에서 프랑스 남서부 지역은 이렇다 할 개성이 없었다. 그 지방 사람들은 유난히 먹는 양도 많고, 다른 지방 사람들보다 식습관이 나쁜 편(술과 동물성 지방이라면 죽기 살기로 반대하는 사람들 편에서 보자면 그렇다)인데도 건강하게 오래 살고 있었다.

세대를 거듭하면서 이 지역의 '전통 고수자 레옹'들은 젊은 영양학자들이 보면 창피해서 쥐구멍이라도 찾을 정도로 동물성 기름이 넘치는 식단을 목청껏 찬미해왔다. 아닌 게 아니라 이 지방의 식사는 그린란드 이뉴잇 식단에 버금갈 정도로 동물성 지방이 주를 이룬다. 물론 물개나 고래보다 프랑스인들에게 훨씬 친숙한 오리나 다른 가금류의 기름이라는 점은 다르다. 프랑스 남서부 지방 사람들의 식단에서는 가금류에서 얻는 지방이 큰 비중을 차지하며, 적포도주 소비량 또한 만만치 않다.

이처럼 술과 동물성 기름에 절어서 지내는 섭생방식이 어떻게 건강을 보장해줄 수 있단 말인가? 솔직히 이 문제에 관해서는 만장일치의 답은 없고 아직까지도 의견이 분분하다. 아무래도 남부 지방이니까 북부 지방보다 야채를 많이 먹기 때문이라고 말하는 사람이 있는가 하면, 보르도 지역 포도주 도매상들은 적포도주를 많이 먹기 때문이라고 주장하기도 한다. 이에 질세라 거위나 오리의 지방으로 저장 식품을 만드는 업자들은 가금류의 지방이 정답이라고 강조한다.

이 지방을 면밀히 관찰한 역학 전문가들도 확실한 대답을 내놓지 못하기는 마찬가지다. 현재로서는 특정 영양소들이 작용하는 기제를 비롯해 몇몇 가설을 제안할 뿐이다. 하지만 역학 연구를 통해서 섭생과 건강 사이에 밀접한 상관관계가 있다는 데에는 의심할 여지가 없다. 좀 더 정확하게 말하면, 생태계와 그 생태계에서 비롯되는 농사방식, 즉 생산된 농산물을 조리하는 방식과 지역 주민들의 건강이 밀접하게 연결되어 있다. 이 같은 상관관계는 최근 수천 년 동안 인류가 진화해오면서 천천히 형성된 것으로, 이것은 곧 우리의 사회화 과정을 의미한다.

그런데 오늘날 이 같은 상관관계는 점점 더 느슨해지고 심지어는 아예 끊어져버리기도 한다. 전 세계를 강타한 섭생 혼란 때문에 요즘처럼 농산물이 풍요로운 시대에 과거에는 볼 수 없었던 신종 전염병들이 창궐한다. 그러니 이제라도 루시에서 룰루, 구라구라에서 전통 고수자 레옹으로, 안셀 키스에서 다이어버그로 이어지는 맥을 살피면서 섭생 혼란의 근원을 찾아야 한다.

근근이 지속되는 균형 상태 : 필요 열량, 소비 열량, 환경과 건강

벌통 앞에서 농사꾼 친구 뤼시앵은 우리의 생태계와 건강 사이의 밀접한 상관관계를 유전자까지 들먹이며 힘주어 말했다. 실전에 강한 이 친구의 설명에는 철학자들에게서나 볼 수 있는 통찰력이 엿보인다.

살기 어려웠던 시절에 유전자를 만들어간 루시를 생각하면서 나는 인간이라는 종種이 만들어져서 현재에 이르게 된 경로를 상상해보았다.

룰루의 시대에 접어들어서는 농사의 발명이 얼마나 급격한 변화를 가져왔는지 새삼 깨달았다. 이 변화는 선지자라 할 수 있는 구라구라와 전통 고수자인 레옹 덕분에 나름대로 방향성을 찾았다.

오늘날 우리 몸은 여전히 루시의 몸처럼 기능하며, 생태계로부터 영양분을 공급받아 뇌와 심장, 간 등이 제대로 기능하도록 한다. 하지만 이제 우리의 생태계가 바뀌었다. 따라서 우리에게 필요한 열량도 달라졌다.

우리는 당연히 루시나 룰루보다 훨씬 적게 움직인다. 지난 반세기 이후 야외 생활이 줄고, 운송의 기계화가 진행되어 몸의 움직임은 훨씬 줄었다. 다시 말해서 필요한 열량이 감소했는데도 우리 몸에 공급되는 열량은 점점 더 많아진 것이다.

유전자와 음식물 사이의 동떨어진 거리만큼 열량의 수요와 공급의 괴리가 더해지는 형국이다. 루시는 과잉 섭취한 열량을 지방조직에 저장해두는 복잡한 기제를 만들어냈다. 하지만 현대를 사는 우리에게 필요한 열량은 과연 얼마나 될까?

우리는 몸을 구성하는 기계들을 돌리기 위해 열량을 소모한다. 우리는 우리도 모르는 사이에 열량을 써버린다. 이른바 '기초대사량'이 있기 때문에 우리는 잠자는 시간에도 깨어 있는 시간 동안만큼(약 5퍼센트 차이가 난다) 열량을 소모한다. 이는 심장, 간, 뇌를 비롯하여 우리 몸을 이루는 모든 세포들을 제대로 움직이게 하는 데 필요한 열량이다. 이 기본이 되는 신진대사를 위해서 우리는 하루 필요한 열량의 3분의 2(이중에서 4분의 1은 순전히 뇌의 활동에 사용된다)를 소모한다. 집에 틀어박혀 지내기를 좋아하는 사람이라면, 이 비율이 4분의 3까지 올라갈 수도 있다. 반대로 운동선수처럼 열량 소모가 많은 사람이라면 하루 필요 열량 중 기초대사 열량이 차지하는 비율은 2분의 1 정도로 감소한다.

기초대사량의 효율은 개인차가 크다! 어떤 사람은 신체 기관이 정상으로 작동하는 데 하루에 1,500킬로칼로리를 써버리는가 하면 1,300킬로칼로리만으로도 아무 문제가 없는 사람도 있다. 그럴 경우 200킬로칼로리는 루시로부터 물려받은 열량 저장 기제에 따라 몸 안에 비축될 수도 있다(200킬로칼로리는 지방으로 치면 20그램 정도에 해당된다).

이건 말도 안 된다고 항의하는 독자도 분명 있을 텐데, 옳은 말이다. 그냥 말도 안 되는 정도가 아니라 아예 받아들이기 어려울 수도 있다. 이 효율성이야말로 우리 유전자에 기억되어 있기 때문이다. 그런데 똑같은 열량을 소모하더라도 어떤 사람은 나머지 열량을 비축하는가 하면, 아예 비축하지 않는 사람도 있다!

루시는 자신이 지닌 신진대사의 효율성 덕분에 구석기시대의 모진 겨울을 견뎌냈으며, 그 효율성을 우리에게 전수했다.

다시 정리하자. 과잉으로 섭취한 열량을 비축하는 능력은 우리의 유전자에 기억되어 있다. 그런데 (다행스럽게도) 과잉 열량을 지방 형태로 비축하는 기제는 매우 복잡한 데다 생태계와 식습관에 따라 좌우된다.

한 번 신진대사에 필요한 열량이 충족되고 나더라도, 우리는 다음과 같은 활동을 위해 열량이 더 필요하다.

우선, 소화 작용. 음식을 먹는 데에도 열량이 있어야 한다. 몸 안으로 들어온 음식은 우리 몸의 각 부분이 받아들일 수 있는 형태의 영양소로 바꿔주어야 한다. 이때 필요한 열량은 (식사를 하고 나면 나른하게 식곤증이 몰려오는 시간이 바로 이때다) 섭취한 열량의 10

퍼센트 정도다. 그렇다고 해서 많이 먹으면 먹을수록 날씬해질 거라고 생각한다면, 그건 개그에나 나올 법한 어리석은 생각이다! 그건 그렇고, 보통 탄수화물이나 지방보다 단백질을 소화하는 데 (열량 무게의 20~30퍼센트) 더 많은 열량이 필요하다. 탄수화물은 줄이고 '고단백질' 위주로 짠 식단이 인기를 끄는 것은 이런 이유 때문이다. 단백질은 연료 탱크 노릇을 하기에는 효율이 너무 떨어져서(자기 몸을 태우는 데 많은 열량이 있어야 하므로) 신진대사에 필요한 열량을 높인다는 논리라고 할 수 있다.

다음으로는 체온 조절 작용. 체온을 유지하려면 열량이 필요하다. 우리 몸은 일정한 체온을 유지해야 한다. '온도 중립'(등에 얇은 울 스웨터 하나 정도를 걸치면 딱 맞는 정도의 온도로 보통 섭씨 18도를 가리킨다)에서 위아래로 벌어지면 벌어질수록 체온을 유지하는 데 점점 더 많은 열량이 필요하다.

마지막으로 몸을 움직이는 기타 활동. 기타 활동을 위해 하루 필요 열량의 3분의 1, 활동이 왕성한 운동선수라면 2분의 1 정도까지도 써버린다(더구나 몸에서 근육 양이 차지하는 비율이 높을수록 그 근육을 유지하는 데 필요한 신진대사량이 늘어나기 때문에 더 많은 열량이 필요하다).

루시는 지방조직에 과잉 열량, 즉 먹고 나서 바로 사용하지 않은 열량만을 비축했다. 비만이 되려면 먼저 이 비축 열량이 있어야 한다. 다시 말해서 필요 열량과 실제 소비 열량 사이의 불균형은 과체중을 불러오기 십상이다. 현대인에게 필요한 열량과 소비하는 열량 사이에는 분명 양적인 불균형이 자리한다.

그런데 희한하게도 최근 30년 동안 비만은 야외 활동이 줄어드는 속도나 소비 열량이 늘어나는 속도보다 훨씬 빠른 속도로 가파르게 진행되어왔다. 루시는 과잉 열량을 알맞게 비축하려고 지방조직세포수를 늘렸다.

오늘날 우리가 습득한 새로운 섭생방식, 다시 말해서 '현대의' 생활습관(특히 군것질의 보편화)과 '현대의' 식단 덕분에 과잉 열량 비축은 예전보다 훨씬 쉬워졌다. 당분과 기름(구성 성분도 새로운 종류), 그 당분과 기름이 식품에서 차지하는 비율, 그것이 포함된 음식을 먹는 횟수, 이 모든 것이 과거와 달라진 요즘 모습이다. 과잉 열량의 비축은 겉으로 보기에도 흉할뿐더러 건강에도 아주 나쁘다.

루시의 시대에서부터 우리를 둘러싼 생태계는 끊임없이 변화를 거듭했다. 그리고 우리는 차츰차츰 그 변화에 적응했다. 그런데 지난 40년 내지 50년 사이에 일어난 변화는 '차츰차츰'이라는 말이 어울리지 않는 급작스러운 변화였다. 우리 몸은 한마디로 놀라운 변화와 맞서야 했다. 지난 40년 동안 우리는 농사를 짓는 방식, 가축을 먹이는 방식, 우리 자신의 섭생방식, 일하는 방식, 한곳에서 다른 곳으로 이동하는 방식, 이 모든 방식이 변화하는 과정을 지켜보았다.

그러나 우리의 신진대사방식은 40년이나 50년이라는 짧은 기간에 순식간에 바뀔 수 있는 성질이 아니다. 두 세대 만에 당뇨병 환자와 비만 환자로 전락한 애리조나 주 계곡의 피마 인디언의 슬픈 이야기는 우리에게 '실시간'으로 이 같은 괴리를 실감나게 보여준다.

'신종 질환' 또는 '문명병', '현대병'은 틀림없이 루시로부터 기인한 오래된 신진대사방식과 우리 자신이 만든 새로운 생산방식, 섭생방식의 괴리에서 발생한다고 볼 수 있다. 현대를 사는 우리는 어떤 영양소가 필요한지 잘 알고 있다. 그런데 우리는 과연 어떤 식품을 먹고 있을까?

네가 무얼 먹는지 말해주면, 어째서 네 몸이 변하는지 알려줄게

2

오늘날 우리의 식생활은 우리의 유전자에 적합한가?

적당한 타협으로 이뤄진 식사 : 그다지 비싸지 않고 편리한 식품

릴리의 식단

릴리안은 전통 고수자 레옹의 손녀딸이다. 릴리안은 어렸을 때 살던 시골을 떠나 도시로 와서 매우 우수한 성적으로 학업을 마쳤다. 나이가 서른 살이나 되지만, 아직도 사람들은 릴리안을 어렸을 때처럼 '릴리' 라고 부른다.

릴리는 일벌레라서 벌써 경력을 꽤 쌓았으며, 그만큼 회사에서 맡은 책임도 크다. 릴리는 독신이다. 아니 거의 그렇다. 아주 바쁘게 돌아가는 릴리의 생활은 일과 취미 생활, 친구 만나기, 어린 조카들과 보내는 시간으로 꽉 차 있다.

오늘 저녁 릴리는 다른 때보다 늦게 퇴근한 데다 일거리를 집으로 가져왔다. 집에 돌아온 릴리는 잠깐 숨도 돌리고, 긴장도 풀고자 맥주 한 병을 들고 소파에 앉았다.

일하는 여성으로 산다는 건 참으로 쉬운 일이 아니다. 릴리는 회사 간부로서, 나약한 여자가 아니라 남자만큼 강하다는 인상을 지키고 싶다. 하지만 마음 한구석에서는 특히 이렇게 해도 지고 어느 새 어둠이 내려앉아 일터의 맹수들도 잠시 목을 축이며 텔레비전 뉴스를 보는 시간이 되면, 어쩐지 마음이 약해지고 다른 사람이 되어버리는 것처럼 느낄 때가 있다. 자기도 모르게 시선이 흔들린다 싶을 때면, 릴리는 이것이 행복감인지, 우울함인지, 슬픔인지, 아니면 그저 실존감인지 도무지 종잡을 수가 없다. 어쨌거나 그런 순간에는 맥주 한 잔 또는 초콜릿 한 조각이 스트레스 해소에는 그만이다.

이 정도면 충분히 쉬었다 싶어지자, 릴리는 전화를 두 통 걸고, 내일 회의 때 필요한 서류들을 검토했다. 저녁도 먹어야 했지만 배가 약간 고프긴 해도 굉장히 고픈 것은 아니었다. 냉장고를 열자 피자, 냉동 스테이크, 조리된 가공식품 등이 눈에 들어왔다. 릴리는 잠시 망설이다가 조리된 가공식품을 집어들었다. 전자레인지에 넣고 2분 돌린 다음, 약한 불에서 4분 동안 더 데우면 되는 '보르도식 생선 요리'였다.

무심코 포장지에 적힌 구성 성분과 영양분을 들여다보다가 릴리는 '지방' 14퍼센트라는 대목에서 잠시 멈추었다. 14퍼센트면 굉장히 많다고까지는 할 수 없었다. 안 그런 척하면서 몸매 관리에 은근히 신경을 쓰는 릴리였다. 릴리는 키가 아주 큰 편은 아니고, 적당히 살이 찐 체격이었다.

보르도식 생선 요리에 4분이면 익는 쌀 요리를 곁들였다. 생선과 쌀이 가스 불에서 익어갔다. 릴리는 맥주를 손에 든 채 가스 불에서 눈을 떼지 않으면서 텔레비전에서 흘러나오는 뉴스를 무심코 들었다. 요리가 다 익자, 부엌 탁자 위에 접시를 놓은 채 후딱 먹었다.

15분 만에 식사를 끝낸 릴리는 과일 요구르트(물론 저지방 요구르트!)를 하나 먹고 그릇은 모두 설거지 기계에 넣으며 생각했다. '아, 초콜릿 과자 딱 한 개만 먹으면 입가심으로 좋겠어. 두 개까지는 괜찮지 뭐, 점심때에도 신경 쓰느라 별로 못 먹었잖아. 세 개쯤 먹으면 어때, 주말에는 자전거도 타러 갈 텐데.'

릴리의 할머니(그러니까 레옹의 부인)는 끼니를 준비할 때마다 두 시간을 들였고, 음식을 만들 때 들어가는 재료는 모두 텃밭이나 안뜰 가금 사육장 또는 토끼장에서 직접 기른 것들이었다.

릴리가 식사 준비를 하는 데 들인 시간은 프랑스 여자들이 보통 쓰는 시간인 15분보다 약간 짧았다. 시간으로는 그렇다고 치더라도, 릴리가 먹은 음식은 한결같이 공장에서 만들어진 것들이었다. 식품가공업체에서 생선과 '보르도식' 소스에 필요한 양념을 산 다음 모든 것을 적당한 비율로 섞고 애벌로 익히는 단계까지 가공했다. 초콜릿 과자도 마찬가지다(릴리가 좀 더 주의 깊게 성분표시를 읽었더라면, 지방 함량이 20퍼센트나 된다는 사실을 알 수 있었을 것이다). 식품가공업체에서 밀가루와 초콜릿을 산 다음 잘 섞어서 공장용 오븐에 구웠다.

이렇게 해서 절약된 엄청난 시간은 말하자면 식품가공업체가 릴리에게 준 것이다. 릴리는 할머니보다 하루에 네 시간 정도를 버는 셈이다. 다시 말해서 누군가가 릴리를 대신해서 생산하고 선별해서 운반한 다음 섞어서 먹기 좋게 준비한다. 릴리는 이들을 믿는다. 그렇게 할 수밖에 없다. 릴리에게는 선택의 여지가 없다.

자, 그렇다면 이제 릴리가 먹는 식사가 어떤 식으로 만들어지는지 꼼꼼히 살펴보자.

토지에서 공장으로, 공장에서 식탁으로

한 끼 식사거리인 그다지 비싸지 않고 실용적인 가공식품들은 어떻게 만들어지나?

밀밭에서 과자 공장으로, 아르투아에서 가나까지

우리가 흔히 먹는 음식을 구성하는 '세계화된' 식재료의 생산 과정

지금으로부터 20년 전, 릴리는 일요일이면 할아버지 댁에 가서 암탉이 낳은 달걀을 찾아 할머니께 가져다 드리기를 매우 좋아했다. 달걀은 닭장 구석에 수줍은 듯 숨어 있을 때가 많았다. 레옹 할아버지는 달걀을 그 자리에 잠시 동안 그대로 놓아두어야 닭이 언제나 같은 장소에서 알을 낳는다고 설명했다. 금방 낳은 달걀에는 이따금씩 지푸라기도 붙어 있곤 해서 그다지 깨끗하지는 않았다. 잠시 기다렸다가 부엌에 있는 할머니에게 가져다 드리는 것이 릴

리가 할 일이었다.

할머니는 부엌 왕국에서 여왕처럼 군림했다. 할머니는 어린 손자들이 모카 케이크가 구워지고 있는 화덕 곁으로 가는 걸 아주 싫어했다.

릴리의 조부모님은 가족들이 함께 일구는 농장에 살았다. 농장에서는 밀, 보리, 귀리, 사탕무, 토끼풀, 층층이 부채꽃, 아마, 잠두를 가꿨다. 닭과 돼지, 암소도 길렀고, 암소에게서 짠 우유로 버터도 직접 만들었다.

릴리의 부모님은 아직까지 농부로 살지만, 이제는 북부 지역의 너른 평원에서 사탕무와 감자, 밀, 보리, 옥수수만 키운다.

릴리의 부모님이 텃밭과 안뜰 가금 사육장을 포기한 지는 꽤 오래되었다. 일요일이면 릴리는 할아버지로부터 텃밭의 검은 흙과 토끼장의 토끼, 닭, 할머니가 만들어주는 음식과 어떤 관계가 있는지 배웠다. 이 기억은 이제 향수가 묻어나는 어린 시절의 추억이 되어버렸다.

릴리는 이제 할머니가 구워주던 케이크나 채소의 맛이 어땠는지도 제대로 기억하지 못한다. 어쨌거나 굉장히 맛있었다는 느낌만 간직할 뿐이다. 릴리는 오히려 보기 드문 경우다. 남녀 할 것 없이 그 나이 또래 사람들 대다수가 흙과 식탁 위의 음식 접시 사이에 이러한 연결관계를 몸으로 직접 부딪쳐 경험한 기억이 아예 없으며, 그저 영화나 소설을 통해서 간접 경험한 것이 전부다.

영화 말이 나왔으니 말이지만, 식품 관련 광고에 나오는 농부들에 대해서도 할 말이 많다. 요즘 그런 농부들은 찾아볼 수 없을 뿐만 아니라 아마 예전에도 없었을 것이다. 나는 최근에 텔레비전에서 "시골에서 만들던 바로 그 버터 맛……"이라는 광고를 본 적이 있다. 아니, 도대체 버터가 시골 아닌 다른 곳에서 만들어진 적이 있었단 말인가? 우연히도 나는 그 광고의 콘셉트를 기획한 담당자를 만났다. 그 사람은 그런 광고는 효과가 아주 좋다고 설명했다. '시골'이라는 느낌(요즘 가게에서 파는 버터에서는 소 냄새가 나지 않는다는 사실을 홍보해야 더 효과가 있다)이 소비자들에게 좋은 인상을 남긴다는 것이었다.

시골. 흙과 가축과 음식이 하나로 어우러지는 공간, 그곳은 이제 완전히 상상의 터전이 되어버렸다. 3세대 전만 하더라도 프랑스 사람 세 명 중 한 명은 농부였으며, 절반가량은 자신들이 먹는 먹을거리의 상당 부분을 직접 생산했다. 그런데 지금은 프랑스 사람 100명 중에서 세 명만이 농부다. 그 세 명이 나머지 97명을 먹여 살린다. 세상은 변했다. 도저히 돌이킬 수 없을 만큼 변해버렸다.

릴리가 하루에 네 시간을 식사 준비가 아닌 다른 일을 할 수 있도록, 텃밭을 가꾸거나 안뜰 가금 사육장의 짐승들을 돌보지 않아도 되도록 이들 3퍼센트의 농부들은 10퍼센트의 식품가공업 종사자들과 손을 잡았다.

릴리의 아버지는 아르투아 지역의 비옥한 땅 300헥타르에서 농사를 짓는다. 그중에서 50헥타르의 땅은 밀 재배용으로 사용된다. 겨울이 시작될 무렵이면, 릴리의 아버지는 '품질인증'을 받은 종자를 뿌린다. 수확량도 보장되고 품질도 특별히 좋다는 종자만을 뿌리는 것이다. 요즘에 생산되는 밀은 1만 5,000년 전 룰루가 루시의 언덕에서 보았던 야생밀과는 완전히 다른 품종이다. 키는 훨씬 작지만 농부들에게는 다행스럽게도 다 익은 다음에도 저절로 땅에 떨어지지 않는다.

날씨가 더운 8월, 밀짚이 바짝 마르면 수확이 시작된다. 작황이 좋은 해라면 1헥타르당 10톤가량의 밀을 거둬들일 수 있다. 농부들은 세대를 거듭하면서 가장 생산성이 좋고, 병충해에 잘 견디는 품종을 선별해냈다. 그뿐 아니라 농업공학자들은 좋은 품종의 종자를 좀 더 잘 키울 수 있도록 각종 기술을 실험했다. 모종 형태, 추수방식, 후처리방식 등이 꾸준히 개선되었기 때문에 그만한 수확량이 보장되는 것이다.

릴리의 아버지는 이렇게 해서 수확한 밀 500톤을 여러 트레일러에 나눠 싣고, 그가 종자를 산 농업협동조합에 가져간다. 그러면 농협에서는 거대한 저장탑에 이 밀을 저장한다. 저장탑은 이제 프랑스 북부 평원의 랜드마크가 되어버렸다. 릴리의 아버지가 수확한 밀은 보통 밀이 아니다. 각 품종은 나름대로 특징이 있다.

저장탑에 도착하면 기술자들이 밀을 검사한다. 릴리 아버지가 수확한 밀 전량을 사들인 제분업자가 요구한 조건에 합당한 제품인지 검품을 하는 것이다. 이렇게 해서 농산물 가공 단계가 시작된다. 제분업자가 고용한 기술자들은 종자검품기술자, 농협 소속 기술자들과 함께 작업한다.

릴리 아버지가 생산한 밀은 제분업자의 고객인 제빵업자들과 제과업자들이 요구한 조건에 딱 맞는다. 릴리 아버지가 생산한 밀로 만든 밀가루는 구우면 알맞은 기포가 생겨 가볍고 먹음직스러운 빵이 된다. 릴리의 이웃이 아침이면 어김없이 들르는 동네 어귀 빵집에서 손으로 만드는 빵과 같은 맛을 낼 것이다. 또한 이 밀가루는 릴리가 저녁이면 몇 조각씩 즐겨 먹는 초콜릿 과자의 부드러운 맛을 내는 데에도 사용된다. 입 안에서 살살 녹기 때문에 복잡하고 골치 아팠던 하루 일과까지도 잠시 잊어버리게 하는 그 과자 말이다.

릴리의 아버지는 사탕무도 재배한다. 가을이면 질척거리는 밭에서 사탕무를 뽑아 제당회사에 가져다준다. 릴리는 청소년기에 오빠랑 트랙터를 몰면서 그 뒤에 달린 대형 트레일러 때문에 애를 먹었던 기억이 있다. 바로 묵직하게 발에 달라붙는 질척질척한 시커먼 흙 밭에서 사탕무를 뽑던 추억이다.

제당회사는 제분회사와 마찬가지로, 특별한 요구 조건이 있게 마련이다. 제당회사는 사탕무를 사는 것이 아니라 설탕을 사기 때문에, 사탕무의 당도에 따라 릴리 아버지에게 대금을 지급한다. 제당회사의 고객은 달콤한 초콜릿 과자 같은 제품을 만드는 제과회사들이다. 농가공업계의 대기업인 제과 공장은 제품 생산과 운송, 마케팅, 연구 개발, 품질 검사 등을 함께 진행하는 체제를 갖추고 있다. 이러한 기업에서는 다른 분야의 기업들과 마찬가지로 다음의 세 가지 원칙을 가장 중요하게 생각한다.

- 고객 만족.
- 식품 안전성.

• 원산지 표시를 비롯한 제조 과정 투명성.

먼저 고객 만족이라는 원칙부터 살펴보자.

고객, 즉 소비자가 만족해야 한다. 릴리가 저녁이면 초콜릿 과자를 먹고 싶다는 마음이 생겨야 한다. 한 개를 먹고 나면 두 개가 먹고 싶고, 두 개를 먹고 나면 그까짓 것, 주말에 자전거를 열심히 타면 되니까 세 개를 먹어도 괜찮다고 생각하도록 해야 한다.

이렇듯 기업에서는 '소비자'의 욕망을 낱낱이 분석한다. 소비자라고 하는 이 정체불명의 인간은 먹는 즐거움과 건강, 식품 안전성, 기타 등등을 바라면서 동시에 값도 싸야 만족하는 특징이 있다.

릴리는 과자의 바삭거리는 감촉과 입 안에 오랫동안 감도는 부드러운 맛을 사랑한다. 그래서 제과업자들은 입 안에 부드러운 느낌을 오래 남게 하려고 적당한 비율을 연구해서 밀가루와 설탕, 지방과 초콜릿을 섞는다. 미각 증진제 두서너 알, 릴리가 과자를 찬장에 오랫동안 둬도 변질될 염려가 없도록 보존제 약간, 밀가루와 지방, 설탕과 달걀, 초콜릿은 듬뿍, 이런 식의 배합이 이루어진다.

성분 비율과 조리방식이 결정되면, 품질 담당자와 제조 과정 투명성 담당자들이 그 뒤를 이어받는다. 제조 과정 투명성이라는 용어는 정말로 기가 막힌 용어다. 컴퓨터의 글쓰기용 프로그램에서는 이런 용어가 거의 검색되지 않지만, 농가공업체에서는 아주 자주 사용된다. 제조 과정 투명성이라는 제목으로 릴리가 먹는 과자를 구성하는 각 요소들이 어디에서 어떤 방식으로 생산되고 처리되어 운반되었는지, 이 모든 과정이 여러 권의 공책 분량만큼 빼곡히 기록된다.

할머니가 만들어주던 과자를 놓고 볼 때, 이 과자의 제조 과정 투명성은 정겹고 포근한 추억으로 가득했다. 그런데 3퍼센트의 농부들이 97퍼센트의 일반 프랑스 사람들을 먹여 살리며, 여자들이 인생의 3분의 2에 해당하는 시간을 부엌과 텃밭, 안뜰 가금 사육장만 오가면서 살 수는 없다고 반기를 든 오늘날에는 상황이 훨씬 복잡하다. 그리하여 업체에서는 급기야 제조 과정 투명성이라는 개념을 만들어낸 것이다. 과자의 품질 담당자는 농업협동조합의 협조만 있으면, 밀가루와 설탕이 릴리 아버지의 농장에서 왔음을 찾아내는 것쯤은 쉬운 일이라고 말한다.

릴리가 먹는 과자에 들어가는 달걀은 적재정량 20톤짜리 트럭에 실려서 제과업체에 배달된다. 아니, 이때 도착하는 건 엄밀히 말해서 달걀이 아니라 '달걀가루'라고 해야 맞다. 달걀들은 '다른 공장'에서 공업 과정을 통해 멸균 과정을 거쳐 가루로 만들어진다. 이 '다른 공장', 즉 분쇄 공장에서는 달걀이 어디에서 생산되었는지 잘 알고 있다. 분쇄 공장은 네 명의 농부들에게서 달걀을 공급받으며, 농부 각자는 닭 5만 마리를 사육하는 양계장을 세 군데씩 운영한다. 그 결과 날마다 약 40만 개의 달걀(암탉이라고 해서 매일 달걀을 하나씩 낳는 것은 아니다)이 분쇄 공장에 도착한다. 20톤짜리 트럭이 날마다 이 공장으로 와서 그날 낳은 '달걀가루'를 받아간다. 분쇄 공장 기술자들 역시 농협에서 릴리 아버지가 기른 밀을 검사하듯이, 달걀이 공장에 도착했을 때 성분을 검사한다.

이렇듯 생산과 운반 과정 전체에 걸쳐서 분석 절차가 실시된다. 위생 상태는 완벽하다. 릴리가 할아버지 댁에 놀러가서 암탉이 방금 낳은 달걀을 꺼내올 때, 제조 과정 투명성, 즉 안뜰 가금 사육장에서 할머니 부엌에 도착하는 과정은 완전히 투명했다. 물론 닭들이 마당에서 무얼 쪼아 먹었는지는 사실 확실하게 알 수 없다. 지나간 시절의 추억과 향수에 비춰본다면야, 당연히 좋은 것만 주워 먹었을 것이다. 솔직히 닭이 무엇을 먹었든, 이제 와서 그런 말은 모두 부질없다. 할아버지 마당에서 기른 닭이 낳은 달걀을 먹던 세상은 이제 더는 존재하지 않으니까.

자, 이제 초콜릿을 보자. 초콜릿은 할머니의 부엌에서도 그랬던 것처럼, 가루 상태로 공장에 도착한다. 물론 공장에는 가루를 꽉꽉 채운 트럭 여러 대가 도착한다는 차이점은 있지만, 경로 자체는 여러 세기 전과 비교해볼 때 크게 달라지지 않았다.

16세기에 스페인 정복자들이 아메리카 대륙에서 맨 처음 초콜릿을 실어다가 수도원에 풀어놓았다. 그때부터 초콜릿에 설탕과 우유를 첨가하는 등의 다양한 가공법도 발달해갔다. 초콜릿 같은 기호식품의 세계화는 거리낄 것 없이 빠른 속도로 진행되었다.

사실 기호식품의 세계화는 이보다 훨씬 오래전부터 실행되어왔다고도 할 수 있다. 역사의 우연으로, 아메리카가 원산지인 감자는 오늘날 릴리의 아버지처럼 프랑스 북부에서 농사를 짓는 농부들이 재배하며, 마찬가지로 아메리카 대륙에서 콜럼버스가 발견한 카카오의 원두는 아프리카 서부에서 생산된다.

밀이나 설탕, 달걀 같은 모든 먹을거리와 마찬가지로 초콜릿 농장에는 농부가 있다. 가나나 코트디부아르의 숲에 카카오 원두를 심는 사람은 바로 농부다. 그는 붉은 카카오 원두를 수확해서 자루에 담아 마을 도매상인에게 가져온다. 릴리 아버지가 속한 농업 협동조합처럼 아프리카 마을의 도매상인도 카카오 원두를 저장한 다음, 이를 아비잔이나 아크라 항구를 통해 유럽으로 운송한다. 그러면 카카오 원두 분쇄 공장에서 이것을 으깨어 초콜릿 가루를 만든다. 이 과정에서 물론 품질을 검사하는 흰옷 차림의 기술자들이 초콜릿 가루의 위생과 제조 상태를 살핀다.

초콜릿 제조 과정 중 말레이시아 농장이나 화학산업을 통해 만들어지는 부분

팜유나 수소첨가유가 우리 식탁에서 차지하는 무시할 수 없는 비중

|

일요일이면 할머니가 만들어주던 모카 케이크에는 이웃 농가에서 만든 버터가 들어갔다. 릴리는 이웃 농가의 (암)소들을 (암)송아지일 때부터 봐와서 잘 안다.

하지만 이제 할머니가 만들어주시던 케이크는 릴리가 먹는 과자 목록에서 빠진 지 오래다. 제과회사 마케팅 담당자들은 버터라는 동물성 지방이 소비자들에게 좋지 못한 인상을 지니고 있음을 잘 안다. 소비자들이 콜레스테롤을 두려워하는 것과 같은 이치다. 하지만 지방 없이는 과자를 만들 수 없다. 그래서 버터 대신 식물성 기름을 쓴다. 소비자들이 식물성 기름을 더 좋다고 생각하기 때문이다.

이 같은 식물성 기름의 원산지 표시는 말레이시아 야자나무 농

장에서 시작된다. 이 또한 역사의 우연이 낳은 산물이다. 기름야자나무(학명 *Elaeis Guineensis*)는 학명에서 보다시피 아프리카가 원산지이지만, 대부분 말레이시아에서 생산된다. 말레이시아는 지난 20년 사이에 세계 2위의 팜유 생산 국가로 자리 잡았다. 팜유 역시 농부에서 출발한다. 이 농부는 말레이시아에서 가장 큰 팜 나무 농장, 고용된 농부의 수가 자그마치 10만 명에 이르는 농장에서 일한다. 이 농장은 최근에 생겼다. 숲이 있던 자리에 들어선 농장이다.

'*Elaeis Guineensis*' 라는 학명을 가진 나무 열매에는 기름이 풍부하게 들어 있다. 식물성 기름이므로 '영양학의 흑백논리', 즉 동물성 기름은 무조건 나쁘고 식물성 기름은 무조건 좋다는 식의 이분법을 주장하는 자들(불행하게도 이런 자들이 굉장히 많다)에게는 '좋은 기름' 이다. 전문가들이 작성한 '7개국 연구' 가 일반인들에게 보급될 때 그 내용이 상당 부분 왜곡되었기 때문에 나타나는 서글픈 현상이다.

그런데 소위 좋다는 이 기름은 반 정도가 포화지방이다. 포화지방 중에 가장 나쁘다고 알려진 포화지방의 이름은 바로 '팔미트산' 이며, 이 이름은 다름 아닌 '기름야자나무' 에서 유래했다. 버터에 대해서 좋지 않은 인상을 갖는 원인은 바로 이 '기름' (정확하게 말하면 지방산) 때문이다. 버터엔 이 팔미트산이 30퍼센트 함유되어 있다. 그런데 팜유라고 하는 '좋은 식물성 기름' 엔 50퍼센트나 들어 있다!

지방산에 대해서

포화지방산, 단일불포화지방산, 다가불포화지방산

지방은 크게 구조를 이루는 지방과 비축용 지방으로 나뉜다.

'구조'를 이루는 지방은 모든 살아 있는 세포를 형성하고, '비축용' 지방은 매우 농축된 형태의 에너지이다.

모든 지방의 기본 구성 요소를 가리켜 지방산이라고 한다. 지방산에는 포화지방산, 단일불포화지방산, 다가불포화지방산이 있다.

포화지방산(이를테면 팔미트산)은 수소 원자로 포화된 탄소 원자 사슬로 이루어져 있다. 모든 동물과 식물은 포화지방산을 만들 수 있다.

단일불포화지방산에는(이를테면 올리브에서 이름이 유래한 올레인산) 수소 원자 한 개가 모자란다. 이 모자라는 수소 때문에 사슬은 곡선을 이루며 '유연성'이 발생된다. 그 유연성 덕분에 이 같은 불포화지방산을 포함하고 있는 지방은 훨씬 부드러운 특성을 지닌다. 모든 동물과 식물은 단일불포화지방산을 만들 수 있다. 유연성 덕분에 이 지방산은 신체 기관 사이에서 부드럽게 이동할 수 있다. 동물이나 인간의 비축 지방은 상당 부분이 단일불포화지방산으로 이루어져 있다.

다가불포화지방산(이를테면 아마유에서 이름이 유래한 알파 리놀렌산)에는 수소 원자가 여러 개 부족하다. 모자라는 수소 원자가 많을수록 탄소 사슬은 휘어지게 되고 이 때문에 특별한 성질이 생겨난다.

오직 식물만이 단일불포화지방산으로부터 몇 개의 수소 원자를 제거해 다가불포화지방산을 만들 수 있다.

오직 동물만이(인간도 포함)이 다가불포화지방산을 잡아 늘일 수 있고(식물에서는 탄소 원자 18개까지, 동물에서는 22개까지 늘일 수 있다) 모자라는 수소의 수를 늘일 수 있다(식물에서는 최대 3개, 동물에서는 6개까지 늘일 수 있다).

지방의 생화학 구조를 익히면 먹이사슬이 얼마나 불안정하고 그 불안정성을 어떻게 보완하는지 이해할 수 있다. 엽록체(녹색식물에서 광합성이 일어나는 기관)의 막을 구성하려면 다가불포화지방산이 필요하다. 지구상에서 생명은 태양의 빛에너지가 당분의 화학에너지로 (엽록소에서) 변하면서 발생했다. 포화지방산을 만들려면 당분이 필요하다. 단일불포화지방산을 만들려면 포화지방산이 필요하다. 그리고 동물의 삶에 없어서는 안 될 다가불포화지방산을 만들려면 식물이 필요하다. 그런데 이 다가불포화지방산을 인간에게 없어서는 안 될 분자로 잡아 늘이거나 농축하려면 동물이 필요하다.

나는 말레이시아 농장에서 일하는 인부들의 평균 임금이 얼마나 되는지 알지 못한다. 어쨌거나 식물성 기름은 동물성 기름보다 생산 비용이 싸다. 생산지가 어디든 마찬가지다. 인도네시아든 말레이시아든 미국이든 프랑스든 동물성 기름 생산 비용이 더 비싸다. 왜냐하면 식물성 기름은 생산 단계가 짧기 때문이다. 암소에게 먹이를 주어서 젖을 짠 다음 크림을 분리하기 위해 오래도록 휘저어야 하는 과정 등이 전혀 필요 없다. 그러므로 식물성 기름은 버터보다 싸고, 팜유는 식물성 기름 중에서도 가장 싸다. 따라서 팜유는 세계에서 가장 싼 기름이다.

제품의 종류에 따라서는 팜유가 전체 성분의 20~30퍼센트를 차지하기도 한다. 릴리가 먹는 과자뿐만 아니라 '보르도식 생선요리'에 들어가는 보르도식 소스를 만드는 데도 팜유가 쓰인다. 그 외에도 바쁜 아침에 간단하게 식사 대용으로 먹는 시리얼에서부터 피자 위에 얹는 토핑이나 인스턴트 스프처럼 팜유가 쓰이는 곳은 무궁무진하다.

팜유는 완전히 포화된 지방이다. 여기서 '포화'라는 생화학 용어는 할머니의 부엌, 제과 공장, 릴리의 몸 안에서 모두 중요한 의미를 지닌다. 지방은 '포화'될수록 '단단하다', 다시 말해서 고체 상태를 유지한다. 업체 사람들은 단단한 기름을 선호한다. 복잡한 제조 과정을 생각해볼 때, 고체 지방이 액체 지방보다 훨씬 다루기 수월하기 때문이다.

식품가공업체에서 쓰는 용어 중에 '기계화 가능성'이 있다. 이 기술 용어는 시詩와는 거리가 멀지만, 그래도 즉각적으로 생산 공정을 상상하게 만든다는 이점이 있다. '기계화 가능성' 외에 '입안에 머무는 기간'이라는 용어도 있는데, 가령 섭씨 55도에서 천천히 녹는 지방은 입 안에서 향취가 오래가도록 도와준다. 이때 향기가 지속되는 시간을 가리키는 용어로, 초콜릿의 향취를 전달하는 중요한 매개체가 바로 지방이기 때문에 이는 매우 중요하다.

과자를 치아로 깨물었을 때 '바삭한 느낌'을 제대로 내려면 고체 지방을 사용하는 편이 유리하다. 릴리가 먹은 과자에 포함된 지방이 고체 지방이 아니라면, 초콜릿을 입히는 과정에서 녹아버릴 위험이 있다. 이렇게 되면 노릇노릇해야 할 과자가 거무튀튀해질 테고, 그 상태로는 판매가 불가능할 것이다.

식물성 기름을 단단하게 만들려면 인공으로 포화지방을 만드는 방법, 즉 수소를 더 넣는 방법이 있다. 수소가 더 들어간 팜유는 양초와 비슷한 모양이 된다. 이는 절대 우연이 아니다. 양초 또한 지방, 좀 더 정확하게 말하면 팜유의 스테아린(산)으로 만들어졌기 때문이다. 팜유의 스테아린(산)이란, 스테아린과 팜이라는 두 종류의 지방을 가리키며, 수소가 들어간 팜유는 80퍼센트 이상이 이 두 가지 지방으로 이루어져 있다.

아마인유(식물성 지방 중에서 불포화 정도가 가장 높은 지방)는 영하 24도에서도 액체 상태를 유지한다. 그런가 하면 올리브유는 섭씨 0도에서 굳어진다. 냉장고에서 꺼낸 버터는 아주 단단하기 때문에 섭씨 25도가 넘어야 조금씩 녹는다. 팜유는 섭씨 38도가 넘으면 액체로 변하지만, 수소를 더 넣은 팜유는 섭씨 55도까지 고체를 유지한다. 그러니 릴리가 먹는 과자 속에서 줄줄 녹아내릴 염려가 없는 셈이다.

식물성 기름이 우리 식탁에 오르기 전까지 어떤 처리 과정을 겪는지를 정확하게 알아내기란 매우 어렵다. 확실한 것은 액체의 식물성 기름을 '기계로 생산'하거나 '고체' 상태로 만들려고 무수히 많은 기술이 동원된다는 사실이다. 이렇게 동원되는 방식이 모두 좋은 것은 아니다. 지방에 '수소를 넣는 기술'은 흔히 트랜스지방산이라고 하는 인위적인 지방산을 더 많이 만들어낸다. 트랜스지방산을 많이 먹을수록 심장혈관계통 질환과 일부 암에 걸릴 확률이 높아질 수 있다는 역학 전문가들의 발표에 매스컴의 집중 포화는 물론 보건 당국 또한 감시를 게을리 하지 않고 있다. 우리 식탁에 등장한 트랜스지방산에 대해서는 다음 장에서 자세히 살펴볼 것이다.

그런데 여기서 한 가지 반드시 짚고 넘어가야 할 점은, 일부 식물성 지방에는 50퍼센트가 넘는 트랜스지방산이 이미 들어 있다는 사실이다. 오늘날에는 트랜스지방산을 줄일 수 있는 기술이 얼마든지 있지만, 이 같은 기술을 사용하면 할수록 식물성 지방이 점점 더 포화지방으로 변해간다는 문제를 안고 있다. 업체에서 대안으로 제시하는 다양한 종류의 공장 생산 마가린이 그럴 듯하게 들릴 수도 있지만 오히려 '더 나빠질' 우려도 있다.

슈퍼마켓에서 장을 보는 릴리가 산 과자나 바짝 말린 식빵(비스코트), 인스턴트 요리에 쓰인 일부 마가린은 분명 트랜스지방의 함량이 0퍼센트이지만, 아주 값싸면서 약간 다른 성분이 30퍼센트나 포함되어 있다. 소비자 설문 조사를 보면, 어린이들과 청소년들이 트랜스지방산에 가장 무방비 상태로 노출되어 있다. 이들이야말로 값싼 제빵류, 사탕류, 포화지방산이 가득 들어 있는 수소 첨가 식물성 지방으로 만든 과자류를 가장 많이 소비하는 층이기 때문이다. "소비자의 나이가 어리고 돈이 없을수록 트랜스지방산과 포화지방산에 노출되는 정도가 증가된다." 불행하게도 이 명제는 비단 과자나 사탕에만 국한되는 것이 아니라, 오늘날 식생활 모든 곳에 적용된다.

트랜스지방산이란 무엇인가?

지구에 있는 모든 생명은 식물의 광합성 작용으로 생겨났다.

광합성에 필요한 원료는 이산화탄소(CO_2)와 물(H_2O)이라는 형태에서 얻는 탄소, 산소, 수소이다. 여기에 햇빛에서 공짜로 얻을 수 있는 많은 빛에너지가 포함된다.

식물의 녹색 잎에는 엽록소가 들어 있다.

광합성이라는 복잡한 화학작용을 거치면, 이산화탄소와 물은 '$C_6H_{12}O_6$……'라는 긴 이름의 당으로 변한다. 아, 생명이란 근사하지 않은가?!

이렇게 만들어진 당은 식물의 여러 곳에서 탄소와 수소의 결합체인 포화지방산을 만드는 데 사용된다. 그런 다음 효소들의 작용으로 포화지방산의 탄소 사슬 가까이에 있는 수소가 제거된다.

이제 다가불포화지방산 덩어리인 이 풀들을 뜯어먹는 소가 등장한다. 풀을 먹은 소의 젖으로 버터를 만들게 되는데, 이때 소의 유두에서는 액체로 흘러나와야 하지만 냉장고에서 꺼낼 땐 고체를 유지해야 하는 어려움이 있다. 이 어려움을 해결하려면 소는 풀에 들어 있는 불포화지방산을 굳어지게 만드는 수소를 넣어야 한다. 다시 말해서 탄소 사슬 부근에서 제거되었던 수소를 다시 채워넣는다.

소는 혼자 힘으로는 이 일을 할 수 없다. 소의 혹 위에 들어 있는 수백만 마리의 세균이 불포화지방산에 수소를 넣는 일을 돕는다. 소와 같은 반추동물들만이 (자기들 몸 안에 붙어사는 세균들 덕분에) 이 작업을 할 수 있다. 이런 과정에서 소의 위에 있던 세균들은 아주 색다른 지방산을 만들어내는데, 이것이 바로 천연 트랜스지방산, 즉 수소화가 제대로 이루어지지 않은 지방산이다. 이 지방산은 불포화지방산이지만 식물들이 지닌 불포화지방산과는 연결 형태가 아주 다르다.

여기까지는 비교적 듣기 좋은 이야기가 이어졌다. 우유(젖소, 염소, 양, 물소의 젖)에 들어 있는 천연 트랜스지방산은 옛날부터 인간이 먹는 식사의 일부분을 형성해왔다. 그런데 지방을 화학적으로 처리하는 업체에서 소들을 흉내 내어 식물에 포함되어 있는 불포화지방산을 단단하게 만들 생각을 해낸 것이다.

이처럼 공장에서 인위로 수소를 넣는 과정에서는 트랜스지방이 발생하며, 이때 수소는 아주 애매한 곳에 위치하게 된다. 문제는 이렇게 억지로 만들어낸 트랜스지방산은 우유에 들어 있는 천연 트랜스지방산과는 완전히 다르다는 점이다. 공장에서 생산된 인공 트랜스지방산이 우리 식탁에 모습을 드러낸 것은 20세기 들어 최초의 마가린이 만들어지면서부터다.

1980년대 역학 전문가들은 인위로 만든 트랜스지방산의 소비가 늘어날수록 몇몇 질병의 발생 확률이 높아진다는 사실을 밝혀냈다. 하지만 이 진리를 받아들여 인공 트랜스지방산의 소비를 제한하는 법이 공식 발효되기까지는 몇 년이라는 긴 시간이 걸렸다.

오늘날 식품가공업체에서는 사용하기에 편한 고체의 수소 첨가유를 만드는 과정에서 인공 트랜스지방산이 거의 발생하지 않도록 하는 기술을 보유하고 있다. 하지만 이 기술은 돈이 워낙 많이 들기 때문에, 인공 트랜스지방산이 나쁘다는 걸 알면서도 사용을 못하게 할 수도 없는 어정쩡한 형편이다(덴마크와 캐나다는 예외). 따라서 '최저가 크루아상', '최저가 비스킷' 제품들에는 그대로 인공 트랜스지방산이 포함된 경우가 많을 뿐 아니라 실제로 어린 소비자들과 저소득 계층에서 왕성하게 소비된다.

그렇다면 이제 릴리의 몸에 들어온 수소가 들어간 식물성 포화지방산은 어떻게 되는가? 결론부터 말하자면 우리 몸에 도움이 된다고는 말할 수 없다. 혈관을 막아버리는 고체 지방에 대한 평가에는 다소 과장된 면이 있지만, 과장 속에 아주 작은 진실이 있음을 부인할 수 없다. 이 포화지방산은 지방조직세포 속에 저장되는 열량 중에서 가장 큰 비중을 차지한다. 말하자면 한 번 창고에 저장되고 나면 창고 밖으로 끌어내기가 무척 어려운 지방인 것이다.

팜유는 고체 지방이므로 수소를 더 넣기 쉽고 값도 싸기 때문에 전 세계에서 가장 많이 쓰는 기름으로 떠올랐다. 팜유 소비량은 흔히 '몸에 좋다고 생각하는 식물성 지방' 전체 소비량의 3분의 1을 차지한다. 오랑우탄(말레이시아와 인도네시아의 삼림에 서식하는 원숭이 종류로 팜유 단일 농장이 속속 들어서면서 숲이 사라지자, 이들 원숭이들은 멸종 위기에 놓였다) 보호를 외치는 사람들은 슈퍼마켓에서 판매되는 제품 10개 중 하나에 팜유가 사용되고 있다며, 팜유의 소비를 제한해야 한다고 적극 주장한다. 더구나 팜유는 릴리가 먹는 과자나 몇몇 마가린과 공장에서 만들어지는 인스턴트식품 상당수를 통해서 수소가 들어간 상태로 소비된다.

전 세계 팜유 생산량은 지난 20년(1980~2000) 사이에 무려 여섯 배나 증가했다. 태평양 유역에서 생산되는 고체 지방(팜유와 '영양학에서는 팜유보다 더 질이 나쁜' 캐비지야자유, 코프라유)은 이제 유럽에서도 가장 많이 소비되는 기름이다. 프랑스에서는 지난 40년 동안 이 같은 기름이 해바라기 기름에 이어 어린이들과 청소년들이 두 번째로 많이 소비하는 기름이 되었다.

어째서 이런 일이 일어났을까? 누구나 들어둘 만한 이야기이므로 그 경위를 간추려보자.

프랑스가 차지하는 위도에서는 유채가 아주 잘 자란다. 아름답게 만발한 노란 유채꽃은 첫더위가 시작될 무렵이면 40퍼센트가량이 지방으로 구성된 작고 동그스름한 열매로 변한다. 유채 열매에 들어 있는 기름은 완벽하게 균형 잡힌 품질 좋은 기름이다.

드넓은 농경지를 가진 프랑스에서는 1960년대에 유채가 전후 세대의 식탁을 책임질 수 있는 기름으로 부상할 수 있는 무한한 가능성이 열렸다. 영양학적으로도 뛰어날 뿐 아니라 프랑스 토양에서 잘 자라므로 재배도 쉬웠고, 당시 프랑스에 팽배했던 농업 독립 의지도 충족시킬 만한 그야말로 일석 삼조의 식물이었던 것이다. 그 이전에는 '식민지'에서 건너오는 낙화생유(땅콩 기름)가 프랑스 국내 기름 소비량의 대부분을 책임졌으나, 공교롭게도 식물성 기름 소비가 엄청나게 늘어날 무렵 식민지들은 하나씩 독립을 쟁취했다. 그러니 더더욱 유채 농사의 앞날은 밝았다.

그러나 1970년대에 들어와 쥐들을 대상으로 실시된 기초 연구에서 유채의 몇몇 품종에 다량으로 들어 있는 '에틸렌산'이 쥐들의 건강에 안 좋은 영향을 끼칠 수도 있다는 주장이 제기됐다. 이 연구 발표로 언론계와 정계와 행정부가 모두 들끓었다. 연구 결과는 각 일간지 머리기사를 장식했으며, 유채는 모든 해악의 원흉으로 지탄받았다. 그 결과 1976년 유럽연합은 '국민 보건을 위한 신중한 접근'이라는 명목으로, '에틸렌산'의 식용류 함량을 5퍼센트 미만으로 제한하는 법령을 제정했다. 결국 유채 농사의 장밋빛 미래는 산산조각이 났다.

농업공학자들은 다시 연구를 해서 에틸렌산이 들어 있지 않은 유채 품종을 가려냈지만 때는 이미 늦었다. '유채'라는 말만 들어도 건강에 나쁘다는 인식이 널리 퍼졌기 때문이다. 사정이 이러하자 실용주의 정신으로 무장한 캐나다인들은 에틸렌산이 들어 있지 않은 유채 품종을 '카놀라'라는 새로운 명칭으로 부르기 시작했다. 건강에 안 좋은 영향을 끼치는 에틸렌산과 딱 붙어 있는 유채에서 벗어나려는 고육지책이었다.

그 후 미국산 콩기름(당시 프랑스에서는 콩이 자라지 않았다)의 수입이 자유로워지는 듯했으나 농업 독립 의지와는 맞지 않는 면이 있어서 수입으로 이어지지는 않았다. 그러던 중 1978년 오메가3가 2퍼센트 넘게 들어 있는 기름(콩기름은 오메가3가 3퍼센트, 유채는 10퍼센트가 들어 있다)은 조리용 기름으로 쓸 수 없다는 상식 밖의 법령이 제정되었다(이 법은 지금도 유효하다). 프랑스인들 대부분이 '혼합용 식용유', 다시 말해서 불에 익히는 조리용과 익힐 필요 없는 샐러드드레싱용 기름, 이렇게 두 가지 용도로 쓸 수 있는 기름을 사용하므로 미국산 콩기름의 수입은 자연스레 금지되었고, 그와 동시에 프랑스산 유채유도 똑같은 운명을 맞았다.

1970년대에는 미래의 기름으로 주목받았던 유채유가 1980년대에는 '불법' 기름으로 추락하다니! 그래도 유채 재배자들은 절망하지 않았다. 그들은 힘을 모아 30여 년간 유채가 영양학적으로 얼마나 많은 장점을 지니고 있는지 단계별로 증명해보였다. 그러나 힘이 모자랐다. 2004년 유채는 프랑스인들의 기름 소비량 중에서 겨우 15퍼센트에 머물고 있는 것에 비해, 팜유와 캐비지야자유, 코프라유의 소비량이 30퍼센트가 넘는다.

그러니 가엾은 오랑우탄들의 운명은 바람 앞의 등불이다. 하지만 오랑우탄만 걱정할 때가 아니다. 우리 운명 또한 장밋빛이라고만 할 수는 없다. 고체 기름, 다시 말해서 '기계화 가능한' 기름은 우리 건강에 조금도 좋을 것이 없기 때문이다. 이 같은 기름의 소비가 늘어나는 현상은 공장에서 만든 제품들의 소비량, 즉 '콜레스테롤 함량 0퍼센트'를 자랑하는 과자나 빵, 인스턴트 조리 식품, 아침 식사용 시리얼 등 릴리가 슈퍼마켓 카트 안에 집어넣는 식품 소비의 증가와 맞물려 있다.

'눈에 보이는' 지방, 즉 식탁 위에 놓고 먹는 드레싱용 기름이나 버터의 소비량은 꾸준히 줄어들고 있으며, '눈에 보이지 않는' 식물성 기름(팜유, 캐비지야자유, 코프라유를 비롯한 수소 첨가유)의 소비는 반대로 꾸준히 늘어나는 추세다.

그런데 이는 참으로 알 수 없는 일이다. 1970년대에 역학 전문가들은 올리브유의 미덕을 밝혀내면서 주로 버터와 포화지방산을 소비하는 북부 사람들이 올리브유를 비롯한 불포화지방산을 주로 소비하는 남부 사람들의 본을 받아 건강이 좋아지리라고 자신했다. 그런데 그 연구가 대중에게 알려진 지난 30년간 도대체 무슨 일이 일어났단 말인가? 물론 식물성 기름이 동물성 기름을 몰아낸 것은 사실이나 그 식물성 기름이라는 것이 (올리브유나 불포화지방산 함량이 높은 기름이 아니라) 주로 팜유나 콩기름으로 변한 것은 무슨 이유 때문인가? 1960년대에는 기름을 수입하던 말레이시아가 팜유를 수출하면서 세계 제2위의 기름 생산국이 되었다니…….

그건 이렇다. 버터가 건강에 좋지 않다(포화지방산 때문에)는 말이 나돌자, 식물성 기름 형태로 만들어진 포화지방산(즉 인위적으로 만든 트랜스지방산)의 소비가 엄청나게 늘어난 탓이다. 결국 트랜스지방산은 현대에서 볼 수 있는 새로운 형태의 영양소, 우리 몸을 구성하는 오래된 유전자는 알지 못하는 영양소의 한 예라고 할 수 있다. 하지만 이 새로운 영양소의 폐해는 머지않아 곧 밝혀졌다.

식물성 기름이 몸에 좋다는 인상을 주는 데 가장 크게 이바지한 올리브유는 정작 오늘날 전 세계 식물성 기름 소비량의 3퍼센트밖에 차지하지 못한다. 아무리 당신이 식탁 위에 올리브유 병을 올려놓고 늘 먹으려 노력한다고 해도 이 추세는 바꾸지 못할 것이다.

우리는 식물성 기름의 상당 부분을 인스턴트식품, 각종 소스, 제빵류, 스프, 과자로부터 섭취한다. 다시 말해서 릴리가 먹을거리를 보관해두는 찬장에서도 올리브유를 발견할 가능성은 거의 없다고(올리브유 특유의 냄새와 비싼 가격 때문에) 봐야 할 것이다.

식물성 기름의 소비는 지난 40년 동안 엄청나게 증가했기 때문에 이 기름을 얻기 위한 경작지 면적도 수백만 헥타르씩 늘어났다. 팜유 농장이 들어서면서 인도네시아와 말레이시아의 숲이 사라졌다.

팜유와 쌍벽을 이루는 또 다른 식물성 기름인 콩기름(영양학에서 볼 때 팜유 못지않게 문제가 많은 기름)의 유래 역시 이와 비슷하다. 무조건 식물성 기름은 좋고 동물성 기름은 나쁘다는 단순 논리로 콩기름의 소비 역시 엄청나게 증가하자, 그에 따라 콩기름 농장이 차지하는 면적 또한 큰 폭으로 늘어났다. 말레이시아에는 팜유 농장이 우후죽순으로 생겨나고, 남아메리카에서는 콩기름 농장이 팜유 농장에 질세라 기세등등하게 번창하고 있다.

아프리카가 원산지인 팜유가 태평양 인근에서 산업화된 것과 마찬가지로, 원래 만주 지역에서 자라던 콩(콩은 이 지역의 주식이었다)은 북아메리카에서 대량으로 재배되기 시작했다. 미국의 콩 수요가 기하급수로 늘어나자 차츰 남아메리카까지 재배 면적이 확산되었다. 브라질, 아르헨티나, 파라과이는 1980년대부터 콩을 재배하더니 얼마 안 되어서 주요 수출 국가로 자리 잡았다. 오늘날 콩기름은 전 세계 식물성 기름 소비량의 4분의 1을 차지하며, 남아메리카 대륙이 전체 소비량에서 절반이 넘는 양을 공급한다. 물론 이곳 농장도 산업화되었으며, 그 결과 생태계와 사회 모든 곳에 걸쳐 재앙을 야기했다.

생산은 집약되고 유전자변형 품종의 재배 면적은 해마다 증가한다. 모든 관점에서 볼 때, 이들 농장의 팽창은 한마디로 통제하기 힘든 상태에 도달했다.

루시나 룰루가 살던 시대에나 있을 법한 종의 다양성, 안셀 키스가 주장했던 올리브유를 토대로 하는 지중해식 섭생은 이제 아득한 옛일이 되어버렸다. 팜유나 콩기름 생산을 위한 단일 경작으로 인한 부정적인 결과를 쓰려면 책 한 권으로도 모자랄 것이다. 요컨대 이 같은 생산방식은 토양을 황폐화하고 사회와 생태에 재앙을 불러온다.

이 모든 변화가 겨우 40년 남짓한 시간 동안에 일어난 것이라고 한다면 지나치게 단순화한 걸까? 그렇다고 이 같은 변화에 그냥 먼 산만 쳐다보고 있어야 하는 것일까? 40년 전 안셀 키스는 '생태학적 상관관계'를 강조했다. 이 중요한 역학 연구의 결과를 놓고 왜곡된 해석, 지나친 단순화, 경제에 치우친 논리, 영양학에 대한 무지 같은 여러 가지가 뒤섞인 결과 이러한 환경 재앙을 낳았다. '생태학적 상관관계'라는 뛰어난 논리에서 출발해 이 같은 황당한 결과에 도달했다는 사실은 서글프기 그지없다. 아니, 그 정도가 아니라 너무도 기가 막힐 따름이다.

우리는 릴리가 먹는 과자에서 출발했다. 그 과자에 들어 있는 수소를 넣은 팜유의 내력은 모든 걸 말해준다. 늘 그렇듯이 모든 이야기에는 교훈이 따르기 마련이다. 그렇다면 우리가 얻어야 할 교훈은 무엇일까? 모든 고정관념과 지나친 흑백논리는 경계해야 한다. 영양에 관해서라면 더더욱 그렇다.

혀끝의 즐거움과 영양은 양립할 수 없는가

릴리는 계속해서 초콜릿 과자를 먹어도 좋을까?

|

물론 그렇다. 하지만…….

맛에 대한 만족감을 표현할 때, 음식을 먹을 때 느끼는 즐거움을 토로할 때, 생화학은 거의 시詩에 가깝다. 지구에 살고 있는 여러 동물이 번식할 때 쾌감을 느낀다는 공통점이 없다면, 아마도 지구에서 그 동물은 벌써 오래전에 사라졌을 것이다.

영양을 섭취하는 기제는 무엇보다도 혀끝을 만족시키는 기제이며, 릴리가 입맛에 맞는 음식을 골라먹는 것은 당연하다. 서기 2000년을 넘어선 지금 이 순간에 디저트를 먹는 릴리를 바라보면, 맛있는 걸 먹는다는 생각에 눈동자가 반짝반짝 빛나는 모습이 햇볕을 받아 단물이 떨어지는 야생 딸기를 풀밭에서 채집하는 루시의 모습(기원전 2만 8,000년 무렵)과 같으며, 9월 어느 가을날 처음으로 사과를 한 입 깨물던 룰루의 모습(기원전 1만 2,000년 무렵)과도 같다. 맛있는 음식을 먹는다는 데서 서로 닮은 이 세 여인이 늘 좋은 시절만 보낸 것은 아니다.

루시, 룰루, 릴리는 몸이 튼튼해야 했으며 스스로 기운이 센 편이 아니라고 생각했다. 동굴에서 생활하던 루시, 움막에서 살던 룰루, 회사에서 경쟁해야 하는 릴리. 이들에게 다른 사람과의 관계는 늘 유쾌하고 쉬운 일만은 아니다. 세 여인은 하루 일과를 마치는 저녁이면 마음이 쓸쓸해지고, 그것이 쓸쓸하게 흔들리는 눈빛에 고스란히 나타났다. 그러다가 크림이 듬뿍 들어간 과자 한 조각을 입에 물면 어느새 잠시나마 평온을 되찾는다.

그러니 이 같은 행복감을 선사하는 과자를 먹지 않는 건 어리석은 짓일 수도 있다. 카카오 버터는 섭씨 45도에서 녹는다. 체온에 거의 가까운 온도에서 녹는 순간 부드럽고 달콤한 향기를 내뿜는다. 따라서 저녁이면 찾아오는 우울함이 사라지는 것도 바로 이 온도가 아니겠는가.

릴리는 저녁식사 준비에 고작 10분 정도의 시간을 쓴다. 이렇게 해서 얻은 시간에는 얼마든지 다른 일, 말하자면 사람답게 사는 일을 할 수 있다! 열정을 가지고 하고 싶은 일에 몰두하는 시간, 혼자 자유로이 보낼 수 있는 여가 시간, 릴리는 다른 사람들이 자신을 위해서 식사 준비를 해주기 때문에 (조리법을 만들어내고, 그 조리법에 따라 요리하고, 이 모두를 위해 식품을 사서 섞고, 섞은 재료를 적당한 온도에서 애벌로 익히는 일) 이 시간을 오롯이 자신에게 쓸 수 있다.

하지만 릴리가 먹는 초콜릿 과자는 먹는 즐거움과 영양학적 배려를 동시에 충족하려면 좀 더 개선되어야 한다. 과자를 만드는 사람들이 먹는 사람들의 건강과 허리둘레에 조금만 더 신경을 쓴다면, 설탕과 기름의 양을 줄이고 좀 더 질 좋은 기름과 달걀을 이용해서 지금처럼 부드럽고 바삭거리며 맛있는 과자를 만들어낼 수 있을 것이다.

한편 릴리는 식품을 살 때 지금보다 좀 더 신경써야 할 것이다. 이를테면 상품에 표시되어 있는 성분 비율이나 조리법 등을 꼼꼼하게 읽어봐야 한다. 보건복지부나 농업부의 관리들은 너 나할 것 없이 요즘 프랑스의 식생활은 그 어느 때보다도 '건전하다' 고 입을 모은다. 다시 말해서 식중독 같은 식품 사고는 거의 일어나지 않기 때문에 대부분 식품을 안심하고 먹을 수 있다. 맞는 말이다. 적어도 부분적으로는 옳다.

먹이사슬 전체 과정울 놓고 볼 때, 품질과 안전성을 보장하는 첨병이라고 할 수 있는 흰옷 입은 기술자들이 위생과 청결, 식품안전성을 위해 남다른 의지와 기술로 엄격하게 작업한다. 요즘 들어서는 리스테리아균이나 살모넬라균 때문에 죽는 사람들은 없다. 있다고 하더라도 극소수에 지나지 않는다. 최악의 상황을 우려했던 광우병으로 사망한 사람도 거의 없다. 기근이나 영양실조로 죽는 사람들도 없다. 최소한 프랑스에서는 그렇다.

하지만 '영양학 관련' 질병이나 '영양학 요인으로 발생한 질병'은 엄청나게 증가했다. 당뇨병, 암, 심장혈관계통 질환, 비만, 고혈압 같은 질병이 모두 여기에 해당된다. 과거에는 잘못된 식생활 때문에 사망하는 사람이 요즘처럼 많지 않았다. 요즘 들어 사망자가 수만 명에 이르는 신종 질환처럼 '전염병' 이라는 용어가 딱 들어맞는 경우도 드물다. 따라서 릴리는 지금까지처럼 혀끝의 즐거움을 위해 먹을 수 있어야 하지만 지금보다 훨씬 더 신중해야 한다.

오늘날 우리는 어떻게 사냥하고 낚시하며 채집하는가

릴리, 룰루, 루시가 함께 시장을 본다면?

식탁에 앉아서 보내는 시간은 이제 눈에 띄게 줄어들었다. 2004년에 '평균' 점심 식사 시간은(허무맹랑한 통계일 수도 있으나 현실 그대로 반영한 통계이다) 38분으로, 1984년의 82분과 비교하면 엄청나게 짧아졌다. 1년에 2분 12초씩 시간을 벌었다는 계산이 나온다. 시간을 벌었다고? 오히려 함께 즐겁게 보낼 수 있는 시간이 줄었다고 해야 하지 않을까? 솔직히 벌기도 하고 잃기도 했다는 말이 맞다.

그래도 일단 시간을 벌었다고 해두자. 우리는 음식을 먹는 데 쓰는 시간만 번 것이 아니라 먹을거리를 찾아다니는 데 쓰는 시간도 벌었다. 나는 먹을거리를 찾아다니면서 써버린 열량과 먹을거리를 섭취했을 때 얻는 열량 간의 관계를 기록한 놀라운 통계를 본 적이 있다.

풀뿌리 몇 개를 먹어 배 속에 약간의 열량을 공급하고자 루시는 여러 날을 걷고 언덕을 오르고 선사시대의 무성한 관목숲 밑을 파헤쳐야 했다. 루시의 아버지는 여러 날 동안 사냥감을 찾아 뛰어다녀도 빈손인 날이 거의 대부분이었다. 어쩌다가 구석기시대 봄날 들판에 돋아난 기름진 녹색 풀을 뜯어먹은 덩치 큰 들소나 거대한 매머드를 잡는 횡재를 하기도 했다. 이런 날은 훌륭한 먹이 찾기였다고 볼 수 있다.

룰루와 그의 자식들은 땅을 파서 씨앗을 심었지만, 언제나 싹이 나는 것은 아니었다. 몇 세대 후손으로 내려가면서 땅을 일구고 쇠스랑으로 고르며, 낫으로 꼴을 베고 도리깨로 밀을 털었으며, 절구로 밀가루를 찧다가 차츰 맷돌을 사용하는 방식을 익혔다. 그렇게 해도 풍년이나 들어야 고작 한 해 동안 겨우 먹고살 정도의 곡식을 거둘 수 있었다.

그런데 오늘날은 어떠한가! 토요일 오후에 자동차 시동을 걸고 슈퍼마켓으로 가서 일주일치 먹을거리를 카트 가득 담는 데 쓸 열량만을 소모할 뿐이다! 일주일 동안 집에서 먹는 열 끼 식사거리를(하루 필요 열량 2,000칼로리 정도) 토요일 오후 잠시 짬을 내서 사면 고작 200칼로리 정도(자동차 트렁크로 시장에서 산 식품들을 옮겼다가 다시 꺼내서 아파트 계단을 올라가 찬장에 정리해 넣어야 하니까 어쩌면 약간 더 필요할 수도 있다)가 소모될 뿐이다. 즉 200칼로리를 소모하면 2만 칼로리를 살 수 있다!

누가 뭐라고 해도 요즘 삶은 훨씬 간편하다. 루시가 3,000칼로리에 해당하는 풀뿌리와 씨앗과 과일들을 집으로 가져오려면, 그것을 찾기 위해 3,000칼로리 정도는 소비해야 했다. 정말로 꽉 찬 하루 일거리였던 것이다. 써버리는 열량보다 더 많은 열량이 남을 때는 집으로 씨앗을 가져오거나 과일들이 풍성한 화창한 여름날뿐이었다.

인류의 오랜 역사를 거슬러 올라가보면, 먹을거리를 찾아다니는 일이야말로 가장 중요한 활동이었다. 600만 년을 하루같이 인류는 줄기차게 먹을 것을 찾아 헤맸던 것이다. 그러다가 룰루가 살던 시대에 이르러서 농업과 목축을 발명하면서 중대한 전환기를 맞았다. 그 후로도 수확이 안정되고, 날씨 변화에도 영향을 덜 받게 되기까지 수천 년이라는 세월을 기다려야 했다.

20세기 초에 들어와 서구에서는 기근이 완전히 자취를 감추었다. 루시에서 릴리로 이어지면서 우리가 하루에 섭취하는 열량은 늘어만 갔다. 그러다가 1970~1980년대, 그러니까 릴리가 갓난아기였던 때에 성장세가 멈추었다. 그 후로 완만하게 하강 곡선을 그리는 추세다. 그러므로 우리는 지난날을 되돌아볼 때 아주 희한한 시기를 살고 있다고 말할 수 있다. 섭취하는 열량은 줄어드는데, 허리둘레는 늘어나는 기이한 시대에 살고 있는 것이다.

이번에는 칼로리가 아닌 비용에 눈길을 돌려보자. 20세기 초부터 가정마다 지출 명세에서 식비가 차지하는 비율은 꾸준히 내려갔다. 20세기는 세 가지 단계에서 놀라운 전환기를 맞았다.

첫째, 가정의 지출 명세에서 식비 지출은 이제 최고 액수를 차지하지 않는다. 둘째, 주거와 교통비 지출이 식비 지출보다 많아졌다. 셋째, 식비가 전체 지출에서 차지하는 비율은 낮아졌고, 그 대신 여가와 건강을 위한 지출이 크게 늘어났다.

이 모든 변화는 거의 지난 50년 동안 급격하게 이루어졌다. 아, 이 얼마나 '멋진' 세상인가!

국립통계청INSEE은 1975년부터 2005년까지 30년 동안 각 가정의 식비 지출 비율이 24퍼센트에서 15퍼센트로 급강하했다고 한다. 이 15퍼센트의 식비 지출에는 집이 아닌 곳에서 먹은 식사, 즉 학교 급식, 구내 식당, 일반 식당에서 먹은 외식비도 포함되어 있다(외식비는 전체 식비 지출 중에서 5분의 1을 차지한다).

국립통계청의 통계를 살펴보면, 1960년에 릴리의 어머니가 시장을 볼 때에는 농산품(감자, 빵, 쌀, 국수, 버터, 식용유……)이 식비 지출 중에서 차지하는 비율은 23퍼센트로 육류(22퍼센트)와 거의 같은 비율이었으며, 같은 무렵 과일과 야채가 차지하는 비율은 16퍼센트였다.

그런데 2000년에는 농산품이 식비에서 차지하는 비율은 고작 10퍼센트, 과일 야채는 11퍼센트, 육류는 14퍼센트로 떨어졌다. 대신에 50년 전에는 없었던 새로운 품목의 지출이 급증했다. 이를테면 사탕, 초콜릿, 탄산음료 14퍼센트, 인스턴트식품 12퍼센트, 요구르트를 비롯한 후식용 유제품 3퍼센트 등이다. 한편 어류 지출 비율은 1.7퍼센트에서 4퍼센트로 늘어났다.

보다시피 우리의 장보기 내역은 섭생 습관이 이처럼 급격하게 변화했음을 보여준다.

초콜릿 구입 비용이 육류 구입 비용과 맞먹는다니, 이 얼마나 상징적인가? 버터와 드레싱용 식용유의 소비는 지난 10년간 꾸준히 줄어들었다.

여기서 잠시 루시, 룰루, 릴리가 비오는 토요일 오후 함께 장을 보러 간다고 상상해보자. 주말 오후 장보기는 이제 웬만한 사람들에게는 피할 수 없는 의무 사항이 되어버렸으니까.

루시는 틀림없이 과일과 야채 판매대 앞에서 군침을 삼킬 것이다. 육류 판매대 앞에서는 사냥한 동물들을 동굴로 가져와서 불을 피우고 고기를 굽는 건 남자들 몫이니까 잠시 주저하다가 결국 쇠고기, 돼지고기, 토끼고기, 닭고기, 그중에서도 특히 내장 위주로 카트를 채울 것이다.

한편 룰루는 빵과 국수, 쌀류를 진열해놓은 판매대 앞에서 오래도록 머무를 것이다. 농사를 발명한 후 룰루는 이런 곡식들을 생산하느라 너무도 고생을 했으니 당연한 일이다. 치즈 판매대 앞에서는 루시가 육류 판매대 앞에서 망설인 것처럼 망설일 것이다. 그도 그럴 것이 당시에는 남자들이 양과 소를 몰고, 젖을 짰으며, 치즈를 만들었기 때문이다. 망설이다가 결국 룰루도 카망베르, 콩테 치즈, 버터들을 카트에 한가득 넣을 것이며, 특히 염소와 양젖으로 만든 치즈를 좋아할 것이다.

릴리가 자주 들르는 판매대 앞에서 이 두 여인은 몹시 당황할 것이다. 각종 냉동식품, 초콜릿 과자, 아침 식사 대용 시리얼, 후식용 유제품, 두유로 만든 요구르트, 수소 첨가유로 만든 마가린, 사탕, 인스턴트 조리 식품…….

루시와 룰루는 한참을 망설이다가 너무 과격하게 21세기식 식단을 강요받은 애리조나 주의 피마족 인디언들처럼 이들 신종 식품 앞에서 항복하게 될 것이다.

1960년대와 비교해 오늘날 우리의 달라진 식생활을 꼼꼼히 살펴보자(여기에서 제시한 자료는 국립통계청에서 발표한 자료이며, 1인당 1년 소비량을 킬로그램 단위로 표시했다).

- 신선한 어류 소비량에는 차이가 없으나 어류를 기본으로 한 인스턴트식품 소비는 5배 증가.

- 신선한 육류 소비량에는 차이가 없으나 육류를 기본으로 한 인스턴트 조리 식품 소비는 3.5배 증가.
- 야채와 감자를 기본으로 한 통조림과 인스턴트식품 소비는 5배 증가.
- 사탕, 제빵, 탄산음료 소비는 3배 증가.
- 유제품 소비는 3배 증가.

설탕 자체(가공식품 형태로 섭취하는 설탕은 제외)의 소비는 식용유, 버터 같은 기름 자체(가공식품 형태로 섭취하는 기름은 제외)의 소비와 마찬가지로 줄어들었다. 동물성 식품에 포함된 기름의 함량 또한 줄었다. 이를테면 전지 우유가 저지방 우유로 바뀌는 식이다. 육류에 포함된 지방 함량 또한 꾸준히 줄어들었다(예를 들어 돼지고기는 지난 40년 사이에 지방 함량 4퍼센트 미만인 '기름기 없는' 고기로 변했다. 이는 40년 전과 비교하면 2분의 1 수준이다). 그러나 인스턴트식품에 들어 있는 설탕과 지방 함량은 나날이 늘어나고 있다.

1960년에 프랑스인들이 식료품을 사는 형태는 인류가 사회화를 시작한 무렵의 섭생방식과 크게 차이 나지 않았다. 그런데 그로부터 40년이 지난 오늘날에는 모든 것이 바뀌었다. 식비는 다른 부문의 지출이 늘어나는 것에 (반)비례해서 줄어들었다. 물론 생산자들과 기업체, 유통업자들의 노력 덕분이라고 말할 수도 있을 것이다. 최신 플레이스테이션과 최신 휴대폰을 사야 하고 휴가도 가야 하는데, 아주 다행한 일인지도 모른다. 모든 것이 훨씬 싸졌고, 훨씬 편리하게 되었으니 불평할 게 뭐란 말인가.

하지만 식품의 내부를 들여다보면 모든 게 바뀌었다. 겉모양은 그대로지만 속사정은 완전히 다르다. 우리는 릴리의 카트를 채운 식품들을 좀 더 꼼꼼하게 살펴봐야 한다.

성분표시의 이면

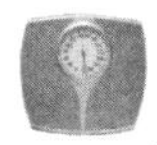

릴리가 집으로 가져온 식품들을 구성하는 깜짝 놀랄 요소들

집에 돌아온 릴리는 슈퍼마켓에서 사온 식품들을 부엌 탁자 위에 펼쳐놓는다. 빈틈없고 깔끔한 성격의 릴리는 슈퍼마켓에서 봉투에 물건을 담을 때부터 이미 그 식품들을 정리해둘 장소에 따라 분류해놓았다. 냉장고, 냉동고, 찬장의 어느 선반에 놓을 것인지에 따라 분류한 것이다. 토마토, 피망, 호박, 가지는 탁자 위에 올려놓았다.

루시는 릴리가 카트에 야채를 많이 담도록 설득하느라 애를 많이 썼다. 샐러드 거리들도 많았다. 릴리는 콘 샐러드와 유채를 엄청 좋아하는데, 요즘에는 야채도 비닐 포장으로 판매되기 때문에 무척 편리했다. 샐러드드레싱용으로 양파와 마늘도 샀다.

릴리가 야채를 많이 산 건 썩 잘한 일이다. 이는 국가영양보건기획원PNNS에서 권장하는 사항이다. 국가영양보건기획원은 하루에 5~10가지 정도의 과일과 야채(예를 들어 블루베리가 좋은 식품이라고는 하나 그것만 반복해서 열 번을 먹는 것은 바람직하지 못하다)를 먹으라고 적극 권장한다. 야채는 섬유질이 풍부한 데다 열량이 낮은 식품이다. 그러니 일석이조인 셈이다.

릴리가 일요일 아침에 라타투이(이른바 모둠야채 찜)를 준비해놓을 시간만 있다면 고기나 생선을 곁들여서 저녁에 먹으면 된다. 라타투이 한 접시 분량이면, 10분 만에 준비되는 파스타 한 접시보다 열량은 3분의 1 정도인 데다 맛도 훌륭하다. 더구나 라타투이에 들어간 야채들이 지닌 섬유질은 다른 음식물의 소화를 도와준다. 릴리는 파스타를 먹을 때나 4분이면 완성되는 쌀을 먹을 때나 인스턴트 퓌레를 먹을 때나 할 것 없이, 다시 말해서 탄수화물 위주의 끼니때마다 늘 샐러드를 곁들이니 이 또한 바람직하다. 샐러드에 들어 있는 섬유질은 탄수화물이 혈액 속에서 당으로 바뀌는 속도를 늦춘다.

우리는 앞에서 인슐린이 열량 비축을 위해 세포의 문을 열어준다고 이야기했다. 당분이 대량으로 혈액 속으로 들어오면 혈당 농도는 갑자기 올라간다. 그러고 나서 곧 췌장으로 신호를 보내 인슐린이 분배된다. 당분이 너무 빨리 혈액 속에 도달하면 세포의 문이 너무 활짝 열리게 되어 비축된 열량은 지방으로 바뀐다.

릴리가 끼니때마다 먹는 샐러드와 토마토는 다행스럽게도 당분의 순환 속도를 늦추기 때문에 4분이면 완성되는 쌀에 포함된 당분이 순식간에 지방으로 변하는 것을 막는다.

릴리의 카트 안에 야채를 넣은 사람은 루시였다. 수만 년 전에 루시가 채집한 과일과 야채는 요즘 슈퍼마켓의 상품 진열대를 채우는 과일, 야채와는 하나도 닮지 않았다. 당시 과일과 야채는 주된 식단이었으며, 다양한 미세영양소(산화방지제, 비타민, 미량원소 따위)들이 가득 들어 있으므로 끼니때마다 우리 몸의 구조에 유용하게 작용하는 복합분자들을 공급했다. 다양한 종류의 섬유질, 채소, 식물들은 식사를 통해서 특별한 영양소를 제공했던 것이다(시금치에 철분이 많이 들었다는 건 전설에 불과할지 모르나 뽀빠이에게 무언가를 제공한 것만은 틀림없다!).

룰루 역시 릴리의 찬장에 있는 곡물들을 이해하지 못하기는 마찬가지다. 빵이며 그 외 다른 곡물 제품에 들어 있던 섬유질들은 사라지고 그 자리는 점차 전분(복합당분)이 차지했다. 이는 곡물 종자의 품종이 바뀌었고, 기업의 생산방식에 따라 곡물을 처리하는 방식도 바뀌었기 때문이다. 어쨌거나 결과적으로 우리의 식탁에는 섬유질이 부족하게 되었다. 다른 나라 사람들의 형편도 그다지 나은 편은 아니다.

릴리는 과일을 거의 사지 않았다. 식사 후에 과일보다는 초콜릿이나 과자 한 조각, 요구르트 먹기를 더 좋아했다. 돈이 없는 것은 아니었지만 릴리는 늘 과일값이 비싸다고 생각했다. 그리고 그녀는 농부의 딸답게 계절 감각은 잃지 않았기에 1월에 다른 나라에서 수입한 사과며 딸기를 먹는 것이 내키지 않았다. 가장 큰 이유는 선명하고 그럴듯한 과일들의 빛깔과는 달리 예전에 먹던 맛이 느껴지지 않았기 때문이다. 그래서 여름이 되면 할아버지 댁 과수원에 가서 직접 체리며 사과를 따와야겠다고 생각했다. 직접 따먹는 과일이 훨씬 맛있으니까 말이다.

채소를 정리한 다음 릴리는 나머지 식품들을 냉장고에 넣었다. 릴리는 보통 식품 포장에 적힌 성분표시 따위는 읽지 않는 편이다. 생각할 일도 많은데 그런 것까지 꼼꼼하게 읽을 여유가 없기 때문이다. 하지만 앞으로는 읽는 편이 좋을 것이다. 그걸 읽으면 이제까지 몰랐던 흥미진진한 사실들을 알게 될 테니까.

냉동식품부터 보자. 릴리는 저녁 늦게 퇴근하는 데다 냉동식품은 맛이 좋은 편이다. 릴리에게 꽤 많은 시간을 벌게 해주는 기업에서는 냉동식품의 맛을 더 낫게 하려고 부단히 노력을 기울여왔다.

자, 사 온 식품을 냉동고에 넣자. 릴리는 그래도 몸에 좋다는 것들을 골라서 샀다. 이따금씩 뒤적거리는 여성잡지에 실린 영양 관련 기사에서, 이구동성으로 생선과 야채가 몸에 좋다고 했으니 생선 그라탱과 '태양이 키운 야채 파이' 도 당연히 좋을 것이다. 게다가 맛도 좋으니까. 키슈(달걀과 햄을 섞어 구운 파이)는 또 얼마나 맛있는데……. 릴리는 키슈를 좋아한다.

생선 그라탱에는 반드시 영양분석표를 표기해야 한다. 100그램당 142킬로칼로리, 그러니까 포장 단위별로는 250킬로칼로리, 하루 필요 열량의 15퍼센트에 해당된다. 그 정도면 괜찮다고 할 수 있다. 지방 성분(지방은 쉽게 말하면 기름이다. 릴리도 그건 알고 있다. 생선에 들어 있는 기름이면 좋은 기름이라는 것 또한 알고 있다)은 7퍼센트 함유되어 있다. 생선 그라탱 포장지에는 성분 목록도 적혀 있다. 그것은 '표' 라는 말 정도로는 부족하고, 짧은 '소설' 정도 되는 분량이다.

알래스카산 대구 55퍼센트, 재구성한 전지 우유, 탈수 감자(감자, 유화제, 모노 혹은 다이글리세라이드 지방산), 식물성 마가린(일부 수소 첨가 팜유), 물, 착색염 : E160a, 산화제 : 구연산, 에망탈 치즈, 생크림, 양송이, 체다 치즈, 빵가루(밀가루, 이스트, 소금), 소금, 생선 향신료(맥아덱스트린, 천연향료, 유당, 우유 단백질, 생선, 소금, 천연 백포도주 용액, 양파), 후추 천연향료, 매운 고추.

자, 앞에서 말한 지방 7퍼센트는 물론 생선에 들어 있는 지방 이야기가 아니다. 말레이시아의 숲을 거덜내는 팜유가 여기에도 들어 있으며, 더구나 '수소 첨가 팜유'는 포화지방산과 그 과도기에서 발생하는 인공 트랜스지방산이 들어 있다는 말인데, 알다시피 우리 몸에 좋다고만은 할 수 없는 것들이다. 아니, 이렇게 말하면 너무 점잖게 에두르는 말이다.

나머지 성분들을 보자. 먼저 각종 첨가제 중에서 알파벳 E와 뒤에 나오는 숫자는 척 보기만 해도 어쩐지 신뢰감이 들지 않는다. 비록 낭만적이지 않더라도 이렇게 숫자가 붙었다는 사실은 관계 당국으로부터 일단 써도 된다는 허가를 받았다는 말이다. 즉 보건을 책임지는 유럽 관계 당국에 제출된 서류를 검토한 결과, 사람 몸에 나쁘지 않다는 판결을 받은 것이다. 성분 목록의 첫 부분에 적혀 있듯이, 릴리가 사 온 생선 그라탱에는 생선 함량이 55퍼센트이다. 그 정도면 나쁘지 않은 편이다(구성 성분은 보통 비중이 큰 것부터 적는다).

반대로 이 성분 목록을 보면서 릴리가 걱정해야 되는 대목이 있다면, 그것은 익숙하지 않은 '이상한' 제품(맥아덱스트린이나 모노 혹은 다이글리세라이드 지방산 등)이 아니라, 오히려 수소가 들어간 식물성 기름, 감자와 밀에 포함된 맥아당(복합당분의 하나)의 '엄청난' 만남이다.

어째서 기름과 당의 혼합물에 '엄청난'이라는 형용사를 붙였는지 궁금한가? 그 이유는 간단하다. 당분은 인슐린을 분비하게 하고, 인슐린은 세포를 열어 포화지방산이나 수소 첨가 지방산(또는 두 가지 모두)을 받아들인다. 이것이 바로 우리가 앞에서 강조했던 루시가 구석기시대의 혹독한 겨울을 버텨내기 위해 먹을 것이 많은 계절에 몸속에 지방을 비축해두던 방식이다. 씨앗과 풀뿌리에 들어 있는 당분은 인슐린 분비를 촉진하여 지방을 만들고 그것을 지방조직에 비축한다.

이처럼 한 번 세포의 문이 열리고, 지방세포가 자리를 잡아 지방을 비축할 준비를 갖추면 수소가 들어간 팜유의 포화지방산은 슬그머니 그 지방세포, 즉 혹독한 겨울을 보낼 준비를 하고 있는 그 세포 안으로 들어가기만 하면 된다.

그 나머지는 상당히 복잡한 공장 조리 과정이지만, 이는 농가공식품업체의 품질 검사 담당자들이 철저하게 관리 감독하는 부분이다.

이제 '태양이 키운 야채 파이'를 보자. 이 멋진 이름을 보면 지중해 음식이 떠오른다. 안셀 키스와 '7개국 연구' 덕분이기도 하겠지만, 프랑스인들이 지중해 인근 지역에서 여름휴가를 보내면서부터 지중해 음식은 건강에 최고라는 인식이 깊숙하게 자리 잡았기 때문일 것이다.

이 야채 파이의 열량은 100그램당 211킬로칼로리이다. 낱개 포장되어 있는 단위인 400그램을 먹는다면 하루 필요 열량의 20퍼센트에 해당되므로 약간 많기는 하다. 그렇지만 지나칠 정도는 아니다. 지방 11퍼센트. 예상보다 지방 비율이 훨씬 높다. 비프스테이크 한 조각에 들어 있는 지방의 두세 배이다. 성분 목록은 꽤 호감이 간다.

파스타(밀가루, 물, 소금, 식물성 기름), 설탕, 생크림(크림, 우유 단백질), 양파 튀김(양파, 식물성 기름), 버섯, 토마토, 피망, 호박, 파마산 치즈, 밀가루 전분, 마가린, 감자 전분, 마늘, 향신료.

이번에도 정체를 알 수 없는 식물성 기름(십중팔구 팜유일 것이다)과 마가린, 감자 전분이 등장한다.

그렇다면 키슈는? 100그램당 267킬로칼로리, 포장 단위당 무게는 500그램. 그렇다면 지나치게 열량이 높다고 할 수 있다. 하루 필요 열량의 4분의 1 이상을 단 한 번의 식사, 그것도 단 한 가지 음식. 더구나 지방 함량 16퍼센트, 단백질 함량 9퍼센트, 탄수화물 함량 22퍼센트의 음식은 확실히 지나친 감이 있다. 구성 비율이 높은 성분부터 정리된 성분 목록을 보자.

물, 밀가루, 식물성 마가린(팜유와 수소가 들어간 유채유), 유화제 E471, 산도 조절제 : 구연산, 색소 : 베타카로틴, 물, 향료, 덱스트로스, 밀가루 가공제 : L-시스테인, 생크림, 달걀, 돼지비계, 보존제 : E 250, E252, E316, 어깨살(돼지고기, 젤라틴, 설탕, 교화제, E407a, 안정제 : E450, E451, 향료), 크림치즈(분말 탈지분유, 농축제 E1422, 향료, 소금).

여기에도 식물성 기름이 등장하며, 이 또한 팜유인 경우가 가장 많으며, 수소가 들어간 포화지방산, 트랜스지방산 덩어리가 대부분이다. 그리고 지방과 당의 혼합이 여기에서도 등장한다.

프랑스인들의 지방 섭취를 조사한 통계는 제대로 해석하기 어려울 때가 종종 있다. 돼지기름의 사용은 완전히 사라졌으며, 버터 소비량은 그대로 머물러 있다. 1960년 프랑스인 1인당 9킬로그램, 1997년에는 7.8킬로그램으로(프랑스 국립식품보건기구가 펴낸 2000년도 프랑스 국민권장영양 보고서) 약간 줄었다. 그러나 식물성 기름의 소비량은 눈에 띄게 늘어났다(같은 자료에서 1960년 소비량은 9.2킬로그램이었으나 1997년에는 15.4킬로그램이다). 마가린과 기름을 합해 1인당 1년에 15킬로그램을 소비한다고 하면, 하루에 1인당 41그램의 기름을 소비한다는 계산이 나온다. 이는 엄청난 양이다. 그나마도 기름병에서 나온 기름을 섭취한 것이 아니다. 영양학에서 우수성이 입증된 올리브유나 유채유의 소비는 전체 기름 소비량의 20~25퍼센트에 지나지 않는다. 따라서 우리가 소비하는 기름은 대부분 기업에서 만든 가공식품에서 온다.

릴리의 시장바구니를 묘사하는 동안, 나는 사태를 과장하거나 심각성에만 초점을 맞추지 않았다. 제품에 따라서는 더 심한 사례도 얼마든지 찾아볼 수 있다. 이를테면 팜유가 20퍼센트 이상 들어 있는 식빵도 시중에서 판매되고 있다. 만일 빵을 산 사람이 그 빵 위에 버터를 바르는 대신 수소가 들어간 해바라기 기름이나 팜유를 발라서 먹는다고 상상해보라. 그 폐해는 여러분 상상에 맡긴다. 또 나는 먹기 좋게 포장되어 있는 식품들 중에서 지방이 무려

12퍼센트나 들어 있는 당근 샐러드도 보았다!

기름기가 하나도 없는 생명은 있을 수 없다. 지방 함유량 0퍼센트는 거짓말이다. 살아 있는 세포는 모두 기름으로 만들어진 벽을 지니게 마련이다. 그러니 샐러드나 풀, 당근, 밀에는 모두 기름이 들어 있다. 다만 그 비율이 아주 낮을 뿐이다. 보통 2퍼센트 미만이다. 이러한 식품들 중에서 지방 함유량이 2퍼센트가 넘는 제품이 있다면, 그 기름은 기술과 관련되거나 맛을 내기 위해서 넣은 것이 분명하다.

그런데 솔직히 릴리는 이 영양분석표를 읽지 않는다. 릴리뿐 아니라 그 어느 누구도 제대로 읽지 않는다. 더구나 45세가 넘으면 노안이 시작되므로 그렇게 작은 글씨는 읽기도 힘들다. 만일 릴리가 이따금씩이라도 그 표를 유심히 살폈더라면, 자신이 자주 사는 인스턴트 조리 식품에 희한한 요소들이 포함되어 있다는 사실을 분명히 간파했을 것이다. 이를테면 '어, 오늘 산 쿠스쿠스 통조림에 캐롭 나무 열매와 구아르 검이 들어 있네?' 하는 식으로 말이다.

하지만 그런 성분이 들어 있다고 해서 크게 걱정할 것은 없다. 이 두 가지는 매우 질이 좋은 식용 섬유질로 음식 맛을 내기 위해 넣은 것이 아니라 부풀어오르면 수분이 많기 때문에 첨가된 것이다. 바꿔 말하면 저렴한 물 값을 조금 들여서 비싼 쿠스쿠스 값에 물건을 팔면, 꽤 이익을 남길 수 있다. 장사란 이런 것이다. 프랑스인들의 식비 지출이 줄어든 것은 이 같은 새로운 발견(또는 '잔재주') 덕분이기도 하다. 사실 이보다 더 고약한 경우도 얼마든지 많다.

섬유질 이야기가 나왔으니 말인데, 릴리가 영양분석표를 꼼꼼히 살피는 습관을 들였다면, 아마도 일요일이면 놀러오는 어린 조카들이 좋아하는 동그란 초콜릿 비스킷이나 사탕 따위는 사지 않았을 것이다. 초콜릿 과자에는 25퍼센트의 지방(다시 말하지 않아도 짐작하겠지만, 이번에도 수소가 들어간 팜유와 유채유가 등장한다)이, 사탕에는 무려 30퍼센트의 지방(수소가 들어간 팜유. 그래야만 확실히 어린 조카들의 손이 아닌 입 안에서 녹는다)이 들어 있다.

자, 이 정도로 해두자. 시간이 없으니 물품 정리가 대충 끝났으면 곧 들이닥칠 친구들을 위해서 반주를 준비해야 한다. 릴리는 집 안에 보관 중인 포르토(포르투갈산 포도주—옮긴이)와 파스티스(아니스 향료를 넣은 술—옮긴이)가 넉넉한지 살폈다. 이 정도면 모자라진 않을 거야. 릴리는 식탁에 술잔을 꺼내놓은 다음 안주용 접시를 꺼냈다. 오늘은 독특한 맛이 나는 여러 가지 칩(100그램당 지방 함량 35퍼센트, 550킬로칼로리. 그러니 이런 식품에는 되도록 손을 대지 않는 편이 현명하다)과 북미산 호두를 대접할 예정이었다. 북미산 호두는 맛도 있거니와 제법 괜찮은 생각이었다. 100그램당 지방 함량 70퍼센트, 739킬로칼로리. 작은 단위로 포장이 되어 있으니 그나마 다행이다.

자, 이젠 손님 맞을 준비도 끝났고, 30분쯤 시간이 남았으니 초콜릿이나 한 조각 먹으면서 텔레비전이나 좀 볼까(잠깐만! 지방 함량 29퍼센트, 하지만 이번엔 수소가 들어간 팜유가 아니라 코코넛 버터다). 이렇게 마음 편히 쉬는 휴식 시간에는 초콜릿만한 동반자도 없다니까.

릴리는 흡족해서 우유 한 잔과 초콜릿 한 조각을 손에 쥐고 텔레비전을 켰다. 텔레비전이 자기 대신 생각을 해주니 텔레비전 앞에 앉으면 생각조차 할 필요가 없다! 릴리는 방금 전 우유를 따르면서 농장에서 버터를 직접 만드시던 할아버지를 생각했다. 그런데 정말 우리가 사는 방식이 바뀌긴 바뀐 것일까?

도대체 가축의 여물통이며 들판에서는 무슨 일이 벌어지는 걸까?

모든 일은 아무도 모르는 사이에 슬그머니 진행된다

"글쎄, 그렇다니까." 내 친구 뤼시앵은 그렇게만 말한다.

그는 한가롭게 양봉업자 노릇을 하는 시간이 아닐 때에는 젖소 50마리를 돌본다. 들판에 나가 소들에게 줄 먹이를 준비한다. 목초를 기르고 밀과 옥수수를 재배한다. 축사에서 소들을 관찰하고 발정이 났다거나 병이 난 녀석들은 없는지 살핀다. 젖을 짜는 방에서 녀석들로부터 하루에 25~30리터 정도의 젖을 짠다.

뤼시앵이 1960년대 말 아버지를 도와 이 일을 시작했을 때에는 축사에 젖소가 열두 마리뿐이었다. 뤼시앵은 방목 때에는 소들을 따라 목초지에 나갔다가 젖 짜는 시간에 맞춰 녀석들을 데리고 들어오는 일을 즐겼다. 하지만 겨울에는, 습기 많고 바람 많은 브르타뉴 지방에서 방목 일을 하기란 쉽지 않다. 배추며 사료로 쓸 사탕무도 가꿔야 하고, 열두 마리 소들에게 건초를 먹이고, 매일 먹일 사료 자루를 실어날라야 했다.

릴리는 이제 식생활방식을 완전히 바꾸었다. 어머니가 자기와 같은 나이였을 때 먹던 방식으로 먹지 않는다.

뤼시앵의 젖소들도 뤼시앵 아버지가 젖소를 기르던 시절에 먹던 방식으로 먹지 않기는 마찬가지다.

뤼시앵의 이웃은 돼지와 가금류를 키우는데, 이 녀석들도 40년 또는 50년 전과는 아주 다른 방식으로 먹는다.

그런데 이건 아주 중요한 문제이기 때문에 좀 더 자세히 살펴보아야 한다. 우리를 먹여 살리는 건 농업이며, 우리가 식사를 통해서 섭취하는 단백질과 지방은 축산 농가에서 기르는 가축들로부터 공급된다. 그러니 농부들이 생산방식을 바꾸고, 가축들을 먹이는 방식을 바꾼다는 것은 다시 말해서 우리가 우리도 모르는 사이에 섭생방식을 바꾸는 것과 다르지 않다.

뤼시앵이 기르는 젖소들의 식단이 변해온 역사는 흥미진진하다. 뤼시앵이 아직 '가족 보조'로 노동력을 공급하던 시기에 뤼시앵의 아버지가 기르는 열두 마리 젖소는 봄에 송아지를 낳은 뒤 많은 양의 젖을 만들어냈다. 젖소들이 만들어낸 젖은 5월부터 6월 사이 들판에서 실컷 뜯어먹은 보드랍고 싱싱한 풀을 원료로 만들어낸 것이었다.

그 시대에는 사람의 마음대로 바꿀 수 없는 순환주기가 있었다. 이를테면 젖소가 젖을 만들어내려면, 당연히 송아지를 낳아야 하고, 그 송아지는 늘 봄에 태어나기 마련이었다. 그것이 자연의 섭리였기 때문이다. 봄이 되어 생명이 다시금 약동하고, 해가 점점 길어지면 따뜻한 햇살이 겨우내 얼었던 대지를 덥히고, 그러면 엽록소의 광합성 작용이 활발하게 일어났다. 대지 위에서나 바다에서 먹이사슬이 깨어나 왕성하게 활동하기 시작하는 것이다.

광합성 작용은 아무리 생각해봐도 참으로 굉장한 기제다. 풀잎 한쪽 끝으로 햇빛이 들어와 (물과 탄소가스를 조금 더해주면) 다른 쪽 끝으로 당분과 지방이 만들어진다니 놀랍지 않은가! 이렇듯 태양빛을 이용해서 에너지를 만드는 녹색식물이 부러울 수밖에! 이렇게 생명의 오묘한 (생)화학이 이루어지는 대지 위의 자연은 얼마나 아름다운가?

봄이 되어 해가 길어지면서 땅 위의 풀들과 바닷속 해초류는 왕성하게 광합성 작용을 한다. 햇볕을 받아 데워진 지표면 가까운 곳과 깊은 바닷속에서 이처럼 왕성한 광합성 작용이 이루어질 때면 야생동물들도 덩달아 식물의 생장 리듬에 맞추어 활동하게 된다. 초식동물은 봄에 새끼를 낳으며, 태양빛을 이용해 만든 기름과 당분을 가득 머금은 영양 많은 풀을 뜯는다. 암소들은 들판에서 송아지들에게 먹일 젖을 합성하는 데 쓰일 영양소들을 섭취한다. 육식동물도 이 같은 리듬에 맞춰 태양의 빛에너지로 가득 찬 식물들로 배를 불리는 평화로운 초식동물들에게 달려든다.

물속에서도 같은 일이 벌어진다. 엽록소를 잔뜩 머금은 식물성 플랑크톤으로 이루어진 해조류를 먹는 작은 새우들, 또 그 새우들을 잡아먹는 작은 어류, 작은 어류를 먹고 사는 큰 어류에 이르기까지(그리고 그 큰 어류를 낚는 강태공까지), 언제나 똑같은 방식으로 먹이사슬은 이어진다.

그런데 1970년대에 들어와서 뤼시앵의 아버지가 짠 우유로 버터와 치즈를 만들던 유제품가공업계에서는 특히 겨울에 더 많은 양의 우유를 필요로 하게 되었다. 프랑스 인구가 점점 늘어나고, 점점 더 많은 치즈를 소비하게 된 탓이었다. 그러나 풀이 무성하게 자라는 봄에는 우유를 많이 생산할 수 있지만, 너무 뜨거운 햇볕 때문에 풀이 타들어가는 여름과 그 뒤에 이어지는 낙엽의 계절과 추운 겨울까지 줄곧 생산량을 유지하는 일이 목축업자들로서는 결코 쉬운 일이 아니었다. 유제품가공업계에서는 목축업자들에게 그래도 소비자들이 치즈와 버터를 많이 찾는 겨울에 좀 더 많은 우유를 생산하도록 애써보라고 독려하기에 이르렀다.

마침 운이 좋게도 옥수수 곡물 덕분에 '사료 혁명'이 일어났다. 제2차 세계대전이 끝난 후 식량의 자급자족은 중요한 정치 현안 중 하나였다. 프랑스에서는 '플랑 모네Plan Monnet(제2차 세계대전 후 프랑스가 내건 국가재건계획. 생산활동 전반을 재건하고 현대화한다는 방대한 계획. 계획의 입안자인 장 모네는 유럽연합의 원조이기도 하다—옮긴이)'가 발동되었다. 정치인들의 굳센 의지가 시험대에 오른 것이다. 토마토, 감자, 카카오와 마찬가지로 아메리카가 원산지인 옥수수는 그때까지만 해도 프랑스 남서 지방 몇 군데(알자스 일부 지방에서)에서만 조금씩 재배되었다. 남쪽에서 자라나는 식물인 옥수수는 본디 '머리는 햇빛 아래, 다리는 물속에 담그고 있기'를 좋아한다. 그런 옥수수의 재배가 점차 북부 지역으로 퍼져나갔으며, 마침내 목축을 주업으로 하는 지방까지도 잠식해갔다. 이와 동시에 '저장탑 저장'이라는 새로운 기술이 개발되었다.

사실 저장탑 저장은 공기와 접촉을 막는 저장방식으로 하나도 새로울 것이 없었다. 예를 들어 알자스 지방에서는 슈크루트(백포도주에 절인 시큼한 양배추)도 저장탑 방식으로 저장한다. 즉 양배추를 잘게 썰어 당분을 밖으로 흘러나오게 한 다음 공기가 들어가지 않는 그릇에 차곡차곡 담아 보관하는 것이다. 배추에서 나온 당분에서는 혐기성 세균(산소가 없어도 자라는 세균)이 배양되며, 이 세균의 작용으로 천연산이 생겨나서 배추의 부패를 막는다(식초에 오이를 절여 피클을 만드는 것과 같은 이치다).

다만 새로운 점이 있다면, 새로운 품종이 끊임없이 개발되어 재배 면적이 점점 북부 지역으로까지 확산되는 옥수수를 이 같은 방식으로 저장한다는 사실이다. 옥수수는 봄이 끝나갈 무렵 파종해서 가을에 수확한다. 수확 후 저장탑에 저장되는 옥수수는 겨울철에 소들에게 좋은 사료로 쓰인다. 생산도 쉽고 수확 과정도 까다롭지 않으며 유통 과정 역시 간단한 데다 소들까지도 좋아하니, 더 무슨 말이 필요하겠는가!

프랑스인은 겨울에 치즈를 더 많이 소비한다. 따라서 유제품가공업계는 겨울에 더 많은 우유가 필요하다. 때문에 겨울에는 목축업자들에게 돌아가는 우유 값이 봄철보다 훨씬 비싸다. 그런 점에서 가을에 수확해서 저장탑에 저장되었던 옥수수는 이들 목축업자들의 소중한 동업자인 셈이다. 그러다 보니 젖소들이 송아지 낳는 계절이 점차 가을로 옮아가기 시작했다. 교미하는 시기(당시에 이미 인공수정이 널리 퍼졌음을 생각할 때, 수정하는 시기라는 말이 더 정확하다)만 적당히 잡아주면 되기 때문이다. 오늘날 소들은 가을에 새끼를 낳고, 우유의 대부분을 옥수수를 먹고 지내는 시기인

겨울에 생산한다.

자, 보시다시피 모든 것이 아주 단순하고 간편하며 경제적이다. 겨울에 먹던 부족한 풀을 풍부한 옥수수로 바꾸기만 하면 되는 것이다. 하지만 문제가 좀 있다. 영양분이 많은 풀에는 오메가3에 속하는 지방산이 많으나 옥수수에는 비축 지방에 해당되는 오메가6 지방산이 많이 들어 있다는 점이다.

오메가6와 오메가3

다가불포화지방산의 두 대표 주자

1950년대까지만 하더라도 모든 다가불포화지방산은 '비타민 F'라는 명칭으로 불렸다. 그러다가 역할이 아주 다른 두 개의 군으로 나누어 부르게 되었으니, 바로 오메가6와 오메가3다.

어째서 '오메가'인가? 생화학 분야에서는 그리스 알파벳을 이용해서 지방산의 탄소 사슬을 구성하는 서로 다른 탄소 원자를 구분한다. 따라서 첫 번째 탄소는 '알파' 탄소이며, 마지막 탄소는 '오메가'가 된다.

오메가6는 모자라는 마지막 수소가 마지막 탄소('오메가' 탄소)로부터 탄소 6개만큼 떨어진 곳에 위치한 다가불포화지방산을 가리킨다. 오메가3는 모자라는 마지막 수소가 마지막 탄소('오메가' 탄소)로부터 탄소 3개만큼 떨어진 곳에 위치한 다가불포화지방산을 가리킨다.

이 사실은 매우 중요하다. 지방산의 성질은 불포화 정도, 즉 모자라는 수소의 개수에 따라서도 달라지지만 그 불포화수소가 탄소 사슬의 어디에 위치하느냐에 따라서도 달라지기 때문이다.

다가불포화지방산의 생화학식은 다시 한 번 자연 먹이사슬을 존중해야 할 필요성을 일깨운다. 그 구조는 식물에서 동물을 거치는 여러 단계를 그대로 반영하기 때문이다.

먼저 식물을 보자. 오로지 식물만이 단일불포화지방산을 다가불포화지방산으로 바꾸는 데 필요한 효소를 가지고 있다. 한편 동물은 탄소를 첨가하고 수소를 떼어내서 DHA(두뇌구성지방산이라고도 하며, 인간은 스스로 이것을 만들 수 없다)처럼 매우 긴 사슬로 이루어진 다가불포화지방산을 만들어낼 수 있다.

동물은 지방산에서 탄소를 첨가하거나 수소를 제거하는 데 쓰이는 효소를 가지고 있지만 마지막 불포화의 위치를 바꾸지는 못한다. 식물로부터 동물이 얻은 오메가3는 사슬의 길이가 길어지거나 불포화 상태가 깊어질 수는 있어도 여전히 오메가3로 남는다. 다시 말해서 마지막 탄소로부터 탄소 3개만큼 떨어진 자리에 수소가 모자라는 구조에는 변함이 없다. 그래서 오메가6와는 아주 다른 고유한 성질을 유지할 수 있다.

자, 이제 인간을 보자. 인간은 오메가3와 오메가6 지방산을 다음처럼 이용한다.

- 신체 구조를 형성한다(모든 세포막을 만드는 데 사용된다).

• 신체 각 기관의 주요 기능(특히 루시의 지방조직의 성장 기능)을 조절하는 세포전달물질을 합성하는 출발점으로 삼는다.

오메가6와 오메가3에서 만들어진 이 세포전달물질들은 저마다 우리 몸 안에서 맞서 겨룬다. 즉 서로 반대되는 구실을 한다. 하나는 지방조직의 성장과 발화를 돕는 데 반해, 다른 하나는 발화와 지방 생성 효소의 작용을 억제한다.

식물계에서는 해조류나 풀의 구분 없이 엽록소에서 광합성이 일어나는 곳, 즉 세포막에 오메가3가 풍부하게 들어 있다.

오메가6는 콩이나 해바라기, 옥수수 같은 씨앗의 저장고에 많이 들어 있다.

우리의 뇌 성분이나 몸의 기능은 우리 스스로 만들 수 없는 분자들로 좌우될 때가 많으므로 우리는 이것들을 주변 생태계에서 섭취해야 한다.

우유는 성서에도 나오는 음료이며, 그 구성 성분이 안정한 것으로 생각되지만, 실제로 소가 무얼 먹느냐에 따라 좌우된다. 봄에 얻는 우유와 겨울에 얻는 우유는 성분이 같을 수가 없다. 소가 늘 똑같은 것을 먹는 것이 아니기 때문이다. 봄이면 소들은 영양가가 많고 오메가3가 풍부한 어린 풀을 뜯는다. 그래서 뤼시앵의 소들은 지방분이 적은 대신 다른 영양소가 풍부한 우유를 만들어낸다.

반면 겨울에는 지방 함량은 훨씬 높지만 영양면에서 덜 우수한 우유를 만들어낸다.

뤼시앵은 자기가 생각하는 대로 고집스럽게 일하는 편이다. 그는 늘 소들이 건강하도록 먹이에 신경을 쓴다고 말한다. 그러면 소들도 그의 노력에 보답하고자 질 좋은 우유를 충분히 만들어낸다는 것이다. 그래서일까? 뤼시앵의 소들은 겨울에도 지방 함량이 낮고 영양가가 뛰어난 우유를 생산해냈다. 바로 자연의 섭리대로 먹이사슬을 존중하며, 소들에게 그 유전자에 적합한 먹이를 주었기 때문이다.

들판에 풀이 없는 계절이면, 뤼시앵은 기르는 소들에게 아마인을 먹인다. 그의 아버지, 할아버지, 할아버지의 할아버지들이 몇 대에 걸쳐서 줄곧 그렇게 해왔듯이 말이다. 뤼시앵의 아버지는 아마인을 끓인 죽을 '반죽'이라 불렀다. 겨울이면 그 죽을 주어야 소들이 우유를 만들 수 있었다고 그는 회상했다. 아마인을 여유 있게 남겨두었다가 빻은 다음 밤새도록 미지근한 물에 불려서 먹이면 소들이 건강하게 겨울을 났다고도 말했다.

1950년대까지만 하더라도 아마는 가축 사료를 보완하는 가장 흔한 식품이었다. 옷감을 짜려고 수천 헥타르에 걸쳐 아마를 재배해야 했던 브르타뉴 지방의 농부들은, 겨울에 가축을 먹이려고 그 씨앗을 조금씩 남겨두었다. 그런데 언제부턴가 원래 아시아가 원산지였다가 아메리카로 건너온 콩이 점차 가축 사료로 대체되기 시작했다. 어찌 보면 식품의 세계화는 여물통에서 시작되었다고도 할 수 있다. 콩은 장점이 많은 식품이다. 대량생산할 수 있고,

값도 싸고, 옥수수에는 없는 단백질을 동물에게 공급할 수도 있다. 결국 1970년대에 이르러 '옥수수와 콩'은 지구 곳곳에 놓여 있던 모든 여물통을 채워갔다. 소, 돼지, 닭, 오리는 물론 심지어 식용 달팽이나 몇몇 어류까지도 모두 똑같은 사료를 먹으며 자라게 된 것이다.

가축들의 끼니에 가장 많이 쓰이던 씨앗들은 점차 자취를 감추었다. 누에콩, 층층이 부채꽃, 아마, 그 외에도 다양한 단백질과 지방 공급원이었던 식물들은 들판에서 종적을 감추었다. 여름이 시작될 무렵 들판에서는 이제 다양한 색채의 향연이 벌어지지 않는다. 가축들의 식단은 더할 나위 없이 단조로워졌다. 그 결과 달걀이나 육류, 우유의 영양가도 마찬가지로 떨어지게 되었다.

'옥수수와 콩', 이 두 가지 곡물이 가축 사료로 확고하게 자리 잡자, 아마는 그 쓰임이 급격히 줄었다. 아마에 관해 좀 더 얘기해 보자면, 라틴어로는 아마인을 아무 데에나 두루 쓰이는 아마Linum Usitatissum라고 한다. 짐작컨대 아마는 룰루나 그의 자손 중 누군가가 농사를 지었을 것으로 추측된다. 농사의 요람지인 현재 터키 지역에서는 밀과 보리, 이집트 콩, 아마의 조상이라 할 수 있는 야생 품종이 요즘도 자란다.

아마를 이루는 각 부분의 쓰임새는 그저 놀라울 따름이다.

- 아마의 질은 섬유소가 풍부해 침대보나 셔츠를 짜는 데 쓰인다.
- 청색과 연보라색이 섞인 꽃 또한 무척 아름답다. 꽃이 핀 아마 밭을 한 번이라도 본 사람이라면 저절로 시인할 것이다. 참고로 루이 아

라공의 시 〈상상해보라〉를 보자. "검은 포도 사이로 펼쳐진 거대한 푸른 아마 밭이 / 바람이 불어와 몸을 떨며 내 쪽으로 기울어질 때 / 하늘을 거울 삼아 펼쳐진 거대한 푸른 아마 밭을 보며 / 이번엔 내가 핏속까지도 전율하네."(시인이란 정말로 농업공학자보다 상상력이 훨씬 풍부하다. 아마도 시인만이 6월에 피는 아마 꽃과 9월이 되어야 영그는 포도 열매를 동시에 바라보는 혜안을 가졌을 것이다!)

- 그리고 씨앗. 짙은 갈색의 작은 아마 씨도 시인의 상상력을 자극할 만하다. 농부는 이 씨앗이 싹을 잘 틔우도록 땅을 곱게 갈고 충분히 데우고 물기를 듬뿍 머금게 한 다음에 씨를 뿌린다. 농부는 씨를 뿌리기에 앞서 토양이 제대로 준비되었는지 살핀다. 제대로 되었을 때 '땅이 사랑에 빠졌다'는 근사한 표현을 쓴다.

모든 씨앗은 보통 오메가6 계열의 비축 지방이 많지만, 아마인은 식물계에서 유일하게 오메가3 계열의 지방이 더 많다. 오메가3와 오메가6 지방 함량 비율은 4 대 1이다. 이런 비율은 다른 씨앗에서는 찾아볼 수 없다(한 가지 예외가 있다면, 남아메리카 대륙에서 자라고 잉카족이 신성한 식물로 떠받들었던 치아라는 식물이다. 잉카족은 생화학보다는 천문학에 뛰어났던 종족으로 알려져 있지만, 이 식물을 신성시했다는 사실로 미루어볼 때 그들은 생태계와 섭생, 건강의 상관관계를 잘 알고 있었던 종족임에 틀림없다).

이제는 푸른 아마 밭을 볼 기회가 거의 없다. 19세기 말까지만 하더라도 프랑스에서는 아마 밭의 총면적이 거의 100만 헥타르에 이르렀다. 당시에는 아마의 가느다랗고 연약한 짚에서 소중한 섬유를 공급받고, 씨앗은 끓여서 가축 사료로 이용해 자연 그대로 먹이사슬이 유지되었다. 그런데 아마의 인기가 떨어지기 시작했다. 가장 큰 원인은 짚의 연약함에서 찾아야 할 것이다. 바람이 불면 가냘프게 흔들리는 광경이 루이 아라공에게는 영감을 주었지만, 아마의 장래에는 돌이킬 수 없는 결함이 되었다.

사연인즉, 20세기 초에 들어와 질소비료가 널리 쓰이면서 강력한 줄기를 가진 곡물들은 생산성이 훨씬 향상되었으나 줄기가 연약한 아마의 생산성은 바닥으로 떨어져버렸다. 이렇게 되자 아마에서 얻는 20퀸탈(약 2,000킬로그램)의 씨앗에 관심을 기울이는 사람이 점점 줄어들었다(1헥타르 유채 밭에서 35퀸탈의 씨앗을 얻지만, 같은 면적에서 밀 종자는 80퀸탈, 옥수수 씨앗은 100퀸탈까지도 얻는다). 21세기에 아마는 수줍게나마 다시금 무대 앞에 등장했다. 아직 소량일 뿐이지만 반가운 현상이 아닐 수 없다.

아마의 효용성으로 돌아가보자. 내 친구 뤼시앵은 아마를 재배한다. 뤼시앵은 소들이 사족을 못 쓰고 달려드는 옥수수의 보충 사료로 그의 아버지가 했던 것처럼 끓인 아마인을 소들에게 먹인다. 그렇게만 해도 우유의 영양가를 어느 정도 회복하는 데 도움이 된다. 뤼시앵은 젖소들의 먹이를 준비하면서 이따금 오메가6, 오메가3 따위는 알지도 못했을 자신의 할아버지들이 어떻게 이 아마 씨가 지닌 영양학적 효능을 알고 있었는지 궁금해진다. 그래서 몇몇 전통 효능을 입증하고 할아버지들의 방식이 옳았음을 증명해주는 과학의 힘이야말로 정말 신통하다고 생각한다.

뤼시앵처럼 생각하고 행동하는 농부는 그리 많지 않다. 농부들

거의 모두가 한동안 놀랄 만한 유행을 몰고 왔고 지금도 널리 쓰이는 기술에 따라 저장탑에 저장되었던 옥수수로 여물통을 가득 채우며, 거기에 콩깻묵이나 밀깻묵을 조금 넣을 뿐이다. 이런 사료는 젖소들에게 결코 좋다고 할 수 없다. 이 젖소들에게서 얻는 우유는 성서에서 건강을 지켜주는 파수꾼이라고 치켜세웠던 그 우유와는 조금도 닮았다고 할 수 없다.

최근 수십 년 사이에 목초에서 옥수수로 섭생방식을 바꾼 것은 젖소들만이 아니다. 모든 가축들에게 사정은 마찬가지다. 돼지, 토끼, 가금류, 염소, 양을 비롯해 예외가 없다. '옥수수-밀-콩'으로 이루어진 식단은 이제 모든 가축들에게 적용된다.

이러한 가축의 섭생방식 변화는 우리 인간의 섭생방식 변화로 직결된다. 목초와 보리, 아마를 먹고 자란 암탉이 낳은 달걀과 옥수수와 콩을 먹고 자란 암탉이 낳은 달걀은 그 구성 성분이 같을 수가 없다.

2006년에 발표한 논문을 쓰고자 우리는 국립농공학연구소, 국립과학연구센터와 공동으로 지난 40년간 인간 섭생방식과 가축 섭생방식의 변화가 지방에서 어떤 결과를 낳았는지 수치로 환산해보았다. 시간을 거슬러 올라가는 연구가 공중 보건의 장래를 위한 예측을 제공하리라는 기대 때문이었다.

1980년대를 정점으로 하여, 우리가 섭취하는 열량과 지방의 양은 정체 상태에 머물러 있으며, 그중에서 동물성 기름의 섭취는 꾸준히 하강 곡선을 그린다. 버터 소비량은 천천히, 그러나 일정 비율로 꾸준히 줄어들고 있다. 육류 소비 역시 마찬가지다. 1980

년에는 1인당 1년 동안 86킬로그램의 육류를 소비했으며, 이는 요즘보다 조금 많은 정도다. 그런데 여기서 주목할 점은 육류에 포함된 지방 함량이 꾸준히 낮아지고 있다는 사실이다. 여기에는 여러 가지 이유가 있겠으나, 붉은 살 육류보다 흰 살 육류의 소비가 꾸준히 증가하고 있으며, 같은 붉은 살 육류라고 하더라도 소비하는 부위가 예전과는 큰 차이를 보인다. 말하자면 요즘 목축업자들은 예전보다 훨씬 기름기가 적은 고기를 생산한다고 볼 수 있다.

이렇듯 세간에 널리 퍼져 있는 편견과는 달리 우리의 동물성 지방 섭취량은 비만이라는 전염병이 고개를 들기 시작한 1980년대 이후 꾸준히 줄어들고 있는 모습이다. 하지만 같은 기간 식물성 기름의 소비량은 두 배로 늘었다.

그렇지만 형태와는 상관없이 동물성 기름의 소비는 아직도 전체 지방 소비량의 절반이 넘는다(1960년대에는 4분의 3을 차지했다). 그런데 중요한 것은 이 비율이 아니라, 식물성 기름에서와 마찬가지로 (땅콩 기름에서 해바라기 기름과 팜유의 혼합으로 바뀌었다) 질적인 변화다.

- 되새김질을 하지 않는 초식동물(말, 거위, 토끼)에서 얻는 기름은 거의 자취를 감추었다. 이 동물들은 풀을 먹기는 하지만 소와는 달리 섭취한 식품이 지니고 있는 지방의 성질을 바꾸지는 않는다. 따라서 이들 짐승의 고기에는 오메가3가 풍부하다(심장혈관계통 질환에서 가장 장수를 누리는 크레타 섬 주민들은 토끼 고기와 거위 고기를 가장 많이 소비한다).

- 되새김질을 하지 않는 다른 가축(돼지, 닭, 칠면조)은 초식동물이라고 할 수 없다. 주로 곡식, 그중에서도 특히 옥수수와 밀을 먹기 때문이다. 이러한 짐승들의 고기는 점점 더 오메가6 함유량이 많아지는 경향이 있다.
- 우유에 함유된 지방 소비는 조금 증가했으며, 대부분 치즈 형태로 소비되었다. 그런데 젖소들이 풀을 점점 덜 먹고 옥수수 중심의 사료를 먹음으로써 유지방의 품질 또한 뚜렷한 변화를 보인다. 즉 겨울에 생산된 우유에는 예전보다 포화지방산과 오메가6 함량이 훨씬 많아졌다.
- 어류에서 얻는 지방 소비는 아주 빠르게 증가했다. 그 이유는 잘 알려졌다시피 어류가 건강에 좋다고 믿기 때문이다. 그런데 어류의 소비는 늘었다고 하나, 그 어류는 주로 양어장에서 사육된 어류이므로 야생 상태의 어류와 반드시 성분이 같다고 말할 수 없다. 팜유가 올리브유와는 많이 다른 것과 같은 이치다.

결론은 지난 40년 동안 동물성 지방과 식물성 지방의 소비가 겪은 양과 질의 변화를 모두 고려해볼 때 우리의 식생활에서 오메가6 지방산과 오메가3 지방산의 비율은 무려 300퍼센트나 증가했다. 이것은 무엇을 의미하는가?

예상된 결핍

섭생방식을 바꾸지 않는다면 문명병의 확산은 개선될 여지가 없다

가끔 텔레비전이나 신문에서 오메가3에 대한 기사를 볼 수 있다. 그런 기사들은 늘 학식을 자랑하는 듯한 어조로 "우리는 오메가6는 너무 많이 섭취하지만 오메가3는 충분히 섭취하지 않는다. 이는 심각한 결과를 초래할 것이다. 그러므로 유채유 소비를 늘리고 어류 소비를 일주일에 3회로 늘려야 한다. 그리고 동물성 지방의 섭취를 엄격하게 조절하여 콜레스테롤 수치에 신경을 써야 한다"는 식으로 결론짓는다. 하지만 이는 충분히 생각하지 않고 내린 섣부른 결론이다.

어류 소비를 늘리라는 충고는 그 자체로는 아무런 의미가 없다. 지난 40년 동안 프랑스에서 어류 소비는 이미 세 배나 늘어났다. 바다에 사는 생물의 개체수는 나날이 줄어들고 있고(바닷속 생태계가 어떻게 될 것인지 우려하는 보도를 접하지 않는 날이 한 주일도 없을 정도다), 생선은 값도 비싸다. 오메가3가 부족하다면, 전 인류를 대상으로 이 결핍 상황을 해결해야 할 것이며, 그것이 어렵다면 이른바 문명병이라고 하는 신종 질환에 거의 무방비 상태로 노출되어 있는 '빈곤 계층'에게 우선권을 줘야 할 것이다.

그런데 도대체 어떻게 하다가 이 같은 불균형 상태에 도달하게 되었으며, 왜 그렇게 되도록 방치해두었단 말인가?

먹이사슬을 거슬러 올라가보자. 우리 몸의 세포에서부터 농장과 들판으로 나가보자. 먹이사슬을 거슬러 올라가는 이 길은 유쾌하고 아름답고 흥미진진할 것이며 그다지 오래 걸리지 않을 것이다. 나는 잠깐씩 다음 대상들로 들어가볼 것이다.

- 우리 몸의 세포.
- 우리가 먹는 음식.
- 릴리의 부엌.
- 릴리가 가는 슈퍼마켓의 상품 진열대.
- 뤼시앵의 농장.
- 뤼시앵의 이웃들이 가꾸는 밭.
- 루시의 유전자.

우리 몸의 세포

세포전달물질은 여러 가지 기능을 하지만 특히 면역, 염증, 지방합성(지방의 생성, 운반, 비축 같은 모든 과정 포함), 혈액순환에 관여한다. 서로 반대되는 작용을 하는 두 무리가 이러한 기능을 조절한다. 그 두 무리란 오메가6 지방산으로부터 만들어진 무리와 오메가3 지방산으로부터 만들어진 무리를 가리킨다. 마치 우리 몸을 이끄는 쌍두마차와 같다. 다른 비유를 들자면, 자동차를 운전할 때 액셀러레이터와 브레이크를 사용하는 것과 같은 이치라고 할 수 있다.

오메가6 계열은 액셀러레이터에 해당된다. 오메가6 지방산으로부터 만들어지는 세포전달물질은 말하자면 염증, 즉 외부의 이

물질로부터 우리 몸이 공격받았을 때 이에 대항하는 기제를 조절하는 기능을 담당한다.

오메가3 계열은 브레이크에 해당된다. 오메가3 지방산으로부터 만들어지는 분자들은 소염 작용을 담당한다.

오메가6와 오메가3가 조절하는 여러 기능 중에서 염증을 택한 건 결코 우연이 아니다.

요즘 우리는 소염제를 (너무) 많이 복용한다(특히 아스피린은 염증을 촉진하는 오메가6 계열 세포전달물질의 합성을 억제하고, 강한 소염 작용을 하는 오메가3 계열 세포전달물질의 활동을 촉진시킨다).

과학 전문 잡지들을 보면, 잘 알려진 질병의 원인이 염증이라고 주장하는 기사들이 거의 날마다 지면을 채우고 있다. 마음만 먹는다면, '우울증은 염증성 질환인가?' 또는 '비만은 염증성 질환인가?' 하는 종류의 논문을 얼마든지 찾아볼 수 있을 것이다. 한편 심장혈관계통 질환이나 알레르기와 관련해 이들 질환이 염증에서 비롯된다는 사실에 의문을 제기하는 사람은 거의 없다.

나는 이 책의 제목을 "알레르기는 우리의 운명?"이라고 붙일까도 생각했다. 비만이나 알레르기는 오메가6와 오메가3 비율이 왜곡되어 일어난다는 공통점이 있기 때문이다. 섭생을 통해 섭취하는 오메가6와 오메가3 비율(따라서 몸 안의 비율)이 거의 1에 가까웠던 우리의 조상 루시는 알레르기 같은 문제로 시달린 적은 없었을 것이 확실하다.

자동차를 잘 몰려면 액셀러레이터와 브레이크가 다 있어야 한다. 다시 말해서 오메가6와 오메가3가 다 필요하며, 더 나아가서 이 두 계열의 비율이 맞아야 한다. 오메가6와 오메가3의 가장 좋은 비율은 5 대 1이다. 즉 크레타 섬 주민들처럼 오메가3 한 개당 오메가6 다섯 개의 비율이다.

오메가6와 오메가3

지방의 연소와 비축

지방을 연소하고 비축하는 문제에 있어서도 오메가6와 오메가3는 서로 반대되는 역할을 한다.

오메가6는 모든 조직의 성장에 없어서는 안 될 세포전달물질을 만들어낸다. 물론 이 조직 속에는 지방조직도 포함된다. 오메가6 지방산을 많이 먹으면 먹을수록 지방조직은 우리가 식사에서 과잉으로 섭취한 지방을 비축하려고 분주하게 활동할 것이다.

이와 반대로 오메가3는 지방합성과 운반을 줄인다. 즉 조직 속으로 들어가려고 혈액 속을 돌아다니는 지방인 트리글리세리드의 생성을 억제한다(트리글리세리드 수치는 혈액검사결과표에 어김없이 등장한다). 오메가3가 혈중 트리글리세리드의 농도를 낮춘다는 사실은 이미 오래전부터 알려졌다. 식사를 통해 과잉으로 섭취된 열량은 오메가3가 있는 곳에서는 대체로 비축되기보다는 '연소'(베타산화)된다.

지방합성과 운반을 억제하는 오메가3의 역할은 수많은 동물 실험 연구로 입증되었고, 상세한 기제에 대해서도 잘 알려졌다(예를 들면 지방합성 효소의 활동을 측정하여 이를 입증할 수 있다).

그러므로 오메가3가 풍부한 식사를 하게 되면, 지방합성이 억제되고 신체 기관으로 운반되는 지방의 양도 줄어든다. 반대로 오메가6가 풍부한 식사는 지방조직의 저장 능력을 높여 지방 비축을 용이하게 한다.

인류의 식생활이 변화해온 추이를 보자면, 최근 40년 동안 우리 식단에서 오메가6가 차지하는 비율은 꾸준히 증가했으나 오메가3 비율은 줄곧 감소했다. 이러한 변화는 당연히 우리의 허리둘레에 지대한 영향을 끼친다. 오메가3에 대한 오메가6 비율이 증가하면, 같은 양의 열량을 섭취한다고 해도 비축 기제가 발동되므로 과잉 열량이 비축되는 비율은 증가한다.

우리가 먹는 음식

오메가6와 오메가3 비율을 알맞게 맞추는 방법은 섭생에서 찾아야 한다. 프랑스에서 진행된 소비자 조사를 보면 식품 자체가 지니고 있는 오메가6와 오메가3 비율은 거의 15~20 대 1 정도로 불균형이 심하다.

한편 음식물 섭취에 따라 지방을 비축하는 기능을 지닌 지방조직의 구성 성분은 우리가 먹는 음식 비율을 반영한다. 따라서 지방조직에 들어 있는 오메가6와 오메가3 비율도 15~20 대 1을 유지한다.

그렇다면 명백하다. 모든 조사에서 우리가 먹는 음식의 오메가6와 오메가3 비율은 20 대 1, 다시 말해서 우리 몸의 가장 좋은 상태를 유지할 수 있는 5 대 1과는 거리가 멀다.

릴리의 부엌

릴리가 사용하는 기름은 서로 다른 네 가지 씨앗을 함유하고 있다. 그렇다면 이 기름은 영양학적으로 최고일까? 넓지 않은 부엌에서 조리해야 하는 릴리는 한 가지 기름을 튀김용으로도 쓰고 샐러드 드레싱용으로도 쓴다. 그러니 여러 가지 씨앗이 섞인 기름을 쓰는 것이 당연하지 않느냐고?

릴리가 기름병에 붙어 있는 성분표시를 자세히 읽는다면, 이 '균형 잡힌 혼합 기름'의 오메가6와 오메가3 비율이 무려 40 대 1에 가깝다는 사실에 주목했을 것이다. 하긴 프랑스 법은 오메가3의 함량이 2퍼센트를 넘지 않아야 조리용(즉 가열용) 기름으로 허가한다.

냉장고의 아래쪽 두 칸을 차지하고 있는 소나 닭, 돼지들로부터 파생된 제품들의 오메가6와 오메가3 비율은 10 대 1 수준이다(40년 전에는 2 대 1 수준이었음을 기억해야 한다).

그러니 릴리의 부엌만 보더라도 냉장고와 냉동고, 찬장에 보관되어 있는 식품들의 오메가6와 오메가3 비율은 평균 20 대 1이라고 할 수 있다.

릴리가 가는 슈퍼마켓의 상품 진열대

슈퍼마켓은 먹을거리가 재배되는 들판과 실제로 입에 들어가는 음식 사이에 반드시 거쳐야 하는 관문이다.

상품 진열대도 시대에 따라 변화를 거듭한다. 예를 들어 마가린이 버터를 잠식하는 식이다. 인스턴트식품, 냉동식품, 사탕은 가운데 널찍한 부분을 차지하고 육류를 비롯한 신선 식품들은 가장자리로 밀려났다. 여러 종류의 칩이나 안주용 비스킷도 좋은 자리를 차지한다.

그렇다고 나쁜 소식만 있는 건 아니다. 어류 진열대의 비중은 늘어났다. 신선 어류, 해산물 조리 식품, 어류 통조림처럼 종류도 다양해졌다. 프랑스인은 1인당 1년에 34킬로그램의 해산물을 소비하고 육류는 25킬로그램 소비한다. 해산물이라고 하는 용어에는 생선, 어패류, 갑각류가 모두 포함된다. 생선만 놓고 보면 24킬로그램을 소비한다. 적지 않은 양이다. 오메가3를 섭취한다는 점에서는 적어도 반가운 소식이다. 덕분에 최악은 면하는 셈이니까.

하지만 어류 진열대가 있어도 문제는 똑같다. 슈퍼마켓 전체를 놓고 볼 때, 오메가6와 오메가3의 평균 비율은 앞에서 살펴본 비율과 별다른 차이가 없다. 다시 말해서 슈퍼마켓의 모든 식품 진열대를 평균해보면 오메가6와 오메가3는 그대로 20 대 1이 나온다. '오메가3' 라는 건강보조식품을 파는(실제로 사는 사람은 거의 없다) 다이어트 진열대까지 합해도 사정은 다르지 않다.

뤼시앵의 농장

지금으로부터 20년 전, 그리스 출신인 미국의 저명한 과학자 아르테미스 시모풀로스 박사는 권위 있는 의학 잡지 《뉴잉글랜드 저널 오브 메디슨》에 미국의 슈퍼마켓에서 파는 달걀과 그리스 산악지대에 자리한 그의 가족 농장에서 채취한 달걀 성분을 비교 분석한 논문을 발표했다. 미국 슈퍼마켓에서 파는 달걀의 오메가6와 오메가3 비율은 30 대 1이지만, 그리스 산악지대 가족 농장에서 생산된 달걀은 2 대 1의 비율이었다. 이러한 결과에 놀란 몇몇 의사들은 그제야 달걀이라고 해서 다 같은 달걀이 아님을 처음으로 발견했다.

하지만 내 친구 뤼시앵이라면 이 결과를 보고 껄껄 웃었을 것이 분명하다. 할아버지에서 아버지, 아버지에서 자신에게로 이어져 내려오는 농부 집안 출신이라면 '암탉은 부리로 알을 만든다'(브르타뉴 속담)는 사실 정도는 누구나 다 알고 있기 때문이다. 다시 말해서 가축이 무얼 먹느냐에 따라 그 가축으로부터 얻는 제품의 질이 달라진다.

그런데 이 가축들의 식단이 지난 40년 사이에 놀랄 만큼 바뀌었다. 앞에서도 이미 여러 번 말했지만, 옥수수는 식물계에서 오메가6 함량이 가장 많은 식물(오메가6와 오메가3 비율이 60 대 1) 중 하나다. 더구나 예부터 보충 사료로 쓰이던 아마인마저 점차 콩

(콩 역시 오메가6 함량이 매우 높은 식물이다)으로 바뀌었으니 사태는 더욱 심각하다.

뤼시앵의 이웃들이 가꾸는 밭

옥수수는 도처에서 자라고, 밀은 다른 곡물들보다 재배 상황이 좋으며, 해바라기는 점점 더 북상 중이다. 2006년 프랑스에서는 아마(오메가6와 오메가3 비율이 1 대 4)를 재배하는 1만 2,000헥타르 가까운 곳에 300만 헥타르에 이르는 옥수수 경작지와 130만 헥타르의 유채 밭(다행히도 유채의 오메가6와 오메가3 비율은 2 대 3이다. 하지만 이 유채유의 상당량은 바이오 연료 생산에 사용된다)이 자리 잡고 있다. 해바라기(오메가6와 오메가3 비율은 70 대 1!) 경작 면적은 65만 헥타르에 이른다. 여기서 한 가지 주목할 점은 해바라기 기름이 변하고 있다는 사실이다. '올레인산'을 대량 함유하고 있는 신품종 해바라기 기름(바꿔 말해서 오메가6 함량이 매우 적은 기름. 거의 올리브유에 가까운 기름)이 나왔는데 앞으로 이 품종이 대세를 차지할 것으로 보인다. 이는 아주 다행한 일이다! 해바라기 밭의 황홀한 풍경도 즐기면서 구성 성분이 뛰어난 기름도 얻을 수 있으니 일석이조가 되는 셈이니 말이다. 밀의 경작 면적은 500만 헥타르에 이른다.

목초지(오메가6와 오메가3 비율은 1 대 3)도 있으니 천만다행이다. 물론 그 풀을 뜯어먹은 가축에서 얻은 제품을 소비한다고 전제할 때 말이다. 그 외에 해조류(오메가6와 오메가3 비율은 1 대 4)

로 가득 찬 바닷속에서는 새우와 자연산 어류들이 아직도 그대로 있다.

이렇듯 바닷속, 들판, 목초지에서 얻어지는 오메가6와 오메가3는 이는 우리의 먹이사슬 토대를 이룬다.

이 장에서 맨 처음 언급했던 "유채유의 소비를 늘리고 어류 소비를 일주일에 3회로 늘려야 한다"는 조언은 틀리지는 않지만, 핵심을 찌르는 조언이라고는 할 수 없다. 어류 소비를 늘릴 수도 있겠으나 이미 우리의 어류 소비 수준은 꽤 증가했다. 통계학자들은 어류 소비만으로 전 세계인이 오메가6와 오메가3 비율을 적정하게 유지하려면, 바다의 어류 재고가 한 달이면 바닥이 나리라고 예측했다. 또 유채유의 소비도 그 자체는 바람직한 일이다.

하지만 문제는 균형을 맞추는 데 있다. 우리가 지금처럼 오메가6를 지나치게 많이 섭취한다면, 오메가3가 소염제 구실을 하는 세포전달물질로 바뀔 여지는 거의 없다고 보아야 한다. 그러니 우리는 이 문제를 본바탕에서부터 다시 생각해야 한다. 오메가3가 바닥나지 않고 얼마든지 재생산될 수 있는 뿌리, 즉 들판에서부터 생각해야 마땅하다.

루시의 유전자

|

루시가 살던 무렵에는 자연 속에 오메가3가 넘쳤다. 룰루가 농사를 발명하기 이전 시기였으므로 콩밭이나 옥수수 밭, 밀밭, 해바라기 밭은 아주 드물었다. 매머드들은 보드라운 풀을 뜯어먹으며

포식했고 어류 양식 따윈 아예 없었다. 여름이 되어 씨앗이 풍성하게 열리면 루시는 마음껏 먹고 몸속에 열량을 비축했다. 요즘처럼 영양 과잉 시대와는 달리, 당시에는 매우 귀하던 당분과 오메가6 덕분에 지방조직이 발달하게 되었다.

자, 그렇다면 루시와 같은 유전자를 지닌 릴리의 혈액 속에 들어온 그 많은 당분과 팜유, 오메가6는 어떻게 될 것인가? 좋은 결과를 낳지 않으리라는 것만은 확실하다.

그렇다면 어떻게 할 것인가? 약국으로 달려가 해결책을 강구해 보자!

어떻게 약이 우리의 식단에 오르게 되었을까?

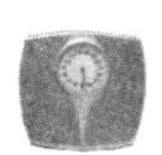

혹시 우리가 공연히 애꿎은 콜레스테롤만 공공의 적으로 잘못 판단한 건 아닐까?

자, 살펴본 대로 우리의 섭생방식에는 분명 문제가 있다. 몇십 년 전만 하더라도 나타나지 않았던 신종 질병들이 엄청나게 증가하여 전 세계 수백만 명을 죽음으로 몰아가고 있다. 당뇨병, 비만이라는 신종 전염병도 창궐한다. 그러니 어떻게든 해결책을 강구해야 한다. 인간이 신뢰하는 논리대로라면 해결책을 고안해내기에 앞서 잘못을 저지른 책임자, 즉 원인을 규명해야 한다. 중세 시대에는 전염병이 아주 크게 돌아 그에 상응하는 피해가 생기면, 우물에 독을 풀었다는 이유로 이방인들을 잡아들이고, 이단자들을 색출했으며, 마녀들을 화형에 처했다. 구라구라들이 앞장서서 신에게 다시금 건강을 내려달라고 빌며 행진을 벌이기도 했다.

자, 지금부터는 콜레스테롤 이야기를 하려고 한다. 그런데 어째서 콜레스테롤에 관한 장을 역사 이야기로 시작했느냐고? 그건 콜레스테롤이야말로 우리의 잘못된 식생활로 말미암아 가장 짧은 기간에 애꿎은 희생자로 몰렸기 때문이다.

누구나 콜레스테롤을 손가락질하며 비난한다. 콜레스테롤 수치를 재고 또 재며 어떻게 해서든 몸 밖으로 내보내려 하고, 그 수치를 내리려고 안간힘을 쓴다. 전 세계 어느 곳에서나 '콜레스테롤 함량 제로(0)' 제품이 불티나게 팔린다. 콜레스테롤에 맞설 수 있다고 여겨지는 약품을 대량 소비해 건강보험 적자가 눈덩이처럼 불어나기도 한다.

그런가 하면 또 우리가 늘 먹는 식품인 콜레스테롤의 사촌뻘 되는 식물성 스테롤, 즉 피토스테롤phytosterol을 넣어 토스트 한 조각을 먹을 때마다 혹은 바삭하게 구운 식빵 한 조각을 먹을 때마다 콜레스테롤을 무너뜨리려 한다.

루시의 조부모님으로부터 프레이밍햄까지

어째서 콜레스테롤은 공공의 적이 되었나?

|

영양학에서는 그 자체로 좋은 식품이거나 그 자체로 나쁜 식품이란 없다. '좋은' 분자나 '나쁜' 분자는 아주 드물다. 문제는 불균형이나 결핍 상태, 과잉 상태인데 이러한 상태야말로 우리 식생활

에 혼란을 일으킨다.

콜레스테롤은 특별한 지방이다. '특별한' 까닭은 콜레스테롤이 동물의 몸에서만 만들어지기 때문이다. 콜레스테롤은 우리 삶에 없어서는 안 되는 요소다. 우리 몸의 모든 세포, 그중에서도 특히 신경세포의 막을 구성하기 때문이다. 또한 콜레스테롤은 생식 호르몬을 만드는 원료로도 쓰인다.

대대로 이어져 내려온 루시 집안의 역사는 수십만 년에 걸쳐 이어진다. 세대를 거치면서 루시의 조상들은 조금씩 현재의 우리와 닮아갔다. 세대를 거치면서 그들은 조금씩 영리해졌다. 세대를 거치면서 조금씩 콜레스테롤을 몸 안에 축적했다. 루시의 뇌(그리고 우리 뇌)는 전체 무게의 10퍼센트가량이 콜레스테롤로 구성되어 있다. 루시의 유전자가 우리에게 도달할 수 있었던 것은 루시의 몸에 축적된 콜레스테롤이 임신 때마다 황체호르몬 같은 생식 호르몬으로 변했기 때문이다. 그렇지 않았더라면 생식 과정이 끝까지 진행되지 못했을 것이다.

사실 루시에게는 콜레스테롤이 너무도 필요했기 때문에, 루시는 물론 이미 조상 때부터 우리 몸속에는 콜레스테롤을 만들어낼 수 있는 복잡한 기제가 마련되었다. 물론 콜레스테롤을 함유하고 있는 동물성 식품을 먹어도 어느 정도 콜레스테롤을 섭취할 수 있다. 하지만 루시의 뇌에 필요한 엄청난 양의 콜레스테롤을 차질 없이 보급하려면 독립 체제를 갖추는 편이 확실하다.

시간이 흘러가면서 이 기제는 점점 더 매끄럽게 작동했으므로 루시는 별다른 문제없이 콜레스테롤을 만들게 되었다. 따라서 종의 번식 또한 꾸준히 이루어졌다. 앞에서 콜레스테롤이 우리 삶에 없어서는 안 될 요소라고 했고, 특히 생식에서는 반드시 필요하다고도 말했다. 따라서 콜레스테롤을 만드는 데 실패한 종은 유감스럽게도 지금까지 살아남지 못했다. 언제나 그렇듯이 생명의 역사는 매우 복잡한 세부 사항이 따라오며, 그렇게 되어야만 하는 이유는 명백하다. 종의 번식!

우리 삶에 없어서는 안 될 콜레스테롤이라면, 당연히 친구로 삼는 것이 옳겠지만 상황은 이와 아주 다르게 전개되었다.

이야기는 1948년, 미국 매사추세츠 주의 평범한 마을 프레이밍햄으로 거슬러 올라간다. 주민이라고 해야 겨우 2만 8,000명에 지나지 않았던 이 마을에서 콜레스테롤이 유명해졌고, 좋지 못한 명성 또한 이곳에서 비롯되었다. 하지만 그해 프레이밍햄에 도착한 보스턴 지역 역학 전문가들은 콜레스테롤의 숨은 폐해 가능성에 대해서는 아무런 선입견이 없었다.

콜레스테롤이라는 분자는 이미 오래전부터 알려졌으며, 성질에 대해서도 꽤 밝혀진 상태였다. 우리 삶에 없어서는 안 되는 요소라는 사실 또한 웬만한 사람은 다 알고 있었다. 물론 '지방'이 심장혈관계통 질환의 원인이라는 이론도 심심찮게 거론되었지만, 확실하게 증명된 내용은 하나도 없는 상태였다.

그해에 진행된 연구 규모와 기간은 예외적이라고 할 수 있다. 수백 명의 주민들이 키, 체중, 혈액검사를 비롯한 각종 검사를 받았으며, 이들이 사망한 뒤에는 부검까지도 허용되었다. 1948년에 실시된 1차 조사에는 지원자 5,200명이 참가했다. 1971년에 실시된 2차 조사에는 1차 조사를 받은 사람들의 자녀 중에서 5,124명이 새로 지원했다.

프레이밍햄의 조사로 신종 질병과 훗날 그 질병의 위험 요소라고 불리게 될 요인들의 상관관계를 밝힐 예정이었다. 1957년에 발표된 프레이밍햄 1차 조사 보고서는 고혈압과 심근경색 사이의 위험한 관계를 통계로 밝혀냈다. 고혈압이야말로 심장혈관계통 질환을 일으킬 수 있는 가장 큰 위험 요소라는 것이었다.

두 번째 위험 요소로는 흡연(이에 대해서는 20여 년간 논란이 계속되었다. 담배를 생산해내는 대기업들이 오래도록 필터가 달린 담배는 건강에 해롭지 않다고 우겼기 때문이었다. 기업들이 자신들의 이윤이 걸린 문제에서는 어떤 행태를 보여주는지 온 세상에 드러낸 좋은 예라고 하겠다)이 거론되었다. 솔직히 통계로 볼 때, 이들이 주장한 상관관계는 그리 명확하지 않았지만 혈중 콜레스테롤 수치가 높은 경우 심근경색을 일으킬 확률이 높다는 데 눈길을 끌 만했다.

그런데 이 조사 연구는 마침 분위기가 무르익었을 때 발표되었다는 사실을 눈여겨보아야 한다. 때는 바야흐로 1950년대부터 서양에서 새롭게 나타난 질병 때문에 모두가 걱정과 의문을 갖기 시작할 무렵이었다. 구라구라의 얼굴을 한 청교도 미국인들은 마침 물질의 풍요가 가져다주는 행복과 개인의 성공에 도취되어 승승장구하는 시절이었다. 《타임 매거진》의 표지는 달걀 프라이 두 개에 베이컨 조각을 얹은 사진에 "나쁜 소식입니다"라는 제목을 달았다. 우리가 지나치게 혀끝의 쾌락을 추구하고, 맛있는 것만 찾다 보니 보이지 않는 신이 콜레스테롤을 보내 우리에게 벌을 준다는 투였다. 그러니 이제 버터나 햄버거, 치즈, 햄, 베이컨, 소시지 같은 돼지고기 가공식품과는 이별을 고해야 한다. 말하자면 콜레스테롤과 전쟁을 선포한 것이었다. 그 전쟁의 승패에 종의 생존 여부가 달려 있었다!

물론 이 문제의 진실은 좀 더 신중하게 다뤄졌어야 했다. 프레이밍햄 조사 연구에 뒤이어 진행된 다른 연구들도 높은 혈중 콜레스테롤 수치는 심장혈관계통 질환의 위험 요소임을 주장했다. 혈중 콜레스테롤(또는 그 계열) 수치가 올라가면 심장혈관 질환에 걸릴 위험이 높아지는 것은 사실이다. 그렇지만 보통 건강 관련 발언이나 신종 질환 예방에 관한 발언에서 콜레스테롤이 차지하는 비중은 지나치게 과장된 면이 없지 않다. 지난 수십 년 사이에 콜레스테롤은 우리가 이제까지 저지른 모든 잘못된 식습관을 보여주는 상징처럼 되어버렸다. 그런데 이것이 과연 정당한가?

10여 년 전, 콜레스테롤의 효과를 조사하는 연구를 진행하는 과정에서 나는 그 분야의 전문가로 손꼽히는 학자를 만났었다. 그는 나한테 '위험 요소'와 '인과관계 요소'의 차이점을 설명하려고 애를 썼다. 혈중 콜레스테롤 농도는 여러 가지 질병, 그중에서도 특히 심장혈관계통 질환의 '위험 요소'이다. 혈액 중에서 콜레스테롤 농도가 올라가면 빨리 사망할 위험성이 높다. 학자가 아닌 일반인들은 반대로 '콜레스테롤 농도를 낮추면 질병에 걸릴 위험성을 낮출 수 있다' 역시 논리에 맞는다고 생각할 수 있다. 그런데 그렇지 않다.

내 논리가 틀렸음을 설명하고자 그 전문가는 아주 진지한 교수의 어조로 혹시 스웨덴 여자들이 유럽에서 가장 발이 큰 사람들이라는 사실을 알고 있는지 물었다. 뜻밖의 질문에 당황하여 내가 우물쭈물하자 그는 스웨덴 여자들은 유럽에서 유방암에 걸릴 확률이 가장 높다고 덧붙였다.

통계로 볼 때 발의 크기와 유방암에 걸릴 확률이 관계가 있다고 말한다면, 맞는 말인 동시에 완전히 틀린 말이기도 하다. 그러니 "학자들에게는 통계학에서 관계가 있더라도 그것 자체로 확실한 증거는 되지 못한다"고 설명했다. 혈중 콜레스테롤 농도와 빨리 사망할 위험 사이에는 관계가 있기는 하지만, 콜레스테롤 농도를 낮추었을 때 심장병 사망률이 그에 비례해서 줄어든다는 사실을 증명해보인 영양학 연구는 이제까지 없었다.

현대의 구라구라들이 하는 말이 모두 틀리지는 않다. 콜레스테롤 농도가 높다는 사실은 우리의 섭생방식에 문제가 있다는 단서가 된다. 하지만 콜레스테롤 그 자체가 독약은 아니다. 오히려 그 반대라고 할 수 있다. 무슨 수를 써서라도 그 농도를 낮추려고 기를 쓰는 우리의 태도는 때로 우스꽝스럽기까지 하다. 그러므로 이 장에서는 우리의 일상 대화와 경제 지표에서 그토록 큰 중요성을 차지하게 된 콜레스테롤이라는 분자에 대해 좀 더 상세하게 알아보자.

프랑스에서 영양 문제에 관한 공식 권장 사항은 식품안전위생국AFSSA이 주간하여 발간하는 《ANC *Apports Nutritionnels Conseillés*(영양권장량)》에 수록되어 있다. 2000년에 발간된 가장 최근호는 콜레스테롤에 관해 지극히 짧은 지침만을 소개하고, 콜레스테롤 농도를 낮추는 일이 국민 보건의 중요한 목표라는 말은 어디에서도 찾아볼 수 없다. 오히려 반대로 "국민 누구에게나 무조건 콜레스테롤 농도를 낮추어야 한다는 지침엔 적지 않은 문제가 있다"고 지적했다.

그러나 현실은 다르다. 흔히 학자들이 하나의 이론을 정립하여 일반 소비자들에게 전파되기까지는 수십 년이 걸린다. 연구소들 사이에 논란이 일며, 전문가들이 여러 학회를 통해 진지하게 갑론을박하는 단계를 지나 한 번 전문가들 사이에 합의가 이루어지면, 기업체와 언론이 새로운 이론에 관심을 기울이면서 대중에게 알려진다.

콜레스테롤에 관해서는 모든 것이 이보다 훨씬 빠르게 진행되었다. 마치 모두가 프레이밍햄 연구 조사 결과를 곧장 진리로 받아들일 태세가 되어 있었다는 느낌이 들 정도다. 외부 세력이 끼어든 것도 아니고, 경제 이권이 교묘하게 들어선 것도 아니었지만, 모든 단계가 순식간에 이루어졌다.

전문가들의 합의가 빠르게 이루어지는 과정에서, 물론 "'7개국 연구'에서 보면, 크레타 섬 주민들의 콜레스테롤 농도는 다른 지역 사람들보다 낮지 않은데도 이곳 사람들의 심장혈관계통 질환 사망률은 다른 지역 평균 사망률보다 20~30배 정도 낮았다", "심장 문제에 관한 한 크레타 섬 주민들 못지않게 건강을 자랑하는 일본인에게는 콜레스테롤과 심장혈관계통 질환의 상관관계라는 통계 숫자란 아예 없다"는 사실을 내세워 반대하는 목소리도 들렸다. 하지만 우리의 동맥을 위협하고, 허리둘레를 늘어나게 하는 적의 정체는 쉽게 드러났다. 따라서 이 적을 하루빨리 쳐부수는 일만 남았다고들 생각했다.

이때까지만 해도 콜레스테롤은 어디까지나 섭생의 차원에서 고려되었을 뿐, 무슨 수를 써서라도 우리 몸 밖으로 추방해야 할 독약이라고까지는 생각하지 않았다.

프레이밍햄 연구 조사를 하고 나서 우리 몸의 혈중 콜레스테롤 농도를 낮추는 데 두 가지 견해가 대립했다. 즉 식이요법으로 콜레스테롤 농도를 낮추자는 견해와 약으로 콜레스테롤의 합성이나 섭취를 억제하자는 생각이었다.

식이요법을 주장하는 학파들은 동물성 기름을 다가불포화 식물성 기름으로 바꾼 식단을 지원자들에게 제공했다. 다시 말해서 버터를 콩기름이나 옥수수 기름으로 대체한 것이다. 1960년에서 1990년 사이에는 이런 연구가 많이 진행되었는데, 이중에서도 1970년대 말 미국 미네소타 주에서 진행된 연구는 꽤 중요하다.

연구에 참여한 미국 의사들은 표본으로 삼을 그룹을 선발했다. 대략 4,500명으로 이루어진 두 그룹(남자 4,393명, 여자 4,664명이 참여했다)이 결성되었다. 각 그룹의 식생활을 5년 동안 살피기로 결정했다. '대조' 그룹은 버터와 콜레스테롤이 풍부한 식생활을, '실험' 그룹은 콜레스테롤은 적고 식물성 기름이 풍부한 식생활을 계속했다. 두 그룹 모두 똑같이 기름기가 많은 식단이었으나 그 기름의 종류가 달랐다. 말하자면 '동물성 기름'과 '오메가6가 풍부한 식물성 기름'을 비교하는 것이었다.

과학은 이렇게 해서 전진한다. 프레이밍햄 연구 조사처럼 현상을 관찰해서 하나의 이론을 정립하고, 이런 규모와 이런 방식의 실험으로 그 이론을 증명한다.

그처럼 많은 노력과 물량, 긴 실험 기간, 많은 지원자들을 동원하면 반드시 무언가를 보여주어야 한다. 5년 후 기대했던 효과가 나타났다. 실험 그룹은 이 같은 영양학을 통해서 혈중 콜레스테롤 농도를 낮추는 데 성공했다. 그런데 문제는 다른 곳에서 발생했다. 실험 그룹의 콜레스테롤 농도가 내려갔는데도 심장혈관계통 질환으로 사망하는 수는 약간 늘어난 것이다. 그 수가 의미심장할 정도는 아니었지만, 그래도 찜찜한 건 사실이었다. 육류, 달걀, 유제품이 제외된 서글픈 식단으로 나날이 연명했던 지원자들은 다른 사람들보다 조금 더 일찍 죽었다. 이들에게 위안이 되어준 것이라면 혈중 콜레스테롤 농도가 눈에 띄게 낮아졌다는 확신을 하고 죽었다는 사실 정도였다. 하지만 이들 가족에게는 위안이라고 하기에는 어딘가 석연치 않았다.

이 실패는 시작일 뿐 그 후로 실시된 수없이 많은 실험에서도 늘 같은 결과에 이르렀다. 식생활 조절을 통해 몸에 나쁘다는 콜레스테롤의 농도를 낮추는 일은 얼마든지 가능했다. 그러나 그것이 심장혈관계통 질환 사망자의 수에 영향을 미치는 일은 거의 없거나 하나도 없었다.

그러나 콜레스테롤 수치를 낮추어야 한다는 주장은 수그러들지 않았다. 그것이 건강에 미치는 영향은 증명되지 않거나 거의 없다고 해도 마찬가지였다. 그저 콜레스테롤 수치가 내려가기만 하면 그것으로 만족했다. 그렇게 되자 아무도 문제를 제기하지 않는 이 명제를 대기업이 이어받았다.

정말 희한한 일이었다. 왜? 이에 대한 설득력 있는 설명은 한두 가지가 아닐 것이다.

먼저 과학에서 들여다보자. 프레이밍햄의 연구 조사는 오늘날 조사 방법과 비교하면 초라할 수도 있겠으나 잘못된 방식은 아니었다. 확실한 인과관계를 입증하는 일이 남아 있다고 해도 위험 요소, 다시 말해서 '상관관계'는 분명 존재한다.

다음으로 경제적 관점에서 보자. 콜레스테롤을 만들어내고 이를 운반하여 흡수하고 산화하는 과정은 잘 알려져 있다. 이 분야 연구로 노벨상을 받은 사람만도 여러 명에 이른다. 당분이나 섬유질의 역할에 대한 내용은 무수히 많다. 하지만 콜레스테롤과 벌인 전쟁에서 선봉장을 자처한 것은 마가린 생산업체들이었다. '콜레스테롤 농도를 낮추는' 마가린과 맛은 좋으나 콜레스테롤이 많이 함유된 버터 사이에 벌어진 전쟁은 이 같은 위험이 닥쳐오고 있음을 예상하지 못했던 유제품 업자들에게는 시작도 해보기 전에 패배한 전쟁이나 다름없었다.

나폴레옹 3세가 '가난한 자들의 버터'라고 치켜세운(나폴레옹 3세는 마가린 생산을 독려했다) 마가린의 복수가 시작된 것이었다.

심리적 관점도 빼놓을 수 없다. 콜레스테롤이 전염병처럼 무섭게 번지는 것이라면, 이는 식탐이라는 원죄를 벌하는 것이라고 사람들은 철석같이 믿었다. 인간이 자신들에게 먹을거리가 되어주는 가축과 맺는 관계는 참으로 복잡하다. 동물성 기름에서 야기되는 콜레스테롤이라는 전염병의 창궐로 인간과 가축의 이 복잡한 관계도 당연히 영향 받았으며, 결국 제한에서 금지로 바뀌었다.

라스코 동굴에 그려진 벽화를 설명하면서, 인류학자 레비스트로스는 그 짐승들이 '먹을거리로 이용될' 뿐 아니라 '생각할 거리도 제공' 한다고 말했다. 루시가 현재 우리 몸의 토대를 세우기 수십만 년 전부터 이미 육식 위주로 식생활이 옮겨가던 우리는 죄책감을 느끼지 않을 수 없었다. 그래서 구라구라들이 식생활 수칙 첫머리에 그 같은 내용을 명시했을 것으로 짐작된다.

약국이 식품점을 대신하게 되면

섭생 문제가 약 복용이라는 해결책으로 이어지는 경로

|

마가린이 '콜레스테롤 농도를 낮춘다' 는 그럴듯한 말로 미국 가정(이어서 유럽 가정)에 오메가6을 제공하면서부터 제약회사들도 반反콜레스테롤 연대에 합류했다. 제약회사들은 막강하고 뛰어났으며, 마가린 제조업자들보다 훨씬 부유했다. 제약회사 실험실에서 일하는 학자들 또한 매우 유능했다. 이들이 콜레스테롤을 합성하거나 운반을 억제하는 약품을 개발해내는 데에는 오랜 시간이 걸리지 않았다. 루시의 조상들이 100만 년 동안 정착시킨 기제를 억제하는 데 제약회사의 화학자들은 겨우 몇 년밖에 걸리지 않았다. 이들이 개발한 약은 효과가 좋았다. 스타틴statin 계열을 비롯한 몇몇 신약들은 혈중 콜레스테롤 농도를 떨어뜨리는 데 유용했으며, 생명을 구할 수도 있었다.

약품은 식품보다 효능이 강하다. 그렇다고 해서 너도나도 약품을 복용하는 건 말도 안 된다. 그러나 지난 30년 동안 섭생 문제를 약품으로 해결하려는 경향은 뚜렷해졌다. 이는 지금까지의 인류 역사에서 처음으로 경험하는 일이다.

프랑스에서는 콜레스테롤 예방 약품을 복용하는 인구가 500만 명이 넘는다. 엄청난 숫자가 아닐 수 없다. 이 같은 분석을 하다 보면 우리의 앞날을 도저히 낙관할 수가 없다. 비만과 당뇨, 그 외 섭생 관련 질병들을 오로지 약물만으로 치료하려 들다니, 생각만 해도 몸서리가 처진다.

비만이나 고혈압, 당뇨를 치료할 수 있는 분자들을 보유한 거대 제약회사들을 주인공으로 하는 SF 영화들도 얼마든지 상상해봄직 하다. 물론 그렇게 되려면 까마득한 시간이 흘러야 한다. 그럼에도 신종 질환이 처음으로 나타난 것은 지금으로부터 채 50년이 안 되었다. 그런데 과학자들은 뛰어난 재능을 발휘하여 병의 원인은 잘못된 섭생에 있으며, 이 같은 불균형의 특징을 밝혀내기까지 했다. 병의 원인이 섭생에 있으니 당연히 섭생을 바로잡아 그 원인을 뿌리 뽑는 것이 마땅한데도 원인이 아닌 증상에만 작용하는 약으로 모든 것을 해결하려 한다.

나는 여기서 스타틴을 비롯한 다른 콜레스테롤 예방 약품의 효능을 비판하려는 것이 아니다. 그 약들이 개발되어, 목숨을 잃은 사람보다 목숨을 구한 사람이 훨씬 많은데 어떻게 이를 비판하겠는가?

문제는 다른 곳에 있다. 거의 600만 명에 가까운 프랑스인들이 매일 콜레스테롤 예방약을 복용한다는 놀라운 사실이다. 이중에서 위험 집단만을 한정하여 생각한다면, 다시 말해서 65세 이상과 35세 이하에서 심장혈관계통 질환 위험이 거의 없는 여성을 제외한다면, 장년기 남자 네 명 중에서 세 명은 이러한 제품을 복용한다는 계산이 나온다. 아무리 식생활 문제라고 해도 이 수치는 너무 높다.

이 같은 엄청난 약물 복용의 효과(또는 효과의 부재)에 대한 진지한 논의가 반드시 있어야 한다. 미셸 드 로르주릴 박사는 이 분야에서 거물로 통한다. 심장병 전문의, 영양학자, 국립과학연구센터 연구원이라는 1인 3역을 맡아 바쁘게 뛰어다니는 그는 '영양, 노화, 심장혈관계통 질환'이라는 실험실에서 일한다. 그는 '리옹 연구'를 통해 크레타 섬 주민들의 섭생방식이 지니는 뛰어난 효능을 가장 먼저 밝혀낸 장본인이기도 하다.

2006년 5월, 미셸 드 로르주릴 박사는 역사에 길이 남을 논문을 발표했다. 여러 가지 종류의 콜레스테롤 예방약을 복용한 결과를 분석하고, 그 효과가 미미함을 지적한 뒤, 이러한 약품들은 심장혈관 질환의 발병 빈도를 낮출 수는 있지만, 그 때문에 사망률을 감소시키지는 않는다고 결론지었다. 그는 이러한 놀라운 상황에 대해 "심장혈관계통 질환 사망을 줄일 수 있다는 그 어떤 희망도 없는데, 어째서 이 연쇄 살인범(콜레스테롤)을 체포하는데 그토록 많은 노력과 돈을 들여야 한단 말인가?"라고 덧붙인다.

놀랍다기보다는 오히려 재미있다는 표현이 어울릴 법한 예를 한 가지 더 들어보자. 일부 제약회사가 내세우는 광고들이다. 이 회사들은 콜레스테롤 농도가 지극히 정상인 사람들조차도 우리가 앞에서 말한 스타틴 같은 약품을 꾸준히 복용해야 한다고 주장한다. 이러한 약품들은 나름대로 효능이 있다. 그러나 그 효능은 콜레스테롤 합성을 억제하는 것에서 비롯되는 효능이 아니다. 그러므로 콜레스테롤 문제만큼은 손쉬운 진실이나 완전한 합의가 어렵다고 보아야 할 것이다.

스타틴 같은 약의 효능은 의심할 여지가 없다. 다만 이러한 약들이 만들어질 때에는 첫 번째가 아닌 '두 번째 해결책', 즉 식이요법으로 고치지 못한 증세를 고친다는 정당한 명분이 있었다. 하지만 오늘날에는 '첫 번째 해결책', 다시 말해 식이요법 이전 단계나 식이요법의 대체 용법으로 사용된다는 데 그 놀라움이 있다. 전문가들 대다수는 약의 남용이라고 입을 모은다. 프랑스에서 약값 환불을 많이 받는 열 가지 약품 중에서 스타틴 계열 약품은 상위권에 네 개나 올라 있다. 그 네 가지 환불 값만도 해마다 10억 유로가 넘는다. 건강보험공단CNAM의 보고서를 보면, 이중에서 3분의 2는 정당한 처방이 아니며 약의 남용은 꾸준히 증가하는 추세다(2005년에는 5퍼센트 증가). 그리고 이러한 처방 대부분은 약을 '첫 번째 해결책'으로 사용한다.

무슨 수를 써서라도 콜레스테롤 수치를 낮추어야 한다고 주장하는 파들이 최근에 웃지 못할 성과를 이루어냈다. 이 이야기는 스칸디나비아의 피오르드 해안에서 시작된다. 여름 내내 백야가 계속되는 북구 해안지대에서 물고기들은 물결이 잔잔한 피오르드 해안을 찾아 산란을 한다. 그런데 1950년대 말에 물고기들은 알을 낳지 않았다. 번식을 멈추고 사라진 것이다. 다행히도 핀란드 대학에는 물고기들 삶에 관심을 보이는 학자들이 있었다. 학자들은 왜 물고기들이 번식하지 않는지, 다른 곳에서는 알을 낳으면서 왜 피오르드 해안에서는 알을 낳지 않는지 궁금했다.

자, 이 이야기도 콜레스테롤과 관계가 있다. 앞에서도 말했듯이 콜레스테롤은 번식에 없어서는 안 되는 스테로이드 호르몬을 만드는 데 사용된다. 이는 어류를 비롯한 모든 동물들에게 공통된다. 그런데 피오르드 해안에 서식하는 물고기들에게는 콜레스테롤이 없었다. 아니, 있어도 번식할 만큼 충분한 양이 아니었다.

그 이유를 살펴보자. 피오르드 해안이 끝나는 곳에 제지공장이 들어서면서 푸른 바닷물 속으로 폐수가 흘러들었다. 이 폐수 속에서 학자들은 콜레스테롤과 사촌지간인 식물성 물질인 피토스테롤을 검출했다. 이름에서도 짐작할 수 있듯이 피토스테롤은 콜레스테롤과 조금 비슷하다. 핀란드 물고기들이 콜레스테롤로 착각해서 신진대사에 변화를 일으킬 정도로 닮았다. 인근 해역의 물속에 피토스테롤이 풍부해지자, 여기에 속아 넘어간 물고기들은 더는 콜레스테롤을 고착시키거나 합성하지 않았다. 그 결과 번식에 필요한 호르몬을 만들어낼 수 없었고 자취를 감춘 것이었다.

내가 볼 때 이는 분명 생태계 재앙이라고 할 수 있다. 나는 그 후 잔잔한 피오르드 해안 사정이 어떻게 변했는지 알지 못한다. 하지만 이 기제를 발견한 학자들은 이를 인간에게 적용하여 콜레스테롤의 고착을 억제하는 피토스테롤 사용에 관한 특허를 획득했다. 피토스테롤은 음식물에 들어 있는 콜레스테롤이 내장을 통과하면서 고착되는 것을 억제한다. 따라서 내인성內因性 콜레스테롤 합성까지 제한하는 것은 (스타틴 같은 약품과는 작용하는 방식이 다르다) 아니다. 외인성 콜레스테롤, 즉 음식물에 들어 있는 콜레스테롤에만 작용하는 것이다. 그 때문에 물고기들이 죽었다. 그러한 원리를 이용해서 인간을 구해줄 구세주라도 나타난 것처럼 효용을 과장할 일은 아니라고 나는 생각한다. 어쨌거나 그 후 제지 공장은 약품 제조를 위한 분자 생산업체로 탈바꿈했다.

이 이야기는 아마도 콜레스테롤을 만들어내거나 흡입하는 기계가 있다면 귀가 번쩍 열리는 몇몇 사람들에게는 놀라우면서도 아주 훌륭하고 유익한 정보가 될 것이다. 하지만 인류에게는 그다지 굉장한 소식이 아니다. 참고로 말하자면 오늘날 피토스테롤은 마가린, 요구르트, 과일 주스를 파는 식료품점이라면 어디에서나 살 수 있다. 피토스테롤이 들어 있는 코카콜라도 몇몇 나라에서 판매된다.

어쨌든 이러한 약품들은 팔린다. 더군다나 팔려도 아주 잘 팔린다. 전문 잡지를 보면, 피토스테롤 시장은 연간 2억 5,000만 달러 규모이다. 다시 말해서 1만 톤(1인당 하루 소비량 2그램 기준)으로 저밀도 리포단백질LDL : Low-Density Lipoprotein(콜레스테롤을 증가시켜 동맥경화나 심장질환을 유발한다—옮긴이) 콜레스테롤의 농도를 10퍼센트 낮출 것으로 기대한다고 한다. 하지만 이 약품들이 일반인의 심장혈관계통 건강을 얼마나 향상시킬지는 어디에서도 증명된 적이 없다.

이처럼 인간이 피토스테롤을 복용(남용 또는 오용이 더 정확할 수도 있다!)하면, 핀란드 물고기들에게까지 돌아갈 것도 없을 테고,

이에 물고기들은 다시 바다에서 알을 낳을 것이니 물고기들에게는 확실히 반가운 소식이다!

최근 프랑스의 한 의료공제조합은 마가린 소비자들에게 마가린 구입비를 환불하겠다고 발표했는데, 이는 대단히 걱정스러운 조치가 아닐 수 없다.

콜레스테롤을 고착시키거나 과도하게 잘 만들어내는 체질을 가진 사람들은 스타틴 같은 약품을 복용하면 효과를 볼 수 있다.

유전자로 볼 때 비만이 될 가능성이 높은 사람들은 지방합성이나 비축 능력에 제동을 거는 약품이 나오기를 학수고대한다. 하지만 일반인의 경우, 100퍼센트 섭생과 관련하여 발생하는 문제를 100퍼센트 약품으로 해결하려는 태도는 결코 바람직하지 못하다. 최근 수십 년 사이에 너무나 악화된 생태계와 건강의 상관관계를 다시금 정상으로 바로잡는 방법을 찾는 편이 훨씬 바람직하다.

오메가3

가장 놀라운 생태학적 상관관계

오메가3와 콜레스테롤은 적어도 공통점이 한 가지는 있다. 이 두 물질에 대해서는 (거의) 모든 것이 이미 낱낱이 보고되었다. 오메가3의 종류와 효능을 기술한 책만도 수십 권이 넘는다. 과학 논문 목록을 살펴보면, 오메가3가 우울증에서부터 심장혈관계통 질환과 당뇨병은 물론 알츠하이머, 일부 암에 이르기까지 거의 대부분의 질병에 효험이 있다고 발표한 논문이 최근에만도 수백 편이 넘을 정도다. 놀라운 일이다. 마치 기적의 분자, 정말로 믿을 수 있는 새로운 생명의 묘약을 발견한 듯한 느낌마저 든다. 모든 병을 치료할 수 있으며, 아무 병이나 동시에 고칠 수 있다니, 어찌 놀랍지 않은가.

그러나 이 점만은 분명히 해두어야 할 것이다. 오메가3가 모든 증세에 잘 듣는 것은 그만큼 우리가 식생활에서 오메가3를 제대로 섭취하지 못했기 때문이다.

오메가3에 대해서는 이제 모든 것이 밝혀졌다고? 더는 나올 논문이 없다고? 꼭 그렇지 않을 수도 있다.

적어도 한 가지 사실만은 아직 밝혀지지 않았으며, 이 사실이야말로 다른 사실들보다 훨씬 중요하다. 바로 왜 이러한 결핍이 발생했는가, 최근 일어난 우리의 섭생방식의 변화와 먹이사슬의 진화로 예측이 가능했던 이 결핍의 원인은 무엇인가? 오메가6와 오메가3의 비율의 악화는 아마도 우리의 건강과 생태계를 이어주는 관계가 약화되었음을 반증한다고 볼 수 있을 것이다.

이 관계는 바로 내 친구 뤼시앵이 벌통 곁에서 로열젤리의 성분을 주변 환경에서 찾아야 하는 벌들의 생존 체계를 관찰하면서 늘 실제로 체험하는 바로 그 관계다. 또한 이 관계는 바로 영양학 역학의 아버지인 안셀 키스가 '생태학적 상관관계'라고 명명한 바로 그 관계다.

오늘날 우리의 생산 형태와 소비 형태로 일그러진 오메가6와 오메가3의 비율이야말로 이 관계를 재는 척도다.

길고 긴 역사에 비해 지나치게 부족한 오메가3 관련 정보

어째서 거대 기업들은 이 문제에 흥미를 보이지 않을까?

|

오메가3의 역사는 지금부터 약 200년 전 프랑스의 과학자 미셸 위젠 슈브뢸과 더불어 시작되었다. 1786년에 태어난 그는 지방생화학의 아버지다. 그는 103세까지 장수했지만, 솔직히 그가 즐겼던 식단을 누구에게나 권하고 싶은 마음은 없다. 왜냐하면 그는 야채, 포도주, 유제품, 생선을 철저하게 금했기 때문이다. 당시 거의 모든 화학자들이 무기질 연구에만 열을 올릴 때 그는 특이하게도 유기 지방을 연구했으며, 1823년 「동물에서 추출한 지방의 화학 연구」라는 논문을 발표했다. 현재 우리가 알고 있는 유기 지방에 관한 기본 지식은 모두 그에게서 얻었다고 해도 틀린 말이 아니다. 그런데 그가 제시한 수백 가지 실험 중에서, 사람들의 눈길을 끌지 못한 실험이 한 가지 있다. 바로 개들에게 충분한 양의 단백질, 탄수화물, 지방을 투여한 실험이다.

일반적으로 짐승들은 모든 종류의 지방을 만들 수 있다. 소들이 풀을 버터로 만들고, 돼지가 감자를 비계로 만드는 식이다. 우리 인간이 달콤한 군것질거리나 술을 겉보기에 그다지 멋지지 않은 뱃살로 바꾸어놓는 것도 같은 이치다.

미셸 위젠 슈브뢸은 자신의 실험에서 지방이라고는 오직 올리브유만 사용했다. 그런데 놀라우면서도 슬프게도 일정 시간이 지나자 개들은 죽었다. 이 실험을 하기 전까지 그는 동물들이 서로 다른 종류의 지방을 만든다고 생각했다. 결국 그는 이 실험을 통해서 몇몇 지방은 생명을 보존하는 데 없어서는 안 되며, 개들은 그 지방들을 만들어내지 못한다고 결론지었다. 그리고 올리브유에는 그러한 지방이 반드시 함유되어 있지는 않다고 덧붙였다.

그로부터 한 세기가 지나고 난 뒤, 이번에는 미국 학자들이 쥐를 대상으로 실험하여 슈브뢸의 실험 결과를 좀 더 상세하게 발전시켰다. 그 결과 생명을 유지하는 데 반드시 필요한 지방이지만 짐승들이 만들어낼 수 없는 특수한 지방은 다가불포화지방으로 밝혀졌다.

오로지 식물을 통해서만 만들어지는 지방산이 인간을 비롯한 동물들의 생명 유지에 필요하다는 사실…….

뤼시앵이 기르는 벌들의 로열젤리 이야기는 그러므로 우리에게 시사하는 바가 아주 크다. 건강과 주변 생태계의 관계, 우리 몸과 들판 사이의 균형 잡힌 관계야말로 생명 유지에 꼭 필요하다는 사실을 새삼 확인할 수 있기 때문이다.

간추려 말하자면, 미국 학자들은 1923년 다가불포화지방산을 뭉뚱그려 '비타민 F'라고 명명했다. 이는 우리 스스로 만들어내지는 못하지만 우리 삶에 없어서는 안 되는 요소들이다(이것이 바로 비타민의 정의다). 그 후 과학은 나름대로 속도를 붙여 발전에 발전을 거듭했다.

비타민 F로부터 오메가6와 오메가3 계열이 구별되었다. 1982년 이 두 '오메가'가 어째서 우리 삶에 꼭 필요한 요소인가를 증명해보인 스웨덴에 노벨상이 돌아갔다.

오메가 계열은 호르몬처럼 세포 생명을 조절하는 데 없어서는 안 될 수많은 분자들을 만들어내는데, 이 생성 과정은 세포에서 이루어진다. 그 결과 이들은 '세포전달물질'이라는 이름을 얻었다(앞에서 우리는 루시의 설명을 들었다). 거의 호르몬에 가까운 이 세포전달물질을 프로스타글란딘이라고 한다.

책 앞부분에서 덴마크 출신 역학 전문가 다이어버그(이뉴잇을 관찰한 학자)는 오메가3에 심장을 보호하는 기능이 있다는 가설을 제시했었다. 콜레스테롤의 역기능이 관찰을 통해 밝혀졌듯이, 오메가3에 특별한 효능이 있다는 가설도 입증되었다. 크레타 섬 주민과 일본 고하마 섬의 주민들은 전 세계에서 가장 장수하는 사람들로 알려져 있다. 이 두 집단은 이뉴잇과 마찬가지로 혈중 오메가3 농도가 매우 높다는 공통점이 있다. 콜레스테롤 문제처럼 역학자들의 관찰이 이론으로 정립되어가는 낌새가 보이면 영양학 연구도 시동을 건다.

그런데 콜레스테롤의 수치를 낮추기 위해 영양학이 함께 연구되었으나 사망률까지 낮추지 못한 것과는 달리, 오메가3의 영양학 진가는 위세를 떨치고 있다. 오메가3가 끼어들면 어떤 경우에나 심장혈관계통 질환 사망률이 눈에 띄게 줄어들고 일반 사망률까지 낮아지는 놀라운 효과를 보였기 때문이다.

연구를 시작한 지 몇십 년이 흐른 지금, 돌이켜 생각하면 이러한 연구가 믿을 수 없을 정도로 뛰어난 효과를 가져왔다는 사실이 아니라, 그 내용이 제대로 알려지지 않았다는 사실이 정말 놀랍다. 이중에서 가장 놀라운 연구는 프랑스 국립의학보건연구소 소속 연구팀이 1980년대 말부터 시작하여 1994년에 결과 보고서를 발간한 '리옹 연구'라고 할 수 있다. 유명한 '리옹 연구'를 이끌던 이는 미셸 드 로르주릴이며, 나는 콜레스테롤을 다룬 장에서 그에 대한 경의로 여러 논문을 인용했다. 미셸은 뛰어난 학자인 세르주 르노와 함께 이 연구를 진행했다.

두 사람은 이미 심근경색을 경험한 환자들 중에서 300명씩 두 집단의 참가자를 선별했다. 대조 집단에는 오메가6가 풍부하게 함유된 식단, 즉 1960년대 이후 콜레스테롤을 낮추기 위해 사용되던 식단을 처방했다. 반대로 실험 집단에게는 오메가3가 풍부하게 함유된 식단(특히 유채)을 처방했다. 원래 5년 예정으로 시작했던 이 연구는 2년 뒤 윤리위원회(인간에게 적용되는 모든 실험을 허가하고 감시하는 기관)의 제동으로 중단되었다. 오메가6 집단에서 심근경색 재발로 16건의 사망이 발생했고, 오메가3 집단에서는 '단' 세 명이 죽었다. 돌연사의 경우, 오메가6 집단에서는 6건이 발생했으나 오메가3 집단에서는 한 건도 없었다.

앞으로 이 같은 연구는 적어도 같은 방식으로는 다시금 실시될 수 없을 것이다. 각 분야에서 명망 높은 학자들로 구성된 윤리위원회에서 대조 집단에게 좋지 않은 효과로 잘 알려진 식단(하지만 오메가6가 풍부한 식단은 콜레스테롤 수치를 떨어뜨리기 위해 늘 권장되던 식단이었다)을 처방하는 일을 허가하지 않기 때문이다. 그러나 그 뒤에 방법을 다르게 한 연구 결과가 많이 발표되었다. 이를테면 기본이 되는 식단에 오메가3를 첨가하는(대부분 생선 기름을 알약으로 만든 형태) 방식을 많이 이용했다. 그러한 실험들은 한결같이 '리옹 연구'와 결과가 비슷했다. 다시 말해서 사망률이 50~80

퍼센트 감소하는 성과를 보여주었다. 그런데 이러한 연구 결과는 알려지지 않았다. 우리는 그 이유를 알 권리가 있다.

일부 사업가들과 제약회사에서는 콜레스테롤과 심근경색의 상관관계를 관찰한 프레이밍햄 연구 결과를 곧바로 들여와 소비자와 시장에 반反콜레스테롤 기류를 형성한 뒤 콜레스테롤 억제 약품, 콜레스테롤 없는 마가린, 콜레스테롤 없는 빵(콜레스테롤 대신 팜유로 범벅이 된 마가린과 빵) 등을 쏟아냈다.

반면 오메가3에 대해서는 이러한 움직임이 조금도 감지되지 않았다. 실험 결과는 오메가3가 더할 나위 없이 효과가 좋다는 것을 입증했고, 따라서 오메가3의 섭취량을 늘려야 한다는 공식 입장이 정리되었는데도 이런 현상이 나타난 까닭은 무엇일까?

2000년 《ANC》 지침을 보면, 오메가6를 지나치게 많이 섭취하는 식단의 위험성은 강조되어야 한다. 지침에는 오메가6는 오메가3와 경쟁관계에 있으며, 이 경쟁관계 때문에 심장혈관계통 질환의 위험성이 증가할 수도 있다는 사실을 알려야 한다고 설명되어 있다.

이처럼 여러 관계자의 합의를 모아 공식 기준으로 자리 잡은 《ANC》 지침은 대중들에게 무슨 수를 써서라도 콜레스테롤 수치를 낮추라고 권유하지는 않는다. 다만 오메가6를 너무 많이 섭취하거나 오메가3를 너무 적게 섭취하지 말아야 한다는 점에 주의를 환기시킨다.

따라서 '공식' 위치에 있는 전문가들의 권장 사항은 '오메가3의 소비를 늘리고 오메가6를 지나치게 섭취하지 않도록 주의하라'로 요약할 수 있다. 하지만 현실은 이와 다르다. 콜레스테롤이 꾸준한 관심을 기울여야 하는 심각한 사안이라면 오메가3는 잠깐 지나가는 유행 또는 마케팅의 산물 정도로 취급되는 것이다.

과학으로 입증된 오메가3의 효능은 콜레스테롤보다 훨씬 중요하고 자료 또한 방대하다. 통계학에서 심장혈관계통 질환의 감소와 혈중 오메가3 농도의 증가 사이에는 뚜렷한 상관관계가 존재한다. 이 상관관계는 심장혈관계통 질환의 발병율과 높은 혈중 콜레스테롤 농도(콜레스테롤 전체 농도나 '건강에 나쁜' 콜레스테롤, 즉 LDL만을 따로 떼어낸 농도의 구별 없이)의 상관관계보다 훨씬 의미심장하다. 모든 연구 결과는 특히 오메가6와 오메가3 비율이(오메가3가 식물성이냐 동물성이냐는 중요하지 않다) 감소할수록 효과가 증대한다고 입을 모은다. 더구나 사망률은 뚜렷하게 감소한다(어떤 연구에서는 사망률을 60~80퍼센트가량 낮추었다).

그러므로 우리가 제기한 문제는 유효하다. 왜 콜레스테롤에 대한 정보는 넘쳐날 정도로 많은데 오메가3에 대한 정보는 부족한 것일까?

1975년부터 이미 제약회사 실험실에서 일하는 학자들은 오메가3의 효과를 잘 알고 있었으며, 특히 '응집 억제' 효과, 즉 혈액순환을 돕는 효과는 널리 알려졌다. 덴마크 출신 학자들과 훗날 노벨상을 받게 될 학자들의 연구 업적을 잘 살펴본 덕분이었다. 이들은 물고기에서 오메가3 계열 지방산들을 따로 뽑아내서 정제 처리를 했다. 이 분자들을 보호하고자 몇몇 방식은 더 뛰어난 효과를 목적으로 특허출원까지 하였다.

하지만 이들은 머지않아 오메가3를 인위적으로 분리해서 농축하거나 정제하거나 운반할 수 없다는 사실을 깨달았다. 말하자면 오메가3는 어디까지나 식품일 뿐 약품이 될 수 없음을 발견한 것이다. 그로부터 몇 년 후 제약회사들은 이들 분자(효과는 있으나 특허를 낼 수 없는 분자!)를 이용한 약품 개발을 포기했다. 그 대신 콜레스테롤 억제 약품(효과도 있고 상품이 되는 약품!)에 전력투구했다. 30여 년이 지난 지금, 현실은 그때와 달라지지 않았고 앞으로도 별로 달라지지 않을 것이다.

오메가3가 풍부한 마가린을 실험용으로 제조하여 '리옹 연구'에 참가한 거대 농가공업체는 연구를 통해 많은 생명을 구했다. 윤리위원회에서는 연구가 끝난 지 몇 년이 흐른 뒤에 이 거대한 다국적 기업에게 연구에 참여했던 지원자들을 위해서 오메가3 마가린 만들기를 적극 권했으나, 대기업에서는 이 마가린을 시장에 출시하지 않았다. 반면 대기업은 오메가3 마가린이 아니라 피토스테롤 마가린을 만들었다. 우리도 알다시피 피토스테롤 마가린은 생명을 구하지는 못해도 특허권을 따낼 수 있는 장점이 있으므로 기업에 막대한 돈을 벌어주는 효자 상품이기 때문이다.

오메가3의 부족과 오메가6의 과잉은 경제적 관점에서 볼 때, 제약회사나 농가공업에게 아무런 흥미를 끌지 못한다. 이 같은 사실은 오래전부터 잘 알려진 이야기다. 예방과 교육은 탈이 난 다음에 치료하는 것보다 훨씬 이익이 덜 남는 장사인 것이다.

실제로 오메가3는 '의사소통'의 덕을 보지 못했다. 여기서 의사소통이란 기업이 아닌 학자들의 영역으로 남아 있다. 학계에서는 늘 그렇듯이 오메가3 계열의 몇몇 지방산을 옹호하는 학자들과 그렇지 않은 학자들 사이에서 격렬한 토론이 오간다. 명칭만 놓고 보더라도 합의를 보기가 쉽지 않은 일이다. '오메가3' 명칭은 1960년대부터 생화학 분류에서 유래했는데, 요즘 들어 학자들이 '오메가3' 대신 n-3계 지방산, 또는 알파 리놀레인산, EPA, DHA 같은 명칭을 사용하면서 그 중요성이 뚝 떨어졌다.

그러니 일반인이 혼란스러워하는 건 오히려 당연하다. 일반인에게까지 전달되는 소리는 너무도 미약하고 들쭉날쭉하기 때문에, 결국 학계에서는 오메가6와 오메가3의 적정 비율 합의는 영양학과 공중 보건 분야에서 맡아야 한다고 주장하기에 이르렀다. 우리의 미래를 위해서는 건강에 큰 영향이 없는 콜레스테롤(뒤에서 다시 보겠지만 오히려 건강을 해친다) 수치를 낮추는 것보다 이것이 훨씬 중요한 목표라는 사실마저도 전달되기 힘들게 되었다.

갈라놓을 수 없는 커플, 오메가6와 오메가3

두 지방산의 균형 문제는 우리 생태계에 달려 있다

루시가 살던 시대에는 생태계에서 쉽게 구할 수 있었던 이 물질들은 루시의 몸에서 생식, 면역, 혈액순환, 감염 억제같이 중요한 기능들을 조절했다. 오늘날까지 생태계는 변해왔으나 우리 몸은 그대로다. 우리는 아직까지 오메가6와 오메가3를 만들어낼 수 없기에 신체 기능을 적절히 조절해주는 이러한 성분을 생태계에서 얻어야 한다. 즉 식품을 통해서 섭취해야 하는 것이다.

루시가 살았던 생태계에서는 주로 다음과 같은 곳에서 이 두 가지 계열의 오메가 지방산을 섭취할 수 있었다.

간단히 말해서 오메가6는 먹을거리가 풍부한 계절에 루시가 섭취한 씨앗에 비축된 지방으로, 루시의 몸 안에서 루시가 겨울을 나는데 필요한 비축 지방으로 바뀐다.

오메가3는 '기름기가 적은' 동식물의 신체를 구성하는 지방으로, 우리가 자연에서 먹을거리를 구할 수 없어 몸의 기능을 유지하기 힘들 때 생명을 지속하도록 돕는다.

최근 중국과 미국의 학자들로 구성된 연구팀은 유전자변형 생쥐를 탄생시키는 데 성공했다. 이들은 생쥐 몸에 오메가3를 생성할 수 있는 식물효소를 주입했다. 이어서 같은 방법('유전자 이식' 방식)으로 유전자변형 돼지도 만들어냈다. 주요 언론에서는 평범한 풀이나 해조류처럼 오메가3를 만들어내는 이 유전자변형 돼지에 대해 대서특필했다. 다음 단계에는 아마도 개자리풀에서 추출한 유전자를 이용해서 오메가6와 오메가3의 균형을 맞추는 유전자변형 인간이 태어날 수도 있을 것이다.

이처럼 유전자변형 생쥐, 유전자변형 돼지 그리고 어쩌면 유전자변형 인간은 다소 괴이한 과학의 힘을 빌려 생태계의 제한으로부터 벗어났다고 볼 수 있다. 반드시 식품으로 오메가3를 섭취하여 혈액순환을 원활히 하고 자손을 번식하고 면역성을 지녀 외부감염에도 적당히 저항할 힘을 키우지 않아도 되기 때문이다.

유전자변형 기술만 완벽하게 습득하면 우리가 이 모든 제한으로부터 자유로워질 수 있다! 그렇게만 된다면 아무렇게나 먹어도 지장이 없을 것이다. 변형된 우리의 유전자가 우리에게 강철 같은 건강을 보장할 것이 아닌가. 그런데 여기서 한 가지 사실은 알고 넘어가자. 유전자변형으로 태어난 동물의 평균수명은 지극히 짧다! 이는 우리에게 생각할 거리를 제공하는 이야기임에 틀림없다.

이렇듯 (서글픈) 유전자변형이 아니라면, 동물들이 그 종에 상관없이 식물처럼 무無에서 오메가3를 만들어낼 수는 없다. 나는 앞으로도 할 수 없기를 바란다. 이러한 연구로 연구비를 지원받고 참담한 연구인데도 관심을 끌었다면, 그것은 바로 현재 우리가 살고 있는 생태계와 우리 식생활 사이에 엄청난 불균형이 자리 잡고 있기 때문이다. 이는 건강에 심각한 문제가 발생하고 있다는 반증이다.

물론 우리가 스스로 만들 수 없는 분자들은 무수히 많다. 하지만 그중에서 우리 삶에 꼭 필요한 것은 지극히 적다. '비타민 F', 즉 오메가6와 오메가3가 특별한 것은 우리가 그것을 만들 수 없을 뿐 아니라 두 가지가 서로 반대되는 작용을 하여 보완해주고 우리 몸의 기능을 원활하게 만들기 때문이다. 그러므로 우리는 균형 잡힌 생태계에서 오메가6와 오메가3를 섭취하여 우리 몸의 균형을 이루어야 한다.

'생태학적 상관관계'를 밝혀낸 안셀 키스의 주장은 옳았다. 벌통을 둘러싼 생태계의 깨지기 쉬운 균형을 살피는 내 친구 뤼시앵 또한 옳다. 우리가 몸담고 있는 생태계와 우리 신체 기관의 기능 사이에는 지극히 구체적인 상관관계가 존재한다. 우리 몸 전체는 (전체까지는 아닐지라도 적어도 많은 부분) 오메가6와 오메가3 한

쌍으로 조절된다. 그러므로 우리는 음식을 통해서 오메가6와 오메가3를 섭취해야 한다. 그러려면 우리를 둘러싼 생태계가 조화롭고 균형 잡힌 상태로 유지되어야만 한다.

《ANC》 보고서는 현재 프랑스인의 하루 평균 0.5~1그램인 오메가3 섭취량을 2그램 이상으로 늘릴 것을 권장한다. 《ANC》에서 권장하는 오메가6와 오메가3 비율은 5 대 1(현재 비율은 지역이나 특정 인구에 따라서 15 대 1에서 25 대 1까지 다양하다)이다.

문제는 진실이란 언제나 인식하기도 어렵고, 한번 인식한 다음 밖으로 내놓고 공개적으로 인정하기란 더 어렵다는 사실이다. 여러 연구 결과에서 입증하듯이, 오메가3가 그토록 효능이 좋다면, 그건 현재 우리의 식생활이 잘못된 방향으로 정착하여 오메가6와 오메가3 비율이 완전히 비정상으로 변해버렸기 때문일 것이다. 그러니 식탁 위에 올라오는 식품만이 아니라 먹이사슬의 근원이 되는 곳부터 챙겨야 이 같은 불균형을 수정할 수 있을 것이다. 이를테면 들판에서, 또는 가축의 여물통에서 그리고 슈퍼마켓의 상품 진열대에서부터 챙겨야 릴리의 냉장고 안으로 들어가는 식품의 질을 보장받을 수 있다.

오메가6와 오메가3의 불균형은 그대로 우리의 먹이사슬이 안고 있는 생물학의 불균형을 의미한다. 그러므로 나는 '오메가3'가 아니라 '바이오메가-3'라고 말하고 싶다. 들판에서 저 혼자 자라나고 건초더미 속에 풍성하며, 지구에서 살아가는 모든 생명의 근원인 해조류에도 풍부하게 함유된 이 분자들보다 더 생물학적인 물질이 어디에 있겠는가?

돈 벌기에 혈안이 된 화학회사나 제약회사가 들판에서 자라고 봄이 되면 지천으로 돋아나는 풀잎 속에 깃들어 있는 천연 분자에 관심을 보일 이유가 있겠는가? 기업들의 태도도 이해는 할 만하다. 바로 가까이에서 풍성하게 자라나는 천연 분자를 손에 넣는다 해도, 복잡한 성분 덕분에 비싼 값에 팔 수 있는 약도, 특허출원도 없을 테니 말이다.

"어디서 오메가3를 발견할 수 있나?"라는 어리석은 질문은 제발 사절!

흔히 오메가3를 기술한 논문이나 책에서 이 정도 이야기가 나오고 나면 이제 오메가3를 다량으로 함유하고 있는 식품 목록을 소개해야 마땅할 것이다. 그래야만 실용 안내서 구실을 톡톡히 할 수 있기 때문이다. 하지만 나는 당연히 그렇게 할 마음이 없다.

우리가 이 책에서 오메가3를 처음으로 언급한 것은 '생태학적 상관관계' 분석, 즉 역학 연구 결과를 분석하는 과정에서였다. 일본인들은 생선과 유채유를 많이 먹고, 이뉴잇들은 물개와 고래를 많이 먹으며, 크레타 섬 주민들은 거위와 달팽이, 토끼, 쇠비름을 많이 먹는다는 분석이었다. 모두 기억하겠지만, 크레타 섬 주민들의 식단은 꽤 흥미로웠으며, 역학 전문가들은 크레타 섬 주민들이 장수하는 까닭이 오메가3에 있음(그들 혈액 속에 포함된 오메가3 농도는 다른 지중해 인근 지역 주민들보다 두 배나 높았다)을 밝혀냈다. 하지만 어째서 그들의 오메가3 농도가 그토록 높은지는 수수께끼로 남아 있었다.

이 수수께끼를 해결하고자 우리를 가축의 섭생 쪽으로 이끈 사람은 시모풀로스 박사였다. 박사는 크레타 섬에서 생산되는 달걀에는 미국에서 생산되는 달걀보다 열 배나 많은 오메가3가 함유되어 있다고 주장했다. 크레타 섬의 양젖으로 만든 치즈 역시 미국의 소젖으로 만든 치즈보다 영양학에서 볼 때 훨씬 균형이 뛰어났다.

그러니 달걀이나 유제품 품질을 논하려거든 반드시 그 알을 낳는 암탉이나 젖소들이 무얼 먹는지를 먼저 알아야 한다. 크레타 섬 주민들은 토끼와 거위 고기도 많이 먹는다. 왜 그럴까? 바위투성이인 크레타 섬은 돼지나 닭을 키우는 데 필요한 곡물 재배에 적합하지 않기 때문이다. 크레타 섬이야말로 '생태학적 상관관계'를 확실하게 보여주는 더할 나위 없이 좋은 예가 아닐 수 없다. 섬 주민들은 토끼와 거위를 기르고, 이 가축들은 풀을 뜯어먹는다. 풀에 풍부하게 함유되어 있는 오메가3는 자연히 가축들의 근육 곳곳으로 퍼지게 된다. 이때 오메가3는 목축이 보급되기 전, 루시의 아버지가 사냥에서 잡아온 짐승들의 고기와 성분이 같다고 말할 수 있다.

이제부터는 뭉뚱그려서 어떤 등급의 제품에 오메가6 또는 오메가3가 많다, 적다를 논할 필요가 없다. 모든 것은 완전히 생산방식으로 결정되기 때문이다. 이는 식물에도 해당되지만 동물에게는 더욱더 잘 들어맞는다. 이를테면 '유채유에는 오메가3가 많다'고 말한다면, 틀린 말은 아니다. 하지만 유채유는 종류가 워낙 많고, 그중에는 '저低리놀레인산' 유채유도 있다. '저리놀레인산'

이라는 말은 달리 말하면 오메가3가 없다는 말과 다르지 않다!

아마인은 식물계에서 예외이다. 씨앗 속에 비축된 지방이 모두 오메가3이기 때문이다. 그렇지만 생산 연도에 따라서 다를 수도 있다. 어느 해에 생산된 캐나다(캐나다는 세계 1위 아마 생산국이다) 아마인은 오메가6가 풍부한 품종이 대세였다. '솔린' 또는 '리놀라' 라는 품종에는 아예 오메가3가 하나도 없다. 마가린 제조업자들의 요청에 부응하고자 아마인의 종자를 생산하는 업체는 오메가3가 없는 품종을 개발한 것이다!

어류로 말하자면 스스로 오메가3를 만들지 못하기 때문에 먹이에 의존하는 수밖에 없다. 만일 물고기가 해조류에서부터 새우까지 잡아먹는다면, 오메가3를 함유하는 데 아무런 문제가 없다. 하지만 옥수수와 콩을 주식으로 한 양식 어류라면 당연히 오메가6를 다량으로 함유한다. 이런 내용을 담은 학술 논문은 무수히 많다. 나 또한 비슷한 실험을 해보았다.

프랑스인에게 오메가3의 가장 큰 공급원은 유제품이다. 하지만 한 가지 조건이 충족될 때에만 그렇다고 말할 수 있다. 바로 뤼시앵의 소들처럼 젖소가 풀을 뜯어먹었거나 아마인 씨앗을 먹었어야 한다는 조건이다. 사실 소들이라면 풀을 뜯어먹는 것이 당연한 일 아니겠는가.

달걀, 육류, 어류를 비롯한 모든 동물성 식품은 먹이사슬에서 볼 때 오메가3의 중요한 원천이었다. 그런데 오늘날에는 오메가3가 함유되지 않은, 자연을 거스르는 유제품들이 출시되고 있다. 마치 비타민 C라고는 들어 있지 않은 오렌지만큼이나 어처구니없고 놀라운 일이다. 그런가 하면 탈지 우유에 어류 지방을 넣어 이른바 '오메가3가 들어 있는 우유 계통 음료'라는 희한한 이름으로 판매되는 우유도 있다. 이런 제품이야말로 분별없이 파국으로 치닫는 요즘 세상을 가장 상징적으로 보여주는 제품이라고 할 수 있다.

짐승들은 뭍에 살든 바다에 살든 오메가3를 필요로 하는 우리 인간과 오메가3가 풍부한 풀 또는 해조류를 이어주는 매개자 역할을 한다.

우리 몸속에서 오메가6와 오메가3가 제대로 균형을 잡게 해주는 '빠른' 해결책은 없다. 유채유를 숟가락으로 떠먹거나 식사 때마다 생선 기름을 먹는다고 해결되는 일이 아니다. 오히려 우리 식생활을 '뿌리부터' 다시 생각해야 한다. 토양과 전통 그리고 먹는 즐거움과 몸에 필요한 영양을 단단하게 이어주는 왜곡되지 않은 먹이사슬을 되찾아야 한다.

최근 우리의 식생활 변화를 분석하는 과정에서도 오메가3가 등장했다. 오메가3의 부족은 먹이사슬의 앞 단계에서부터 뒤쪽 단계로 이어지는 모든 과정의 변화에서 예외 없이 일어났다. 만약 우리의 먹을거리 생산방식과 소비방식이 모두 이 같은 부족 내지는 결핍으로부터 우리를 지켜주지 못한다면 앞으로 무슨 일이 일어날까?

들판을 일구는 할아버지의 손이 손자의 비만을 좌우한다

부모가 아무 거나 먹는 사이에 아이는 뚱보가 되어버린다

어째서 요즘 아기들은 생후 6개월에도 뚱뚱한가

지방조직이 이른 나이에 발달하는 기제

1980년대 이후 비만은 집단 현상, 즉 특정한 식습관을 지닌 개개인이 아닌 사회 전체의 문제로 떠올랐다. 그러므로 비만이라는 전염병의 치료는 모든 서구 선진국이 국가 차원에서 매달리는 과제가 되었다. 한때는 흔히 비만의 원인을 '양적인' 면에서 찾으려는 경향이 컸다. 이를테면 '요즘 사람들은 너무 많이 먹고, 운동을 충분히 하지 않기 때문에 비만이 된다'는 식이었다.

"그렇지만 분명히 다른 요인이 있다. 거의 우유만 먹는 돌도 지나지 않은 유아의 비만 정도(몸무게와 키의 비율)가 그처럼 빨리 증가한다면, 맥도날드나 군것질, 텔레비전과 운동 부족만을 비난할 수는 없지 않은가."

나한테 이런 의문을 제기한 사람은 제라르 아이요이다. 그는 은퇴한 생화학 교수이며 국립과학연구센터의 연구담당 국장으로 프랑스 비만연구협회 회장직을 맡고 있다. 권위 있는 세포생물학자로서 현재 니스의 국립과학연구센터에서 지방조직 연구팀을 이끌고 있기도 한 그의 연구 업적은 세계에 널리 알려져 있다. 또한 그는 60세를 훌쩍 넘긴 나이에도 20대 젊은이 못지않은 열정으로 논문을 작성하며, 권위 있는 학자들에게서 흔히 볼 수 있듯이 자신의 연구 결과를 누구나 쉽게 이해할 수 있도록 하는 겸손한 글쓰기에도 힘을 쏟는다.

제라르는 젊었을 때 우리 몸의 세포 분화를 연구했다. 세포 분화는 과학의 놀라운 발전에도 불구하고 아직도 미개척지로 남아 있는 분야이다. 어째서 분화되지 않은 세포(줄기세포)가 근모세포나 뼈모세포, 지방세포로 분화되는 것일까? 수십 년에 걸쳐서 학자들은 어떤 과정을 거쳐 분화되지 않은 줄기세포에서 지방세포가 만들어지며, 한 번 만들어진 지방세포는 어떤 방식으로 지방을 생산하고 축적하는지, 또한 지방세포가 어떤 방식으로 비대해지고 끝내 죽음을 맞이하는지를 연구해왔다.

비만 기제를 설명하려면 지방조직의 성장 과정을 확실하게 알아야 한다. 이 조직을 구성하는 세포들이 바로 우리가 지나치게 많이 섭취한 열량을 받아들이기 때문이다. 여기서 우리는 무엇보다 지방세포의 수와 크기라는 두 가지 요소를 반드시 염두에 두어야 한다.

루시를 통해서 우리는 복잡한 절차를 거쳐 지방세포의 수가 늘어나며 이러한 현상을 부추기는 외부 요인도 살펴보았다. 기억을 더듬어 주요 내용을 다시 정리해보자.

먼저 사춘기 무렵이나 갱년기처럼 생존을 위해 중요한 인생의 전환기마다 분비되는(아주 중요한 순간에 루시의 허벅지는 둥그스름하게 부풀어올랐다) 각종 호르몬을 보자.

- 인슐린 : 인슐린은 혈액 속에 포함된 당의 농도가 높을 때 췌장에서 분비되는 호르몬이다(먹을 것이 풍부해서 사냥이나 채집이 순조로운 계절에 루시는 양껏 식사를 했으며, 그때 분비되는 호르몬인 인슐린이 무슨 역할을 하는지 앞에서 살펴보았다).
- 프로스타글란딘 : 기억하겠지만 오메가6로부터 이 세포전달물질이 어떻게 합성되는지를 밝혀낸 연구는 1982년 노벨상을 받았다(다시 한 번 루시 이야기를 하자면, 여름철 채집한 씨앗은 루시의 식욕을 자극했으며 루시의 몸에 지방 형태로 비축되었다).

루시의 생리 기능을 감안한다면, 생존을 위해 자연이 풍성하게 먹을거리를 공급할 때 비축해두는 것은 지극히 당연하다. 인생에서 아주 중요한 전환기에 필요한 호르몬과 먹을거리가 풍성한 계절에 비축해둔 당분과 지방들은 지방조직의 성장을 촉진하고 궁핍한 계절을 버텨낼 수 있는 열량을 비축하도록 돕는다.

제라르 아이요와 그가 이끄는 연구팀은 이 현상을 상세하게 밝혀냈다. 막강한 분석 기술과 세포배양 기술, 무제한으로 공급된 실험용 동물(이번에는 생쥐), 훌륭한 소프트웨어, 뛰어난 지능과 직관력 덕분에 이들은 어떤 프로스타글란딘이 어떤 순간에 어디에서 반응하는지도 밝혀냈다.

호르몬의 기능은 우리가 루시로부터 이어받은 변치 않는 유산이다.

인슐린은 남아도는 열량을 비축하여 루시가 곰을 만나 걸음아 날 살려라 뛸 때, 루시의 후손이 농구를 할 때, 글루카곤에 이어

카테콜아민이 비축된 에너지를 연소할 때 쓰인다. 하지만 늘 군것질거리나 탄산음료를 입에 달고 산다면, 인슐린 또한 내내 분비되어 지방조직세포가 끊임없이 늘어난다.

자, 이쯤에서 첫 번째 결론을 내려보자. 군것질은 줄이고, 오전 10시 반쯤 휴식을 취하면서 커피 한 잔을 마실 때 각설탕을 두 개씩 넣는 것도 삼가자.

오메가6의 역할을 곰곰이 생각해보면, 이치에 맞지 않다고 할 수 없다. 루시는 궁핍한 날을 위해 지방을 비축하려면 씨앗 속에 비축되어 있는 기름이 필요하다는 사실을 알고 있었다. 잘못된 섭생 때문에 현재 우리의 식단처럼 오메가6와 오메가3 비율이 20 대 3 정도로 유지된다면, 앞으로 어떤 재앙이 닥칠지는 불을 보듯 뻔하다.

내 친구 뤼시앵의 말이 옳다. 뤼시앵은 우리가 사는 생태계가 잘못되어 있다면, 언젠가는 반드시 그 대가를 치러야 한다고 말했다.

루시가 살던 시절에는 오메가6가 드물었다. 따라서 루시의 허벅지와 복부는 먹을거리가 풍성한 계절에 조화롭게 부풀어올랐다. 그런데 인슐린과 오메가6가 넘쳐나는 시대가 되어버린 오늘날 루시의 후손들에게서 볼 수 있는 부풀어오른 살덩어리는 조금도 조화롭지 않다.

학자들은 이러한 현상도 놓치지 않고 꼼꼼하게 관찰했다. 오메가6가 풍부한 식단으로 기른 생쥐들은 비만으로 뚱뚱해졌다. 하지만 오메가6와 오메가3를 적정 비율로 배합한 식단으로 키운 생쥐는 똑같은 열량과 똑같은 양의 기름기를 주어도 살이 찌지 않았다. 인간을 대상으로 똑같은 실험을 할 수는 없기에, 실험실에서 배양된 인간의 지방세포를 실험한 결과 역시 똑같은 기제가 작동된다는 것이 확인되었다. 오메가6가 지방조직의 성장에 큰 영향을 끼치는 것이다. 오메가6 계열의 몇몇 분자들은 전문 용어로 '지방 과다 폭탄'이라고 불린다. 이름만 보아도 상황을 알 만하다!

지방조직이 아주 어릴 때부터 발달하는 것으로 미뤄볼 때, 여성의 임신과 출산 그리고 출산하고 나서의 섭생방식이 신생아의 출생과 이유 시기 지방세포의 수를 결정한다고 볼 수 있다.

세대를 거듭할수록 점점 뚱뚱해지는 아이들

조부모님의 식생활이 손자의 허리둘레를 결정한다

더욱 큰 문제는 잘못된 섭생은 아주 오랜 시간이 흐른 다음에야 비로소 그 효과가 나타난다는 사실이다. 쥐를 이용한 실험에서 어머니, 아니 더 나아가서는 할머니가 오메가6를 지나치게 많이 먹은 경우 손자 쥐들은 비만이 된다. 똑같은 음식물을 섭취해도 다 자란 쥐는 어미 쥐보다 뚱뚱하며, 어미 쥐 역시 할머니 쥐보다 뚱뚱하다. 세대가 거듭할수록 생쥐는 점점 더 뚱뚱해진다. 이는 현 세대의 섭생과 관련이 있을 뿐 아니라 어머니, 할머니의 섭생방식까지도 문제가 된다.

오메가6, 오메가3, 포화지방산

지방조직과 '세대 물림' 효과

앞에서도 보았듯이 기름이라고 해서 모두 지방조직의 성장에 영향을 주는 것은 아니다.

오메가6는 지방세포의 수를 늘려 지방조직의 성장을 돕는다. 포화지방산들은 지방세포의 크기를 크게 만들어 지방조직의 성장을 촉진한다.

그런가 하면 오메가3는 반대로 지방의 합성과 이동을 억제하므로 지방세포의 수를 늘리는 오메가6와는 반대되는 작용을 한다.

이는 동물들과 배양세포를 대상으로 많은 실험을 하여 얻은 결론이다. 수십 편이 넘는 학술 논문에서 지방조직과 관련하여 식용지방은 그 종류에 따라 맡은 역할이 다르다는 사실이 입증되었다.

최근 들어 생쥐를 여러 세대에 걸쳐서 관찰한 놀라운 실험 결과가 발표되었다. 생쥐들에게 여러 세대에 걸쳐서 옥수수 기름(오메가6와 오메가3 비율 60 대 1)이 풍부하게 함유된 똑같은 식단을 제공할 경우 세대를 거듭할수록 몸무게 차이가 난다는 것이다. 예를 들어 3세대 생쥐는 어머니 쥐보다 뚱뚱하고, 어머니 생쥐는 할머니 생쥐보다 뚱뚱하다. 할머니 생쥐만 하더라도 '대조' 그룹 생쥐, 즉 3세대 생쥐의 증조할머니뻘 되는 생쥐보다 이미 지방조직이 훨씬 발달했다.

3세대에 걸쳐서 옥수수 기름으로 자란 생쥐들은 양과 질에서 완전혀 똑같은 식단을 제공받았다. 즉 뚱뚱한 (증)손녀 생쥐들이라고 해서 (날씬한) 할머니보다 더 많은 열량을 공급받은 것은 아니다. 실험 대상 쥐들은 똑같은 양의 오메가6를 섭취했다.

이 실험에서는 두 가지 서로 다른 식단을 비교한 것이 아니라 똑같은 식단이 세대가 달라질 때 어떤 영향을 주는지 비교했다. 그 결과 어머니와 할머니의 식단이 손녀의 비만에 영향을 끼친다는 사실이 입증되었다.

물론 동물은(사람이든 생쥐든) 많이 먹으면 살이 찐다. 남아도는 열량을 지방조직에 비축해두기 때문이다. 그렇다고는 하나…….

과체중과 지방조직의 성장은 단순히 섭취하는 열량의 많고 적음에만 영향 받는 것이 아니라, 섭취하는 지방과 당분의 종류에 따라서도 크게 차이가 난다. 기름이라고 해서 모두 똑같은 것은 아니다. 오메가6와 포화지방산의 결합(예를 들어 팜유나 예전처럼 해바라기 기름을 주원료로 해서 만든 마가린)은 그야말로 지방조직의 왕성한 성장을 돕는다. 다시 말해서 비만으로 이끄는 '멋진 조합'이다.

양과 질에서 똑같은 식단을 공급받았다고 해도 세대 간에는 분명 차이가 있다. 따라서 비만이나 과체중은 '먹는 양'이라는 유일한 원인만으로는('너무 많이 먹으면서 운동은 거의 하지 않는다'는 식) 설명되지 않는다. 다른 원인을 찾아본 결과, 양도 중요하지만 무엇을 먹느냐는 질적 요소도 매우 중요하다는 사실이 드러났다.

생쥐를 대상으로 한 실험이 인간에게도 적용된다면, 어째서 현대에 더 많이 먹는 것도 아니고, 그렇다고 열량 소비가 줄어든 것도 아닌데 비만이 자꾸 늘어나는지 이해할 수 있을 것이다. 말하자면 우리는 이미 오래전부터 과도한 오메가6, 흡수 속도가 빠른 당분, 포화지방산 속에 빠져서 허우적거리는 중이다!

필리프 게네는 프랑스 농학연구소INRA의 연구담당 국장이다. 뇌 전문가인 그는 지방의 뇌기능 조절 작용을 연구하는 팀을 이끌고 있다. 그에게 모유의 지방산 성분과 뇌의 구성 성분의 관계를 연구해보라고 제안한 사람은 미국 출신 학자 젠센이었다.

필리프 게네는 지난 60년간 발표된 모유 성분에 관한 자료는 물론 조제분유 자료까지 모두 모았다. 모유의 성분 분석 결과는 놀라움 그 자체였다. 어머니의 몸에서 나오는 모유의 성분이야말로 절대로 변할 수 없는 것이 아닌가. 천지창조, 젖이 흐르는 은하수, 인류 최초의 양식이며 순수의 상징인 모유에 관해서는 수많은 신화와 전설이 따라다닌다. 그런 모유의 10년 전, 20년 전, 30년 전 성분이 각각 달랐으며, 특히 40년 전부터는 그 성분에 커다란 변화가 찾아왔다.

40년 전 먹이사슬에 돌이킬 수 없는 변화의 바람이 몰아치기 전까지 모유의 오메가6와 오메가3 비율은 5 대 1이었다. 그런데 오늘날에는 이 비율이 20 대 1 내지 25 대 1까지 차이가 난다. 더욱 놀라운 일은 갓난아기들의 비만 정도가 모유의 오메가6와 오메가3 비율의 변화 곡선과 똑같은 양태를 보인다는 사실이다.

어머니의 섭생방식이 태아의 지방조직 발달을 좌우한다는 사실을 극명하게 보여주는 이 결과에 놀라지 않을 수 없다. 임신 중인 어머니도 다른 사람들과 마찬가지로 똑같은 당분, 똑같은 지방, 똑같이 공장에서 생산된 제품, 똑같은 달걀, 똑같은 고기를 먹는다는 사실을 감안한다면, 놀랍긴 해도 지극히 논리적인 결과라고 할 수 있다.

필리프 게네는 조제분유의 성분도 분석했다. 10년 쯤 전에 팔리던 분유 중에는 오메가6와 오메가3 비율이 무려 60 대 1에 이르는 것들도 있었다.

사정이 이렇다 보니 갓난아기들의 비만은 엄마 뱃속에서 이미 시작된다는 생각에 이른다. 전 세계에서 꽤 많은 연구팀들이 이러한 생각을 밝혀내고자 인간 세포를 배양하거나 실험용 동물들을 이용하여 갓 태어난 아기들을 청소년기까지 장기간 관찰하는 연구를 진행 중이다. 이런 작업들은 지방조직의 성장은 임신 기간 중에 이미 시작되고, 임신 중인 어머니가 먹는 음식에 좌우되며, 아이가 태어난 뒤에는 모유를 통해서 이 같은 영향이 계속된다는 사실을 보여준다.

이런 연구 결과들은 대단히 놀랍거나 우상파괴 같은 '돌출 행동'이라고 할 수 없으며, 학계에서는 이미 합의를 이루었다.

식품에 너무 많이 함유된 오메가6가 지방세포의 수를 늘리고, 그로부터 몇 년이 지난 어느 날 친구들과 맥주를 거나하게 마셨다거나, 수소를 첨가한 팜유가 듬뿍 들어간 과자와 탄산음료를 잔뜩 먹으면, 늘어난 지방세포들이 '이제 때가 왔다' 면서 왕성하게 활동하는 것이다.

자, 이제 모든 것을 알았으니 사정은 변해야 하지 않을까? 그런데 반드시 그렇지만은 않다. 최근에 열린 학회에서 한 학자가 미숙아들에게 먹이는 조제분유를 언급했다. 미숙아들은 훗날 비만이 될 가능성이 높다. 오메가3를 강화한 분유는 분명 존재한다. 하지만 현재 시중에서 판매되는 오메가6와 오메가3 비율을 맞춘 분유는 값이 너무 비싸서 거의 외면당하는 처지다.

놀랍지 않은가! 이것이 바로 우리 사회가 예방을 어떻게 생각하는지를 보여주는 좋은 예다. 멀리 내다보면, 조금 비싼 값을 치르더라도 영양학적으로 균형 잡힌 우유를 먹이는 것이 훗날 치르게 될 어마어마한 돈보다 훨씬 적을 것이다.

이쯤에서 내가 아주 중요하게 생각하는 먹이사슬과 자연스런 영양 균형 문제를 다시 한 번 짚어보자. 임신한 서양 여자들의 모유에만 오메가6가 과도하게 포함되어 있고 오메가3가 결핍되어 있는 것이 아니다. 이는 어디까지나 너무 빠르게 변한 우리의 식생활, 지나치게 흑백논리로 단순화했기 때문에 왜곡되어버린 영양학 지식, 자연 순리를 거스르는 생산방식, 영양학에 대한 무지 같은 여러 가지 요소를 반영한다.

어머니의 몸에서 나오는 모유의 성분이 변한 것은 들판에서 더는 좋은 풀이 자라지 않으며, 가축들에게 더는 좋은 씨앗을 먹이지 않고, 인간의 식사가 더는 제대로 영양을 갖추지 못했기 때문이다.

지방조직의 발달과 식생활 관계는 특히 지방조직이 왕성하게 성장하는 인생에서 가장 중요한 전환기, 즉 임신이나 이유기, 청소년기, 갱년기처럼 루시의 하루하루 삶이 풍전등화처럼 위태로웠던 시기에 한층 더 심하게 나타난다. 그러나 학자들은 이런 중요한 전환기가 아니더라도 지방조직은 인생의 모든 시점에서 성장하기 때문에 우리에게는 살아 있는 한 언제든 열량을 비축해두려는 경향이 있음을 인정해야 한다고 말한다.

실험실에서 생쥐들에게 했던 똑같은 실험을 인간에게도 적용한다는 것은 '윤리적으로' 안 되는 일이지만, 성인이 된 인간에게 짧은 기간에 오메가6가 풍부한 식단을 공급할 경우와 오메가3가 풍부한 식단을 공급할 경우 어떤 결과가 나오는지는 관찰할 수 있을 것이다.

우리는 최근에 이와 비슷한 실험에 참가했다. 비만 환자들 중에서 지원자 160명을 대상으로 실시한 이 실험은 뒤에서 상세하게 언급할 예정이다. 이 실험의 목적은 실험실의 동물들에게서 관찰된 기제가 인간에게도 똑같이 작용하는지 확인하는 데 있다. 실험을 준비하고 실행에 옮기기까지 그 과정이 매우 복잡했다. 여러 참가자들을 모으고, 재정 지원을 받고, 참가자들 모두가 합의하는 협약서를 이끌어내기까지 여러 해가 걸렸다. 이 오랜 준비 기간에 우리는 새로운 발견을 하게 된다는 기대와 설렘으로 마음이 벅찼다. 인간이 섭취한 기름의 양뿐만 아니라 종류에 따라서 인간의 지방조직이 다르게 반응하고 성장한다는 사실을 처음으로 증명할 것이라고 믿었다.

하지만 기대만큼 실망도 컸다. 그 이론이 아무도 공격할 수 없을 정도로 완벽하게 그리고 우연하게 입증되었던 것이다. 그것도 자그마치 40년 전에 말이다! 내 기억이 맞는다면 그 이론은 이미 1966년에 발표되었다!

1966년은 콜레스테롤 연구가 한창 성행하던 시기다. 학자들은 콜레스테롤의 농도를 낮추려고 (그리고 그 수치가 낮아지면 자연히 심장혈관계통 질환의 발병률도 낮아지리라고 기대하면서) 동물성 기름의 섭취를 제한하는 식단을 마련했다. 그 결과는 앞서 살펴보았듯이 '콜레스테롤 수치는 내려가는데도' 발병률(예를 들어 심장혈관계통 질환)은 그대로였다.

학자들은 당연히 다음과 같은 의문을 품었다. "실험에 참가한 지원자들이 혹시 정해진 식단을 지키지 않은 건 아닐까?"

이 문제는 확인하기가 쉽지 않다. 지원자들의 태도를 실험실의 생쥐들과 비교할 수는 없기 때문이다. 지원자들은 장모님 댁에서 모처럼 식구들과 같이 먹는 일요일 점심이나 길모퉁이에 새로 문을 연 꽤 괜찮아 보이는 식당에서 먹는 저녁식사처럼 날마다 온갖 종류의 유혹에 시달리는 평범한 선남선녀들이 아닌가.

그때 캘리포니아의 한 연구팀이 근사한 생각을 내놓았다. 먼저 식단이 제대로 지켜지는지 확인하고자 이들은 양로원에서 지원자들을 모집했다. 양로원 입주자들은 매일 양로원 식당에서 밥을 먹으니 확인하기가 쉽다는 이점이 있었다. 운 좋은 389명의 지원자가 버터, 달걀, 돼지고기 가공 요리를 마음껏 먹을 수 있는 '대조 집단'으로 뽑혔다. 그리고 393명의 지원자는 식물성 기름과 마가린을 마음껏 먹는 '실험 집단'으로 뽑혔다. 이 두 집단은 정확하게 똑같은 열량, 똑같은 양의 단백질, 똑같은 양의 지방이 포함된 식사를 했다. 두 집단의 지원자들은 오직 지방의 종류만 다른 식사를 5년 동안 먹었다.

지원자들이 실험 원칙에 맞게 식사를 제대로 먹는지 확인하고자 4개월마다 혈액검사와 몸무게는 물론 지방조직 검사(피하지방을 소량 추출하여 실시)까지 했다. 물론 윤리에 어긋나지는 않아도 그다지 멋진 방법은 아니다. 하지만 적어도 학술적으로는 현명하게 진행된 연구라고 할 수 있다.

두 집단의 식단은 지방의 종류만 달랐고, 이 지방 중 '오메가 지방'은 인간이 스스로 만들어낼 수 없는 지방이므로 피하지방에서 이 오메가 지방을 발견한다면, 그건 분명히 음식물 섭취로 만들어진 지방이 틀림없는 것이었다. 따라서 지원자가 정해진 식단에 따라 먹은 것이 되므로 학술적으로는 나무랄 데가 없는 연구가 될 수 있었다. 오늘날 같으면 윤리위원회에서 이런 종류의 실험을 허가할 리 없겠지만 당시에는 가능한 일이었다.

그렇다면 이 같은 실험을 주도했던 학자들은 1966년에 발표한 논문에 무슨 내용을 담았을까?

실험 집단에서는 콜레스테롤의 농도가 내려갔다(대조 집단보다 14퍼센트나 더 많이 내려갔기 때문에 실험을 이끈 사람들은 매우 흡족해했다). 그러나 지방조직 속에 포함된 오메가6의 농도는 꾸준히 올라갔다. 처음에는 10퍼센트 정도였으나 5년 뒤 실험이 끝나갈 무렵에는 30퍼센트까지 올라갔다. 실험을 이끈 사람들은 이에 만족해했다. 즉 지원자들이 콩과 옥수수로 만들어진 식물성 기름을 섭취한 것이 틀림없었다.

그런데 실험을 이끈 사람들은 다음과 같은 내용을 간략하게 덧붙였다. 버터를 마음껏 먹은 '대조 집단' 지원자들의 평균 몸무게는 줄었으나 마가린을 마음껏 먹은 '실험 집단' 지원자들의 평균 몸무게는 끊임없이 늘었다. 이들은 "어째서 이런 변화가 나타났는지, 그 원인은 아직 확실하게 규명되지 않았다"고 덧붙였다.

이들은 엄밀함과 진실함을 추구하는 학자들이므로 자신들의 기대치와는 다른 결과가 나왔지만 그 결과를 발표했다. 두 집단의 평균 몸무게 차이는 큰 문제로 떠오르지 않았으나 실험이 끝나갈 무렵 5퍼센트의 차이를 보였다. 버터와 돼지고기 가공제품을 마음껏 먹은 집단의 몸무게가 가벼운 것은 엄연한 사실이었다. 이 사실은 앞으로 다가올 폭탄선언, 즉 지원자들의 지방조직 속에 포함된 오메가6의 농도가 높을수록 몸무게 또한 늘어난다는 사실을 준비하는 것이나 다름없었다!

통계의 상관관계는 매우 긴밀하다(0에서 1까지 매긴 눈금에서 +0.54에 위치한다). 옥수수 기름과 콩기름에 함유되어 있고, 지원자들이 섭취한 지방 속에 함유되어 있던 오메가6의 양은 이들 인간 모르모트(실험동물로 널리 쓰이는 쥐. 기니피그라고도 한다—옮긴이)들이 과연 버터와 돼지고기 가공식품, 고기, 달걀은 줄이고 식물성 기름이 많은 식단을 먹었는지 검증하는 데 유용하다. 실험을 이끈 사람들의 지시 사항을 잘 따른 지원자일수록 몸무게는 늘었다.

이 실험에 대한 설명이 조금 길어진 듯하다. 아무래도 흔하지 않은 실험인 데다 중요하기 때문이다. 내가 알기로 이 실험은 장

기간에 걸쳐 지원자들의 몸무게를 재고, 피하지방을 추출하여 분석했으며, 몸무게와 지방조직 구성 성분의 상관관계를 수치로 나타낸 유일한 실험이다.

이 실험이 남다른 의미를 지니는 건 무엇보다도 그로부터 40년 뒤에 일어날 일을 미리 보여주었기 때문이다. 그 후 영양학적 권장 사항은 저마다 버터, 육류, 달걀을 비롯한 모든 동물성 식품의 소비를 줄이는(혈중 콜레스테롤 농도를 높이기 때문에) 대신 오메가6가 대부분인 식물성 기름 소비를 늘리라는 쪽으로 전개되었다. 그러다가 우리의 먹을거리가 되어주는 짐승들까지 모두 오메가6가 듬뿍 든 사료를 먹게 되면서 이러한 추세는 더욱 확산되었다.

결국 오늘날 전 세계 사람들은 시모어 데이턴과 그의 연구팀이 캘리포니아 양로원을 대상으로 실시한 연구와 똑같은 결과에 이르렀다. 무슨 수를 써서라도 콜레스테롤 수치를 내려야 한다는 강박관념에 사로잡혔던 때는 1970년대였다. 덕분에 1980년대 이후로 전체 지방의 소비는 안정적이지만 그중에서 동물성 지방이 차지하는 비중은 눈에 띄게 줄었다. 콜레스테롤 수치는 내려갔지만, 그 대신 비만이 엄청나게 증가한 것이다.

최근에 제라르 아이요는 나한테 "나는 말이요, 우리 생각이 잘못되었기를 바라고 있소"라고 털어놓았다. 그가 내린 결론은 상당히 곤혹스러운 결과를 낳을 수 있기 때문이다.

시모어 데이턴의 캘리포니아 양로원을 대상으로 한 연구를 보면 옥수수와 콩을 주원료로 하는 식물성 기름을 섭취하는 사람들은(실험 집단) 몸무게가 늘어났다. '대조 집단'과 '실험 집단' 지원자들이 모두 같은 양의 지방을 섭취했다. 여기서 '대조 집단' 지원자들이 동물성 기름을 먹었는데도 그러한 결과가 나왔던 사실을 떠올려보자.

이렇게 말하면 '정치적으로 부적절할' 수도 있겠지만, 내가 보기에 시모어 데이턴의 연구에 등장하는 캘리포니아 지원자들의 생리학 기제는 브르타뉴 출신인 내 친구 뤼시앵의 이웃 농가에서 자라는 돼지들의 생리학 기제와 꽤 비슷해 보인다. 즉 옥수수 기름과 콩기름이 사람을 뚱뚱하게 만드는 것이나 돼지를 뚱뚱하게 만드는 것이나 마찬가지다. 그러고 보니 15년쯤 전에 방데 지방 농업회의소(목축업자들에게 자문해주는 반관반민 단체)에서 발표한 자료가 생각난다. "우리 지역 가축들에게는 옥수수와 콩을 섞은 사료 효과가 더 좋다."

당연한 말이다. 가축들을 살찌게 하는 데에는 효과가 뛰어나다. 수십 번에 걸친 실험이 그 사실을 입증해준다. 너무 효과가 좋아서 오히려 돼지 사육 전문가들은 오메가6 함유량의 상한선을 정하기에 이르렀다. 다시 말해서 가축 사료에서 옥수수와 콩이 차지하는 비율을 제한해야 한다고 발표했다. 그러지 않으면 고기가 너무 기름져서 판매가 곤란하기 때문이다!

내가 뤼시앵에게 제라르 아이요의 실험에 대해 이야기하자 뤼시앵은 조금도 놀라지 않았다. 제대로 된 목축업자라면 자기가 기르는 송아지에게 옥수수와 콩만을 먹이지 않는다. 그렇게 하면 다 자란 어른 소가 되었을 때 너무 기름기가 많아진다는 것이 뤼시앵의 설명이었다. 뤼시앵의 아버지는 송아지의 마지막 성장 단계에서는 다른 동료 목축업자들과 마찬가지로 다른 어느 씨앗보다도 아마인(오메가3가 풍부한 씨앗)을 많이 먹였다. 목축업자라면 누구나 '너무 기름기 많은' 가축으로 만들어서는 안 된다는 사실을 잘 알고 있었던 것이다.

이렇듯 인간과 가축의 생리 기능이 비슷한 까닭에 사육되는 가축들 역시 시모어 데이턴의 캘리포니아 연구 지원자들과 마찬가지로 옥수수와 콩을 혼합한 사료를 먹어서 몸 안에 들어온 오메가6를 축적한다. 육류나 유제품, 달걀처럼 과거에는 오메가3의 주 공급원이었던 동물성 지방이 요즘에는 지방을 축적하는 경향이 강한 오메가6를 보강하는 데 쓰인다!

팜유로 만든 빵과 해바라기 기름으로 드레싱한 샐러드, 옥수수와 콩 사료를 먹고 자란 닭의 다리 한 쪽……. 우리의 들판에는 이제 오메가6와 오메가3 비율이 20 대 1이라는 불균형이 널리 퍼져 있고, 그 비율은 그대로 우리 몸으로 들어와 똑같은 비율을 지닌 모유를 만들어낸다!

먹이사슬의 임상 연구

생태계가 우리 건강에 미치는 영향을 어떤 식으로 측정할 수 있을까?

과학에 근거한 사고는 경찰이 범죄를 수사할 때와 비슷하다고 할 수 있다. 직관과 확실한 증거, '흔들림 없는 심증'에 어느 정도 거리를 둘 수 있는 냉정함이 있어야 한다는 점에서 그렇다.

10여 년 전부터 우리는 생태계와 건강의 관계에 대한 연구를 진행해왔다. 이 연구는 의사, 농업공학자, 과학자 같은 저마다 다른 여러 분야의 전문가들이 모여 함께 참여하는 통합전공 작업이다. 우리는 여남은 개의 동물 연구와 인간을 대상으로 한 중요한 몇몇 연구들을 토대로 가설을 세웠다. 이 가설은 관련 연구의 결과들을 여러 방면에서 분석하여 정립했다.

연구에 들어가기에 앞서서 우리의 직관력은 솔직히 단순한 예감에 지나지 않았다. 그러니까 뤼시앵이 벌통과 주변 환경을 관찰할 때와 다르지 않았다. 임상 연구가 진행되면서 차츰 확고한 증거를 바탕으로 탄탄한 기초를 세울 수 있었다. 너무 탄탄해서 앞으로 다가올 미래의 희망뿐 아니라 개인의 건강 문제와 늘 뒷전으로 밀려 제대로 대접받지 못하는 공중 보건 문제에 대한 해결책도 제시되리라 기대한다. 이 탄탄한 기초는 우리의 건강과 생태계 그리고 그 둘 사이에 꾸준히 균형 잡힌 관계를 세우기 위한 싸움터가 될 것이다.

인간을 대상으로 진행한 각 연구는 들판에서 시작되어 가축들의 축사와 닭장으로 퍼져 나가고 우리 식탁에 오르는 음식으로 이어진다. 그때마다 우리는 먹이사슬 앞 단계에서 일어난 급격한 변화의 효과를 겉으로 보기에는 동일한 식사를(같은 열량, 같은 양의 지방, 같은 양의 육류, 달걀, 버터, 치즈, 빵 등) 하는 것처럼 보이는 지원자들의 혈액으로 측정했다. 겉보기에 똑같아 보이는 이들의 식사를 구성하는 식재료들은 오로지 생산방식만 달랐다.

이러한 연구를 통해 증거들을 이끌어내고 풍성한 결과를 얻을 수 있는 건 무엇보다 다양한 전공자들이 한 팀을 이뤄 작업을 한 덕분이다. 예를 들어 지금까지 농업공학자들은 먹이사슬이라는 관점과는 동떨어진 맥락에서 농업과 농가공업을 생각해왔고, 의사들은 감당하기 어려울 정도로 빠른 속도로 번져가는 병이나 다름없는 증세들과 씨름하는 과정에서 거의 무력함을 호소해왔다. 그런가 하면 과학자들은 막강한 힘을 자랑하는 거대 제약회사들이나 농가공업체의 이기주의 경제 논리에 밀려 가장 중요하다고 여겨지는 정보들이 알려지지 않고 차단되는 일들을 자주 경험해왔다. 이 같은 환경에서 통합 전공 연구를 진행하기란 매우 복잡하고 고생스럽지만 그만큼 흥미진진한 경험이었다.

들판이 바뀌면 혈액이 먼저 그걸 안다

건강한 지원자를 대상으로 한 초기 측정

|

우리가 세운 계획의 마지막 단계는 초대 손님과 만나는 일이었다. 베르나르 슈미트 박사는 임상의사로서 로리앙에 있는 남부 브르타뉴 의료원에서 당뇨, 내분비, 영양과 과장으로 있다. 내가 보기에 베르나르는 의학계에서 가장 존경할 만한 인사다. 환자를 위해 헌신하는 의사인 동시에 아주 적은 인원으로 구성된 식품안전위생국 영양분과 상임위원회에서 활동하는 뛰어난 학자이기도 하다. 그는 또한 의료 부문 종사자들을 위해 영양 교육을 실시하고 임상보고서를 발행하는 영양연구교육센터CERN를 운영하기도 한다.

우리는 1998년에 베르나르를 만났고, 만난 지 얼마 되지 않아서 그는 우리가 인식하는 먹이사슬 개선 문제를 자신의 문제로 받아들였다. 그 역시 자신이 돌보는 환자들이 도움을 받을 수 있다고 생각했기 때문이었다. 그가 돌보는 환자들이란 '버터만 먹는' 고집불통의 브르타뉴 지방 사람들로, 그들에게 올리브유를 먹도록 설득하는 일이 쉽지 않다는 걸 그는 누구보다도 잘 알고 있었다. 더구나 올리브유를 먹으라고 권하는 것이 반드시 옳은 일인지 베르나르 스스로도 확신할 수 없었기 때문에, 그는 나를 보자마자 이렇게 말했다. "그 생각은 실험해볼 가치가 있는 듯싶소. 버터와 삼겹살을 제공하는 젖소와 돼지에게 지중해식 식단을 권장하는 편이 내 환자들에게 권하는 것보다 훨씬 쉬울 테니까요."

이렇게 해서 첫 번째 임상 실험을 할 수 있는 토대가 마련되었다. 이 실험에는 프랑스 농학연구소의 필리프 르그랑 박사(렌의 인간생화학연구소 소장)도 합류했다. 그는 이 연구를 위한 협약서 작성 과정에서 그가 알고 있는 해박한 지식과 학문의 엄정성을 모두 동원하였다.

1999년 마침내 우리는 처음으로 인간을 대상으로 하는 먹이사슬의 영향 연구를 시작했다. 연구를 위해 우리가 동원한 분석방법과 통계 산정방식은 21세기 방식이었지만, 정작 우리가 연구하는 대상은 뤼시앵의 조상들이 벌써 여러 세기 전부터 실천해온 영양학적 관습이었다. 우리는 좀 더 정확하게 말해서 아마의 전통 품종을 생산하는 일부터 시작했다.

- 먼저 뤼시앵의 할아버지가 오메가3의 흡수력(자연에서 채집한 상

태 그대로 씨앗은 흡수력이 아주 약하거나 거의 없음)을 높이기 위해 했던 것처럼 씨앗을 끓인다. 예부터 씨앗은 늘 끓여서 먹었다(이를테면 오메가3는 정성이 있어야 먹을 수 있다!).

- 그런 다음 끓인 씨앗을 젖소, 암탉, 양, 수소, 수탉, 돼지들에게 골고루 나눠준다.
- 40명으로 구성된 두 집단의 지원자들에게 먹을거리를 나눠준다.
- '실험 집단' 지원자들에게는 아마를 먹여서 기른 가축들한테 얻은 고기, 돼지고기 가공식품, 달걀, 버터를 공급한다.
- '대조 집단' 지원자들에게는 똑같은 양의 고기와 돼지고기 가공식품, 달걀, 버터를 나눠주되 일반 식단(옥수수와 콩)으로 기른 가축들한테 얻은 제품을 공급한다.

인간이 아닌 가축들에게 특정 식이요법을 실시하고, 그 결과물을 먹은 인간의 혈액을 분석하는 것이 이 실험의 핵심이었다. 이런 실험은 지금까지 그 누구도 한 적이 없었다!

교차 더블 블라인드 무작위 실험 연구 협약서

'건강한' 지원자들을 모집한다. 모집한 지원자들은 임의대로 A와 B 두 집단으로 나눈다. 이것을 '무작위화'라고 한다.

제품을 공급받는 지원자들이나 측정을 담당하는 실험 참가자들은 누가 '실험 집단' 이고 누가 '대조 집단' 인지 알지 못한다. 따라서 '더블 블라인드' 가 된다.

실험은 세 단계로 진행된다. 먼저 A 집단 지원자들에게 '실험 제품' 을 지급하고, B 집단 지원자들에게는 '대조 제품' 을 지급한다. 그런 다음 일정 시간이 지날 때까지 기다린다. 정해진 기간이 지나면 집단을 바꾼다. 따라서 지원자가 자신의 대조 증인이 된다. 이를 '교차' 라고 한다.

15일마다 지원자들로부터 혈액을 채취한다. 채취한 혈액의 적혈구(적혈구를 구성하는 성분들은 여러 달씩 살기 때문에 안정하다. 또한 적혈구의 구성 성분은 우리 몸 전체의 구성 성분을 반영한다)로부터 혈청(식사 전에 흡수된 지방을 포함)을 분리한다.

이렇게 해서 포화지방산, 단일불포화지방산, 오메가6, 오메가3 비율을 결정한다. 혈청에 포함된 지방의 비율, 적혈구에 포함된 지방의 비율을 계산할 수 있다.

이 연구는 3개월 동안 계속되었고, 이때 얻은 결과는 우리 예상을 훨씬 뛰어넘었으며, 2002년 학술지 《영양과 대사 *Annals of Nutrition and Metabolism*》에 발표되었다.

지원자 모두 기간 내내 동일한 양의 제품들을 먹었고, 제품들은 겉보기로는 동일했다. 그러나 두 번에 걸친 혈액검사 결과는 완전히 달랐다.

'일반' 먹이사슬에서 얻은 '일반 제품'을 먹었을 때, 지원자들의 혈액 중 포화지방산 농도는 '보통'이었다. 다시 말해서 학계에서 말하는 평균 오메가6와 오메가3 비율인 15 대 1에 가까웠다.

'과거식' 먹이사슬에서 얻은 제품(풀과 끓인 아마인을 먹은 가축들한테 얻은 제품)을 먹었을 때, 이 비율은 보름 만에 10 대 1로 내려갔다. 이들 브르타뉴 지방 출신 지원자들의 포화지방산 분포도는 놀랍게도 '7개국 연구'에서 드러난 크레타 섬 주민들의 포화지방산 분포도와 아주 비슷했다. 즉 (날마다 35그램의 버터를 먹었는데도) 오메가3는 아주 많고, 오메가6와 포화지방산은 적었다.

연구를 시작한 지 35일이 지나자 적혈구막의 성분에서도 급속한 변화가 나타났다. 특히 이 변화는 오메가6와 오메가3 비율에서 뚜렷했다.

뤼시앵이 기른 소와 닭들로부터 릴리의 몸을 구성하는 세포막에 이르기까지……, 어디서 많이 듣던 소리가 아닌가?(앞부분 참조) 가축들이 먼저 옥수수와 콩의 일부를 싱싱한 풀과 아마로 대체하여 그 안에 들어 있는 성분을 섭취했다. 가축들이란 원래 마음 좋은 녀석들이기 때문에 자기들이 먹은 걸 고스란히 우리에게 넘겨준 것이다. 녀석들이 우리에게 품질 좋은 제품으로 돌려준 먹을거리는 우리 몸에서 아주 잘 소화되었다.

참고로 이 실험 덕분에 알게 된 좋은 소식을 하나(어쩌면 가장 좋은 소식일 수도 있다) 소개한다. 우리는 '일반 제품'과 '풀과 아마를 먹인 제품'의 맛을 비교하는 실험도 진행했다. 전문 기관에 의뢰한 맛 비교 검사(전문가들이 독립된 작은 방에 한 명씩 들어가 서로 다른 제품을 맛본다)에서 '오메가3'가 풍부한 제품이 맛도 뛰어나다고 판정받았다. 맛 비교 결과는 2002년 실험 결과를 실은 논문에 함께 수록했다.

실험 첫 단계는 매우 훌륭했다. 우리가 전통방식으로 가축을 기를 때(풀과 끓인 아마인, 할아버지들이 말씀하시던 '쇠죽') 몸의 건강은 물론 미각의 기쁨까지도 누릴 수 있었기 때문이다.

이 실험을 하기 전까지는 먹이사슬을 뿌리부터 바꿔야 한다는 논리와 '건강을 위주로 생각하는 농업'이라는 콘셉트가 한낱 논리와 이론에 불과했다. 그런데 실험하고 보니 현실에서도 측정할 수 있었다. 측정뿐 아니라 영양소를 들판에서부터 몸속 세포의 구성 성분까지 따라다니면서 관찰하고 계측할 수 있다는 사실이 밝혀졌다.

건강한 젖소는 당뇨병을 물리치는 원군이다

먹이사슬이 인슐린 저항에 미치는 영향 측정

그로부터 2년이 흐른 뒤 당뇨병 전문가인 베르나르 슈미트 박사는 우리에게 다시 한 번 실험을 하자고 제의했다. 이번에는 자신의 병원에서 치료받는 당뇨병 환자들 중에서 지원자를 뽑자는 제안이었다. 우리는 첫 실험에서처럼 학술위원회를 구성하여 영양연구교육센터와 프랑스 농학연구소와 공동으로 협약서를 마련했다.

2002년부터 2006년까지 학술지 《OCL》에 발표된 이 실험 역시 놀라운 결과를 보여준다. 이 실험에서는 '아마'를 먹은 가축에서 얻은 제품을 먹은 지원자들의 혈액 성분이 눈에 띄게 향상되었고,

석 달이 지난 뒤에는 당뇨병의 인슐린 저항 수치가 뚜렷하게 개선되었다. 수치 변화는 꽤 의미심장했다. 몇몇 치료용 약품을 복용했을 때만큼 효과를 본 것이다.

당뇨병과 인슐린 저항

당뇨병에는 두 가지 유형이 있다.

첫 번째 유형은 생성 과정에 문제가 있어서 인슐린이 제대로 만들어지지 않는 경우다. 하지만 요즘 아주 빠른 속도로 퍼져 나가는 당뇨병은 두 번째 유형에 해당한다. 두 번째 유형 당뇨병은 확실하게 식생활과 행동양식에서 생겨났다고 말할 수 있다. 현재 전 세계 인구의 2.8퍼센트가 당뇨를 앓고 있으며, 프랑스에도 당뇨병 환자가 200만 명이나 된다. 이들 당뇨 환자는 80퍼센트 이상이 두 번째 유형, 즉 환경 요인으로 생긴 당뇨에 해당된다.

당뇨병(해마다 300만 명이 당뇨로 사망한다)의 중심에는 '인슐린 저항'이 자리 잡고 있다. 췌장에서는 분명 인슐린을 제대로 만들어내는데 이 인슐린이 제대로 효과를 발휘하지 못하는 상태를 의미한다. 인슐린 저항이 생기는 원인은 여러 가지다. 하지만 어느 경우든 신진대사에 장애가 있기 때문이며, 그 장애의 원인은 대개 식습관에 있다.

이 새로운 실험에서도 모든 과정은 '블라인드'로 진행되었다. 서로 다른 집단에 속한 지원자들은 동일한 양의 먹을거리를 지급받았다. 물론 먹이사슬의 앞쪽에 위치하는 가축들의 사료만 달랐을 뿐이다. 이번 실험에서는 '끓인 아마'를 '실험 집단' 지원자들이 먹는 빵에도 넣었다. 고대 그리스에서 빵을 만들던(로마인들은 아마를 넣은 빵을 '그리스 빵'이라고 불렀다) 방식을 그대로 따라해본 것이다.

지원자들은 모두 흡족해했다. 우리는 3개월 동안 지원자들에게 하루에 버터 20그램, 치즈, 고기, 일주일에 달걀 10개를 지급했다. 3개월 뒤에 지원자들 혈액검사 수치는 몰라보게 좋아졌다. '인슐린 저항' 현상도 좋아지자 다시금 지원자들은 '먹는 즐거움'을 되찾았다.

예상하지 못했던 결과다. '건강식'을 먹은 집단의 지원자들 중에는 몸무게와 허리둘레가 줄어든 사람들도 눈에 띄었다. 놀라운 결과가 아닐 수 없었다. 당뇨와 비만이 밀접한 관련이 있다는 사실은 누구나 잘 알고 있다. 그렇지만 겨우 45명의 지원자들을 대상으로 실험한 탓에, 몸무게와 허리둘레 감소는 통계학적으로 의미 있는 결론을 끌어낼 수 없었다. 이 실험을 설명한 논문은 다음과 같은 말로 끝을 맺는다. "이 결과는 가축들의 섭생을 개선하여 인간의 영양 문제를 개선할 수 있다는 희망을 제시한다." 달리 말하면, 먹이사슬을 존중한다면 그러니까 가축을 제대로 먹인다면, 인간도 좀 더 건강한 삶을 누릴 수 있다는 것이다. 이는 우리의 확고한 신념이기도 하다. 대단히 이치에 맞는 말이면서도 지극히 평범한 신념이다. 하지만 그 평범한 것을 증명해보여야 했고, 현재의 먹이사슬은 이 '지극히 평범한 논리'를 무시한다는 사실 또한 증명해보여야 했다.

이보다 먼저 실시한 실험에서, 우리는 먹이사슬을 따라 영양소들이 어떻게 변화하는지 추적했다. 동물성 식품에 포함된 오메가3의 '생태 가용성'도 언급했다. 이는 상당히 논리적이다. 루시가 우리에게 사냥꾼 기질을 물려주었으니 당연히 그럴 수밖에 없다. 우리 몸은 목축으로 영양분들을 축적하고 저장하도록 프로그래밍되어 있다. 그러니 그 제품이 좋다면 금상첨화인 것이다! 하지만 이 말은 뒤집어서 생각하면, 먹이사슬이 왜곡되거나 오염되었을 경우에도 과잉으로 섭취한 영양분(이를테면 포화지방산이나 오메가6)이나 오염원(예를 들어 다이옥신)이 우리 몸에 쉽게 축적된다는 말이다. 상황이 이렇다 보니 우리 연구가 더 중요할 수밖에 없다. 먹이사슬을 뿌리부터 바람직한 상태로 돌려놓고 그 상태를 유지할 수 있다면, 생태계와 건강을 살펴볼 수 있는 '생태학적 상관관계'도 한눈에 드러날 것이다.

이번 실험에서 우리는 환자들의 식사 내용이 아니라 그 식사를 구성하는 제품(달걀, 버터, 고기, 빵, 치즈 등)의 생산방식을 바꿔서 환자들 상태가 좋아질 수 있음을 계량화해서 입증했다. 이러한 수치는 우리의 농업과 목축업, 건강을 따로 떼어놓을 수 없으며, 농업과 목축업이 개선될 경우 건강에 바람직한 영향을 준다는 것을 확실하게 보여주었다.

우리가 이 실험에서 측정한 긍정 효과는 좋은 사료를 먹은 젖소의 우유에 들어 있는 특별한 분자 덕분이었다. 이 특별한 분자는 오메가3가 풍부한 사료를 먹은 가축들만 만들 수 있는 분자다. 뤼시앵의 습관이 릴리의 건강에 지대한 영향을 끼치는 것이다!

우리는 이 실험으로 이제 비만과 먹이사슬의 관계에 대해 새로운 의문을 품어볼 수 있다.

들판 한 바퀴, 허리둘레 한 바퀴

먹이사슬이 비만에 끼치는 영향 측정

2002년에 '당뇨병' 연구가 끝날 무렵, 프랑스에서는 비만이라는 전염병이 기세를 떨쳤다. 이 신종 '전염병'을 물리치기 위해 야심만만한 정책들이 쏟아져나왔다. 그리고 이러한 정책들이 실패하리라고는 아무도 예상하지 못했다.

실험에 참가한 당뇨병 환자 지원자들과 토론하면서 또 다른 종류의 실험 계획이 싹텄다. 처음에 실험 협약서를 작성하고 실험에 참가할 지원자들을 모집하자, 단숨에 지원자들이 구름떼처럼 몰려들었다.

실제로 우리가 지원자들에게 요구한 것은 그때까지 영양 전문가들이 식단에서 완전히 빼버리라고 권유하던 종류의 음식을 먹으라는 것이었다. 이들은 의학적으로 볼 때 보면 비만 상태였지만 그다지 놀라운 일도 아니다. 앞에서 보았듯이 당뇨와 비만은 서로 관련이 있기 때문이다. 이들은 거의 모두 마가린, 그중에서도 오메가6가 풍부하고 피토스테롤이 강화된 마가린을 먹으라는 처방을 받았었다. 물론 콜레스테롤 수치를 낮춘다는 목적 때문이었다. 또한 지방 함량이 높은 치즈는 먹지 않았으며, 달걀과 고기의 섭취도 엄격히 제한했다. 실험 기간에 지원자들은 모두 몸무게가 줄어드는 경험을 했다. 하지만 감량 폭이 아주 작았으며, 그 현상이 식단의 질에서 기인한 것인지, 지원자들의 행동 양식('나는 협약서에 서명했다. 따라서 나는 내가 무엇을 먹는지 정직하게 관찰하고 감시해야 한다.')에서 기인한 것인지 구별할 수 있는 통계학 기법을 활용할 수 없었다.

실험이 끝나면서, 학술 토론과 결과 보고 논문을 작성하고 난 다음, 우리는 새로운 모험을 시작했다. 동물과 사람을 대상으로 먹이사슬과 비만의 연관성을 증명하자는 모험이었다.

2005년 우리는 프랑스 국립과학연구소CNRS의 지방조직발달연구소와 손을 잡았다. 이 공동 연구의 결과는 매우 수준 높은 논문으로 정리되어 2006년 《프로그레스 인 리피드 리서치》 학술지에 게재되었다. 제라르 아이요가 제1저자로 되어 있는 이 논문 작성에는 프랑스 국립과학연구소 소속 연구소 한 곳, 프랑스 농학연구소 소속 연구소 두 곳(필리프 르그랑이 이끄는 인간생화학연구소와 필리프 게네가 운영하는 지방의 뇌기능 조절 작용 연구소) 그리고 내가 이끄는 연구팀이 참가했다.

이 논문의 제목은 다음과 같다. "식용 지방의 시간에 따른 변화, 지방조직의 과도한 발달에 미치는 오메가6 지방산의 역할과 비만과의 관계".

이 책 앞부분에서 다룬 많은 내용들은 이 논문 작성을 계기로 진행된 작업에 토대를 두고 있다. 우리는 지난 40여 년간 가축과 인간의 먹을거리가 변화하면서 야기된 결과를 계량화하여, 우리가 먹는 음식에 함유된 오메가6와 오메가3 비율이 필리프 게네가 모유에서 발견한 비율과 정확하게 일치한다는 사실을 발견했다. 그리고 프랑스 국립과학연구소 연구팀은 이 비율의 변화가 실험실 동물들의 비만에 미치는 효과를 관찰했다.

현재까지는 틀림없는 상관관계를 증명하는 단계에는 이르지 못하고, 인과관계를 설명하는 단계에 머물러 있다. 어머니가 오메가6나 오메가3가 풍부한 식단을 따를 경우, 자녀가 성인이 되었을 때 비만이 되는지 그렇지 않은지를 관찰하는 실험은 앞으로도 윤리 문제 때문에 할 수 없을 것이다. 또한 캘리포니아 출신 시모어 데이턴 의사가 시행하여 1966년에 발표한 실험(콜레스테롤 수치를 낮추기 위하여 오메가6가 풍부하게 함유된 식단을 따른 지원자들이 뚱보가 되었음을 밝혀낸 실험)은 윤리와 경제 문제 때문에 다시 시도하기 힘들 것이다. 그러니 윤리위원회에서 인간 대상 실험을 허용하는 테두리 안에서 임상 실험을 하는 수밖에 없다.

우리는 공동 주제를 가지고 두 나라 이상의 연구진이 참여하면 지원해주는 '유레카' 프로그램으로 새로운 실험을 계획했다. 그 결과 2004년에 프랑스와 이스라엘 두 나라의 연구소에서 공동 실험을 진행할 수 있었다.

이스라엘 섭생 습관의 역설

'이스라엘 (섭생 습관의) 역설'은 흥미롭다. 이스라엘이란 나라는 전 세계에서 버터와 돼지고기 가공식품을 가장 적게 먹는 나라 중 하나다. 이스라엘의 식생활 관습은 유대교와 이슬람교 신자들에게 돼지고기 소비를 금한다. 유대교 섭생 계율은 한 끼 식사에 유제품과 고기류를 같이 먹는 것을 금한다. 따라서 사람들은 유제품인 버터 대신 마가린을 많이 먹는다. 그 결과 이스라엘은 서구 국가 중에서 동물성 지방보다 식물성 지방을 훨씬 많이 소비하는 유일한 나라가 되었다.

또한 이스라엘은 과일과 야채를 많이 먹는 나라로도 유명하다. 과일과 야채 소비량이 유럽 국가 평균 소비량보다 60퍼센트가량 높다. 말하자면 이스라엘인들은 지중해식 섭생방식을 따른다고 할 수 있다. 대부분의 매체에서 찬사로 가득 찬 바로 그 지중해식 식단 말이다.

- 엄청난 양의 과일과 야채.
- 소량의 육류, 그것도 대개는 흰 살코기.
- 버터와 돼지고기 가공식품은 없거나 극소량.
- 상당량의 곡물.

이스라엘인들은 평균 혈중 콜레스테롤 농도가 매우 낮으나 (1966년 데이턴 연구에서도 이미 드러났듯이) 피하조직 속에 포함된 오메가6 농도는 매우 높다. 예루살렘 출신 영양학자인 엘리엇 베리 교수는 예루살렘의 하다사 병원에서 수술받은 환자들의 지방 속에 포함된 오메가6 농도를 측정했다. 엘리엇은 자신이 작성한 논문 제목에서 '이스라엘 역설'이라는 용어를 처음으로 사용한 장본인이기도 하다. 그는 머리에 키파를 쓰고 다니는 독실한 유대인이다.

우리가 처음 만났을 때, 그는 부드럽게 미소 지으며 손가락으로 자신의 키파를 가리켰다. "혹시 알고 계신지 모르겠지만 난 세상에서 별로 믿는 것이 없습니다. 신과 오메가6와 오메가3 비율이 중요하다는 사실, 이 두 가지 정도만 믿습니다."

이스라엘인들의 피하조직은 30퍼센트 이상이 오메가6로 구성되어 있는데 이는 엄청난 양이다. 엄청나긴 하지만 이치에 맞는 결과다. 그들이 먹는 기름의 85퍼센트 이상이 콩기름이기 때문이다. 이스라엘 인들의 식탁 위에는 물론 다가불포화지방산이 듬뿍 함유된 올리브유도 간혹 오르거나 참기름(오메가6 비율이 특히 높은 기름)도 오른다.

결국 콜레스테롤 농도가 낮은 지중해식 식단을 따르는 이스라엘 인들은 전 세계에서 당뇨, 심장혈관계통 질환, 비만에 걸릴 확률이 가장 높다.

우리는 2004년에 연구 계획을 허용받아 실험 비용을 확보할 수 있었다. 실험 비용은 보건부, 연구개발부, 농업부에서 공동으로 지원했다. 또 하나의 상징적 의미는 임상 실험에 처음으로 지원한 사람들이 농부와 간호사 부부였다는 점이다. 농부와 간호사 부부는 분명 좋은 징조였다. 먹이사슬, 농업, 건강이라는 세 가지 요소가 하나의 상징임에 분명했다.

새로운 임상 실험 계획은 먼저 진행한 실험들과 다르지 않았다. 지원자들에게 동일한 열량과 동일한 양의 지방을 함유한 두 가지 식단을 제공한다. 차이점이라면 '실험 집단'의 식단에는 끓인 아마가 조금 들어가고 식단을 구성하는 동물성 식품의 성분이 다르다는 것이다.

'실험 집단' 지원자들은 달걀, 버터, 육류, 돼지고기 가공식품 같은 1960년대에 흔히 볼 수 있는 식단의 식품들을 지급받았다. 이 동물성 식품들은 '예전처럼' 오메가3가 풍부한 먹이를 먹고 자란 가축들에게 얻은 제품이었다.

'대조 집단' 지원자들은 1960년대식 버터 대신 2000년대식 마가린(해바라기 기름과 팜유를 위주로 하는 프랑스인들의 기름 소비 행태를 정확하게 반영하는 마가린)으로 바뀐 식단을 제공받았다. 동물성 식품 또한 옥수수, 콩, 유채를 위주로 한 사료를 먹고 자란 가축들에게 얻은 제품이었다.

병원에 갈 때마다 지원자들은 몸무게와 허리둘레, 허벅지둘레를 측정했으며, 체지방 측정을 위해 임피던스 저울에 올라갔다. 이들에게서 채취한 혈액 샘플은 곧 실험실로 보내졌고, 그곳에서 지방 성분, 혈당, 트리글리세리드, 콜레스테롤, 아미노기 전이효소 등 100여 가지 분석 과정을 거쳤다.

실험은 세 단계로 구성되었으며, 단계가 끝날 때마다 결과물이 축적되었다.

- 첫 번째 단계는 2주일 동안 지원자들을 뽑고 먹을거리를 지급하기 바로 전 기간을 가리킨다.
- 두 번째 단계에서는 3개월 동안 지원자들이 먹을거리를(그룹별로 다른 먹을거리) 지급받았고, 영양연구교육센터 소속 영양사들과 꾸준히 만나 영양에 관해 혹은 권장할 만한 식단에 대해 조언을 들었다.
- 마지막 세 번째 단계는 5개월 동안 먹을거리를 지급하지 않고 영양에 관한 조언도 하지 않았다. 식이요법을 지키는 동안에 의욕을 보이던 지원자들도 그 뒤에는 위기를 겪게 되고, 이 기간에 몸무게가 다시 늘어나는 예가 많았다.

첫 번째 단계에서 가장 눈에 띄는 숫자는 지원자의 수였다. 우리는 160명의 지원자를 뽑을 예정이었는데, 일주일 만에 1,000명이 넘는 지원자가 몰려들었다. 지원자들에게 날마다 버터 20그램(대조 집단은 마가린), 치즈 30그램, 돼지고기 가공식품, 고기, 일주일에 달걀 10개를 먹어야 한다고 지시했다. 이들은 이제까지 스스로 이 모든 음식을 먹지 않던 사람들이었다.

또 하나 눈에 띄는 특기 사항은 2주일 뒤로 예정된 영양사와 첫 만남, 첫 먹을거리 지급이 있기도 전에 이미 실험에 참가한다는 의욕으로 충만한 지원자들은 '실험 집단' 이냐 '대조 집단' 이냐를 떠나서 몸무게가 평균 2.5킬로그램 감소했다는 점이다. 이는 개인의 행동 양식이 섭취하는 음식의 질보다 우선한다는 증거로 볼 수 있다.

이렇듯 예측하기 어렵고 변덕스런 인간은 실험용으로 가장 나쁜 동물이다! 하지만 멀리 내다보면 개인의 행동 양식을 결정하는 성취동기 효과는 서서히 자취를 감추게 되는데 이는 완전히 다른 차원의 문제다(이 문제는 뒤에서 다시 이야기하겠다).

두 번째 단계에서는 40여 년 전 역학 전문가들과 마찬가지로 우리도 상관관계를 보여줄 통계 지표를 살폈다. '너의 세포를 구성하는 지방 성분이 무엇인지 말해주면, 난 네가 비만인지 아닌지 알려줄게.'

혈액의 성분과 비만 기준은 어떤 관련이 있을까?

미네소타가 낳은 유명한 역학 전문가 안셀 키스는 영양 기준과 건강 문제의 연관성을 측정하고자 '통계학적 상관관계' 라는 개념을 활용했다. 프레이밍햄 연구는 이 방법을 이용해서 심장혈관계통 질환과 통계학적으로 관련 있는 '위험 요소들' 을 추출해냈다.

우리가 진행한 실험을 보자. 우리는 지원자의 적혈구막 구성 성분을 조사했다. 이 구성 성분은 실험을 시작하기 몇 개월 전에 지원자가 섭취한 음식에 따라 달라진다. 아울러 우리는 지원자의 허리둘레, 허벅지둘레, 몸무게, 비만지수, 체지방지수 등을 측정했다.

따라서 적혈구막의 구성 성분과 비만의 기준 사이에 통계의 관련 고리를 찾을 수 있었다. 실험이 시작되기도 전에 벌써 흥미로운 첫 번째 상관관계를 찾았다. 비만인 지원자의 혈액은 비만이 아닌 지원자들의 혈액과는 매우 다른 양상을 보였다.

첫째, 오메가6와 오메가3 비율이 비만지수가 낮은 지원자들보다 두 배 이상 높았다. 둘째, 비만인 160명의 지원자들 가운데 적혈구의 오메가6 농도가 가장 높은 사람들이 비만 정도가 가장 심각했다. 반대로 오메가3가 높은 사람은 허리둘레와 허벅지둘레가 가장 가늘었고, 몸무게와 체지방 역시 가장 적었다.

비만(허리둘레, 허벅지둘레가 굵고 몸무게와 체지방이 많이 나가는 양상)과 가장 밀접한 상관관계에 있는 기준은 포화지방산과 오메가3의 비율이었다. 다시 말해서 혈액 속에 포화지방산과 오메가6가 많고 오메가3가 적을수록 비만 관련 수치는 올라갔다.

두 번째 단계가 끝날 무렵, 즉 90일이 지났을 때 지원자들의 혈액 성분은 완전히 달라졌다. 지원자들은 겉으로 보기에는 완전히 동일한 식품을 동일한 양만큼 먹었다. 결과는 다음과 같았다.

- '대조 집단'(현재 널리 통용되고 있으며 영양사들이 권장하는 식단대로 먹을거리를 지급받은 집단, 즉 버터 대신 해바라기 기름이나

팜유로 만든 마가린을 지급받은 집단)의 지원자들은 혈액 성분이 인체 측정 기준에서 불리한 쪽(허벅지둘레, 몸무게, 비만지수)으로 상관관계가 나타났다.

- '실험 집단'(먹이사슬을 거슬러 올라가 동물성 기름이 풍부하고 예전처럼 풀과 아마를 먹은 동물들로부터 얻은 식품을 지급받은 집단)에서는 혈액 성분의 변화가 비만 기준에 비추어볼 때 유리한 쪽으로 상관관계가 나타났다.

세 번째 단계에서는 지원자들이 마음대로 하도록 방치했다. 지원자들이 5개월 후 다시 몸무게를 재고 각종 검사를 받으면 모든 실험이 끝난다. 5개월이 지나 이들이 다시 왔을 때 '대조 집단'(현대식 섭생)의 지원자들은 처음 3개월 동안에는 몸무게가 줄어들었다가 다시 원래 몸무게를 되찾았다. 하지만 '실험 집단'(1960년대식 섭생)의 지원자들은 몸무게가 거의 늘어나지 않았다(늘어났어도 대조 집단과 비교하면 4분의 1 정도에 불과했다). 몸무게 감소가 '계속'되었던 것이다. 신진대사가 '더 깊이', 즉 간과 지방조직 수준에서 변화하여 '대조 집단'에서 관찰된 '요요 현상'을 억제했던 것이다.

두 집단 지원자들에게 결과를 알려주던 날은 영양학자로서의 내 경력은 물론 함께 연구에 참가한 모든 이들의 경력에 길이 기억될 만했다. 희망을 가지고 이 실험에 참가한 지원자들이 실험 결과를 보면서(물론 이들은 어느 집단에 속했는지 알지 못했다) 저마다 꾸준히 그리고 걱정 없이 문제를 해결할 방법이 있다는 만족스런 표정을 지었을 때, 우리는 이 실험이 성공했다는 것을 깨달았다.

몸무게 감소, 특히 '요요 현상'이 나타나지 않았음을 설명하려면 앞으로도 무수히 많은 토론(그리고 이 실험을 보완할 만한 다른 실험들)을 해야 할 것이다. '실험 집단'에서만 관찰된 간의 지방 분해(아미노기 전이효소로 측정했다)와 지방조직의 변화가 분명히 이러한 성공의 주된 요인일 것이다.

앞으로 벌어질 학술 토론은 차치하고라도, 우리는 '꾸준히 발전할 수 있는 농사방식'이 꾸준히 몸무게를 줄일 수 있다는 사실을 입증했다. '꾸준히 발전할 수 있는 농사방식'이란 생태계와 동화되어, 최대한 많은 사람들에게 미래의 세대까지도 생각하는 건강하고 생태계와 잘 어울리는 먹을거리를 생산해내는 방식을 일컫는다. 꾸준한 몸무게 감소란 열량을 약간 줄인 식이요법 과정을 일정 기간 지킨 뒤에도 몸무게가 다시 늘어나지 않는 상태, 즉 요요 현상이 없는 상태를 가리킨다. 신체 각 기관이 조화롭게 기능할 때 얻어질 수 있다.

이 두 가지는 분명 밀접한 관련을 맺는다. 여러 실험으로 얻은 수만 가지 자료에서 신체의 조화는 먹이사슬의 조화로 얻어진다는 것을 입증한다. 또한 우리는 비만과 과체중이 빠르게 확산되는 문제에 대해 영양학적이며 친환경적인 해답이 분명히 있음을 입증했다.

어째서 비만이 폭발적으로 늘어나는 것일까?

사소해 보이는 여러 원인이 피할 수 없는 엄청난 결과를 낳는다

첫 장에서 우리는 섭생, 생태계, 우리 몸을 구성하는 유전자 사이의 상관관계를 설명했다.

둘째 장에서는 우리의 소비방식, 생산방식이 유전자와 먹을거리, 필요 열량과 실제 소비 열량 사이에 점점 더 괴리를 만들어가는 현실을 설명했다.

오메가6, 포화지방산, 흡수가 빠른 당분이 지방조직의 발달에 미치는 영향에 대한 최근의 학술 자료들은 비만, 그중에서도 특히 어린이 비만이 확산되는 기제에 대해 논리적 설명을 제시한다.

먼저 양적으로 볼 때,

- 과거보다 몸을 덜 움직이기 때문에 우리에게 필요한 열량은 줄어들었으나 우리가 섭취하는 열량은 그다지 줄어들지 않았다. 그러므로 비축될 운명에 놓인 '과잉 열량'이 생겨나기 쉽다.
- 몸에서 흡수되는 속도가 빠른 당분, 즉 인슐린 분비를 촉진하는 당분 섭취가 눈에 띄게 증가했다.
- 같은 기간에 프로스타글란딘 PG12를 만들어내는 오메가6의 소비가 엄청나게 증가했다. 그러므로 지방조직은 지방세포의 수를 늘려 남아도는 열량을 흡수한다.
- 포화지방산의 소비도 눈에 띄게 증가했다(특히 팜유나 캐비지야자

유, 코프라 기름, 수소 첨가 기름 등 식물성 기름 소비가 늘어나면서 증가했다). 이렇게 되면 각 지방세포의 크기도 커진다. 지방세포의 수를 늘리고, 그 크기까지도 자라나게 하는 먹을거리를 대량으로 소비하기 때문에 비만이 확산되는 것은 오히려 당연한 일이다.

오늘날 우리가 맞닥뜨린 식생활의 혼란은 '영양학적 원인'으로 생겨나는 신종 질환들에서 짐작할 수 있다. 제1차, 제2차 세계대전 뒤에 역학 전문가들은 의욕은 넘쳤으나 우리를 올바른 길로 안내하지 못했다. 들판과 축사의 환경은 변하고, 값싼 제품을 대량으로 공급하려고 말레이시아와 아마존 강 유역의 삼림을 훼손했다. 제약업계는 새로운 시장을 확보하여 먹이사슬의 변화가 낳은 각종 문제들을 뿌리부터 해결하기보다 임시방편의 약을 파느라 열을 올리는 것이 현재 모습이다.

지난 40여 년 동안 계속된 콜레스테롤과의 전쟁은 부작용을 일으켰다. 콜레스테롤 수치를 낮추는 약은 몇몇 거대 제약회사들과 농가공업체에게 엄청난 이익을 안겨줬으며, 의료계에서는 버터를 비롯한 동물성 지방 대신 식물성 마가린을 권장하기에 이르렀다. 1948년부터 시작된 식생활의 의료화 현상은 오늘까지도 계속되고 있다.

포화지방산이 많다는 이유로 버터 대신에 어이없게도 버터만큼이나 포화지방산 또는 수소 첨가 지방(특히 오메가6), 때에 따라서는 트랜스지방산이 많은 (팜유라는 식물성 기름을 원료로 만든) 마가린을 권유했다. 덕분에 콜레스테롤 수치는 확실히 내려갔다. 콜레스테롤의 수치는 낮아졌을지 몰라도 다른 문제는 하나도 해결되지 않았다.

최근 반세기 동안 일어난 식생활방식의 변화는 아마도 지난 2,000년 동안 일어난 변화보다도 훨씬 과격하고 결코 돌이킬 수 없는 변화다.

이제 점심을 먹느라고 두 시간씩 보내는 일은 없을 것이며, 젖소 다섯 마리쯤을 기르며 손으로 젖을 짜는 농가도 볼 수 없게 되었다. 내일이면 동네 건물 모퉁이마다 자리 잡고 있던 토끼장이나 텃밭, 닭장 같은 건 완전히 사라져버릴지도 모른다. 농업의 변화, 농가공업의 변화는 실용성, 시간 절약, 비용 절약이라는 관점에서는 모두에게 이익이었지만, 이제는 어느 누구든 손을 대기 어려울 정도로 비대해졌다.

나날이 밝혀지는 학술 지식의 대중화로 누구나 영양과 건강 사이에 밀접한 관계가 있다는 데 이의를 달지 않는다. 우리의 실험만 보더라도 식물의 생산, 동물의 영양, 인간의 건강 사이에는 밀접한 연관성이 있다는 사실을 입증하는 데 도움을 주었다. 우리는 분명 해결책도 입증해 보였다. 10년에 걸쳐 우리 연구에 참여한 의사, 학자, 농업공학자들은 너 나 없이 영양-예방-건강을 위한 장기 정책을 세워야 한다고 입을 모은다.

비만의 확산은 기세가 자못 대단하다는 점에서 무척 우려된다. 비만에 대한 분석이 개인의 행동 양식에서 비롯되는 문제와 사회 집단의 문제를 마구 혼동한다는 데서 흥미로운 양상을 보인다.

먼저 비만을 설명하는 가장 손쉬운 방식인 '양의 문제'를 보자.

'우리는 점점 더 많이 먹으면서 점점 덜 움직인다.' 옳은 말이다. 하지만 이것만으로는 충분하지 않다. 영국의 경우, 1인당 평균 2,020킬로칼로리를 섭취하던 시절인 1985년에 비만율은 11퍼센트였다. 그런데 1990년에는 1인당 섭취 열량이 1,870킬로칼로리로 떨어졌으나 비만율은 15퍼센트로 증가했다. 1999년에는 1인당 섭취 열량이 1,690킬로칼로리였으나 비만율은 19퍼센트로 껑충 뛰어올랐다.◆

프랑스도 이와 비슷하다. 1965년부터 1994년까지 섭취 열량은 23퍼센트 줄어들었으나 같은 기간에 비만율은 두 배로 늘어났다.◆◆ 프랑스인들의 소비 양태를 자세히 살펴보면, 동물성 기름이 비만의 원흉인 것처럼 내세우는 분석은 잘못되었음을 알 수 있다. 1985년 이후 동물성 기름의 소비는 꾸준히 하강 곡선을 그리고 있기 때문이다.

그렇다면 왜 점점 더 조금 먹는데도 점점 더 뚱뚱해지는 걸까? 물론 평균 수치라는 것은 사회집단 사이에 존재하는 심한 편차를 충실하게 반영하지 못한다. 실내에 틀어박히는 경향이 점점 늘어나는 것도 사실이다. 또 소비자 설문 조사는 관점에 따라 달라지게 마련이다. 그런데도 섭취 열량의 감소와 비만의 증가가 동시에 일어난다는 사실은 매우 놀랍다. 우리가 소비하는 열량은 1950년 이래 눈에 띄게 줄어들었다. 하지만 1980년부터 2000년 사이에

◆ 수산업과 소비자 영양부 조사 및 2003년 OECD 조사 결과.

◆◆ 페키뇨 F.와 당제품소비홍보협회(Aspcc) 공동으로 진행한 연구.

우리가 사는 방식이 굉장히 많이 바뀐 것 같지는 않다. 이동 수단의 기계화나 실내 작업의 보편화는 이미 1980년에도 널리 확산된 상태였다.

그러므로 오늘날 가장 널리 확산되어 있는 설명은 설득력이 약하다. 비만을 해결하는 유일한 방법으로 우리의 섭생방식을 바꾸어야 한다는 논리도 그것만으로는 충분하지 않다. 어쩌면 지금도 지나치게 많이 먹는(우리에게 실제 필요한 열량보다) 것일 수 있으나 양보다는 질의 변화(달콤한 군것질거리를 시도 때도 없이 먹는다거나 같은 음식이라도 예전과는 성분이 달라졌다거나)가 오히려 과잉 열량을 더 많이 축적한다고 인식해야 한다. 과잉 열량은 대부분 지방으로 변해서 몸에 쌓이게 마련이다.

최근 몇십 년 사이에 일어난 일련의 변화들을 살펴보면 자연히 걱정스런 마음이 생긴다. 우리는 식생활과 건강의 상관관계를 입증하고 그렇게 되는 까닭을 설명했다. 하지만 그 설명으로부터 확실한 결론을 이끌어내지는 못했다. 거기에는 여러 가지 이유가 있다. 영양에 관한 정보 부족, 식생활의 의료화, 현재 우리의 섭생방식이 주변 생태계에 미칠 영향에 대한 무지, 공중 보건보다 오히려 경제 논리를 앞세우는 풍토 등 이유는 수도 없이 많다.

이렇듯 무관한 듯이 보이는 여러 현상이 쌓이면 엄청난 파괴력을 발휘한다. 현재 이 같은 상황은 자못 심각하다. '신종 질환'은 나날이 늘어가고, 비만은 빠른 속도로 확산되며, 건강보험의 적자는 눈덩이처럼 불어난다. 농부들은 대규모 단일 경작의 확산으로 인한 농산물 가격 폭락과 품질 저하 등으로 고통 받으며, 부가 가치를 높일 만한 다른 방식을 보장받을 수 없어 괴로워한다.

한편으로는 소비자의 행동 양식이 질적으로 변화되고, 다른 한편으로는 먹이사슬의 앞 단계에 위치한 생산자의 행동 양식이 질적으로 변화되어야만 문명병이라고 하는 신종 질환, 특히 점점 더 어린 나이에 나타나는 소아 비만 문제에 대해 누구나 납득할 만한 해답을 얻을 것이다.

그렇다면 내일은 우리의 먹이사슬이 어떤 모습을 할 것인가? 농가공업체와 제약업체가 벌이는 대결에서 승자는 과연 누가 될 것인가? 이 대결의 와중에서 농부와 소비자는 어떤 위치를 차지할 것인가?

미래를 예측하기란 어렵다. 하지만 상상은 해볼 수 있다. 나아가 우리가 꿈꾸는 미래를 만들려면 꾸준하게 해결책을 제안해볼 수도 있다.

네가 제대로 실천하겠다고 약속하면, 나는 네게 그 해결법을 전수할게

3

내일의 올바른 섭생을 위해서는 무엇이 필요한가?

먹는 즐거움을 배제하지 않으면서 열량도 충족시켜주는 식사

먹는 즐거움을 복권시키지 않는 식이요법은 절대 성공하지 못한다

군것질은 절대 금물!

우리가 너무 많은 양을 먹는지는 확실하지 않다. 하지만 너무 자주 먹는 것만은 틀림없다.

2002년 '당뇨병' 연구를 했을 때, 설문지를 분석하면서 지원자들의 행동 양식에서 무척 흥미로운 사실을 발견했다. 지원자들(비만과 당뇨병 환자들)은 몸무게가 감소했고, 이들은 '삶의 질'이라는 항목에서 요즘처럼 먹는 즐거움을 느낀 적이 없으며, 예전보다 훨씬 많이 먹는 것 같은데도 몸무게는 감소한다고 답했다. 지원자들의 답변을 세세하게 분석해보면, 이들은 실험을 하기 전까지는 늘 느끼던 허기지다거나 뭔가 결핍된 것 같다는 느낌을 조금도 받지 않았다고 했다. 이는 이번 실험에서 지원자들이 예전에 따르던 식이요법에서는 금지하던 식품들을 먹되 식사가 끝난 지 두 시간 만에 군것질을 해서 쓸데없는 열량을 섭취하는 일은 금지시킨 결과였다. 군것질로 당분 몇 그램이 몸속으로 들어오면, 인슐린 분비가 절정에 달하기 때문이었다.

비만의 원인 중에서 섭취하는 음식의 질에서 비롯되는 비만과 섭생방식에서 비롯된 비만을 구분하기란 쉬운 일이 아니다. 요즘 들어 식사 시간이 짧아진 것은 확실하다. 그렇다고 해서 먹는 시간이 줄어들었다고는 볼 수 없다. 군것질이 현대 생활에서 새로운 섭생으로 자리 잡은 데다 그 비중도 꽤 크기 때문이다. 사탕이며 과자를 파는 자동판매기가 기차나 지하철역 등 도처에 즐비하다. 주유소에도 계산대 바로 옆에 사탕이며 껌을 파는 판매대가 있어 자동차에 기름을 가득 채우는 동시에 몸 안에 인슐린도 가득 채우게 된다.

이는 대단히 심각한 일이다. 루시에게 물려받은 신진대사 기제는 당분이 몸 안에 들어오면, 비축 지방 연소를 멈추고 이 당분을 처리하도록 되어 있다.

단맛이 나는 음식(설탕 대용품도 마찬가지다)을 먹을 때마다 우리 몸은 매 끼니 사이에 신체 각 기관에 열량을 공급하여 소리 없이 열량을 소비하는 기제를 멈춘다.

기름지거나 단맛이 나는 것을 먹을 때마다 열량 소모가 멈추는 것은 물론 몸 안으로 들어온 보충 열량은 몸 안 구석구석에 저장된다. 게다가 거의 모든 군것질거리가 그렇듯이 흡수가 빠른 당분과 수소 첨가 지방이 가득 함유된 것들이다. 그런 식품을 먹는다면, 그 결과는 보지 않아도 뻔하다(간식으로 통밀빵 조각에 신선한 목초를 배불리 뜯어먹은 소젖으로 만든 버터를 발라 먹거나 다크초콜릿 두어 조각을 먹던 옛날이 그립다).

우리 몸은 군것질거리를 늘 입에 달고 사는 요즘 같은 생활방식에는 적응하지 못한다. 그러므로 각자 생활습관을 바꾸어야 건강과 더불어 날씬한 허리를 되찾을 수 있다.

먹는 즐거움도 선사하고 영양도 좋은 식품이라면 얼마든지 환영!

생활습관을 바꾸는 것이 어려운 일이라면 식품의 질이라도 높여야 한다!

|

영양학회에 나가보면, 학회장 안에서나 휴식 시간에 복도에서 서성거릴 때 혹은 식당에서 점심 식사를 하면서, 식생활 문제를 고스란히 접하게 된다. 예를 들어 비만에 걸린 영양학자도 많고 거식증으로 고생하는 영양학자도 적지 않기 때문이다. 전문가들이 모인 곳이라고 해서 사정이 크게 다르지 않다. 전문가들이 사용하는 체질량지수$_{IMC}$도 일반인 평균치와 큰 차이가 없다. 영양학자들이라면 누구나 인슐린, 카테콜아민, 글루카곤 같은 명칭은 물론 기능까지도 완벽하게 알고 있다. 그런데도 이들은 휴식 시간이면 지방분 함량이 20퍼센트가 넘는 과자를 집어먹는다.

내 말이 어느 정도 과장된 건 사실이다. 그렇다고 심하게 과장된 이야기는 아니다. 이 같은 과장 섞인 이야기는 영양학 교육이 모든 문제를 해결해주지 않는다는 사실을 강조하기 위함이다.

영양학회에 참석하는 학자들이라면 누구나 오전 10시 무렵 지방분과 당분이 가득 들어 있는 과자를 집어먹는 것이 건강에 좋을 리 없다는 사실 정도는 잘 알고 있다. 그렇지만 영양학 박사 학위를 가진 자라도 이따금씩 달콤한 초콜릿이 들어 있는 과자를 먹고 싶다는 유혹을 물리칠 수 없는 것이다. 군것질거리들은 대체로 몸에 흡수가 빠른 당분과 포화지방산, 트랜스지방산 덩어리라서 쓸데없이 열량만 더해준다는 사실을 잘 알아도 사정은 달라지지 않는다. 그러니 먹는 즐거움을 엄격하게 통제하지 못한다고 소비자들에게 괜한 죄책감을 주며 나무라는 것만이 비만이나 과체중 문제를 해결하는 유일한 해결책이 되어서는 안 된다.

식습관 개선은 중요하다. 하지만 그 하나만을 고집할 것이 아니라 어디까지나 식품의 질을 개선하려는 노력과 함께 실천되어야 한다. 인간은 쾌락을 추구하는 동물이다. 입맛에 맞고 영양이 풍부한 식품들로 구성된 한 끼 식사는 건강한 식생활의 토대가 된다. 이런 식사를 정해진 횟수만큼 규칙적으로 먹는 것은 기쁜 일이다.

먹는 즐거움을 주는 음식과 영양을 생각하는 음식을 따로 떼어서 생각하는 것은 재앙에 가깝다. 바로 그러한 사고방식이 콜레스테롤과 관련한 신화를 만들어냈다. 동물성 지방은 맛은 있지만 건강에는 나쁘며, 심장혈관계통 질환에는 끔찍한 결과를 낳는다는 그릇된 믿음을 갖게 했다.

우리의 연구는 이 같은 흑백논리가 지니는 약점을 밝혀내는 데 어느 정도 기여했다. 하지만 1960년대부터 서서히 정착된 그 같은 논리는 21세기 초인 현재까지도 군림하고 있다. 저명한 두 명의 영양학자가 최근 펴낸 책을 보았더니 현재 시장에서 판매되는 식품들을 샅샅이 분석하고, 이 식품들에 부착된 구성 성분 분석표를 일반인들이 이해하기 쉬운 말로 차근차근 설명해놓았다. 하지만 불행하게도 이들은 마지막에 가서 '맛있는 음식을 먹는 즐거움'을 주는 식품과 '영양이 풍부한' 식품을 구별하는 돌이킬 수 없는 오류를 범했다.

유감스러운 일이다. 만일 '즐거움'이라는 단어가 '영양'과 붙어 있었다고 해도 크게 다를 것은 없다. 혀끝의 즐거움을 추구한다는 죄책감과 영양이 많으면 맛이 없다는 서글픔을 구별하는 이 같은 이분법적 태도는 소비자들에게 혼란을 주고 비만 퇴치를 위해 온 힘을 쏟는 모든 사람들에게 절망감을 줄 뿐이다. 비만 전문가들은 이미 오래전부터 즐거움과 건강을 서로 반대 위치에 놓는 모든 시도는 곧 실패한다는 사실을 잘 알고 있다.

내 아버지는 65세에 심근경색이 발병해 심장병 전문의로부터 식사 때마다 보르도산 포도주를 두 잔씩 마시라는 처방을 받았다. 그 후 아버지는 이 심장병 전문의의 처방을 철저하게 지키셨다. 우리 집에 오실 때면 이따금씩 루아르 지방이나 다른 지방의 포도주도 권했으나 아무 소용이 없었다. 의사 처방은 '보르도산' 포도주였다! 군 출신인 데다 알자스 지방 출신 조상들로부터 규율 준수 정신까지 물려받은 아버지는 곧이곧대로 처방을 준수했다.

왜 하필 보르도산 포도주였을까? 두 그룹의 낭시 지역 노동자들을 대상으로 실시한 기초 연구 자료 때문이었다. 이 연구가 보르도 포도주업자들에게는 큰 행운을 가져다주었음은 두말할 필요도 없다. 두 그룹 중에서 한 그룹은 맥주를 마시고, 다른 그룹은 포도주를 마시도록 했다. 연구를 보면, 맥주를 마시는 그룹은 포도주를 마시는 그룹보다 심장혈관계통 질환에 훨씬 민감한 반응을 보였다. 프랑스 북부 로렌 지방 노동자들이 남서부 보르도 지방에서 생산되는 명성 높은 포도주를 자주 마셨을 리는 없다. 하지만 식도락으로 유명한 남서부 지방하면 떠오르는 모습에 포도와 포도주를 숙성시키는 참나무통에서 나오는 타닌산이 지닌 산화방지 기능이 첨가되어 보르도산 포도주를 마시면 심장 건강에 이롭다는 설이 만들어진 것이다. 물론 보르도 포도주 생산업자들에게는 나쁘지 않은 일이다. 그리고 건강을 위해 식사 때마다 질 좋은 포도주를 조금씩 마시는 기쁨을 누린 내 아버지에게도 좋은 일이었다. 만일 심장 전문의가 그보다 덜 즐거운 처방을 내렸더라도, 아버지가 그토록 철저히 그 처방을 준수했을지는 알 수 없다.

맛있는 식사를 하는 즐거움이 동반되지 않는 한 섭생 변화는 결코 오래갈 수 없다. 오히려 식사를 통해 다양한 즐거움을 얻을 때에 식생활방식을 바꿀 수도 있고 군것질도 줄일 수 있다. 식탁에 앉아 식사를 하는 즐거움은 한 가지로 설명될 수 없다. 이는 음식의 맛과 여럿이 먹는 즐거움을 동시에 선사한다.

우리 연구팀은 마케팅 교수인 모하메드 메르디와 프랑스 국립과학연구소 소속 사회학자인 클로드 피슐러와 공동으로 1,000장의 설문지를 토대로 요리에 관한 프랑스어 어휘를 작성했다. 이

어휘들을 답변 빈도가 높은 순으로 정리하면, 다음과 같은 네 개의 대표군으로 분류될 수 있다.

- 먹이사슬 관련 어휘(시골, 농장, 시장, 생산업자 등)
- 여럿이 모이는 잔치 관련 어휘(맛, 전통, 가족, 친구, 시간, 고기찜, 곰국 등)
- 식사 순서와 식재료 관련 어휘(전채, 주 요리, 후식, 생선, 치즈 등)
- 먹이사슬 관련 어휘와 열쇠말을 공유하는 건강 관련 어휘(천연의, 유기농의, 균형 잡힌, 건강한, 지중해식 등). 영양학 전문 용어(탄수화물, 지방, 단백질, 무가당, 탈지방 등)는 그다음에야 등장한다.

요즘 우리는 매우 분주한 점심시간을 보낸다. 자동차를 타고 이동하거나 줄을 서서 기다리는 시간이 꽤 많은 점심시간을 갉아먹기 때문에 친구들이나 직장 동료들과 실제로 식사하는 시간은 줄어들 수밖에 없다. 그러니 편리함 때문에라도 이따금씩 패스트푸드를 먹지 않을 수 없다.

그런데 소비자란 참으로 복잡한 존재이다. 점심에 맥도날드를 먹고, 저녁이면 또 아무렇지도 않게 슬로푸드인 '신토불이 건강식'을 먹는다. 이 두 가지는 상호보완 관계다. 메르디와 피숄러의 설문지를 분석하면, 소비자들의 실제 행동보다 그들이 희망하는 행동이 훨씬 두드러진다. 군것질을 아예 하지 않거나 줄여야겠다고 말하는 것과 실제로 그것을 행동으로 옮기는 일은 별개다. 물론 영양에 관한 교육은 반드시 필요하다. 하지만 그 교육이 먹는 즐거움을 대체하는 수단으로 이용되어서는 효과를 볼 수 없다.

'즐거움'을 주는 요리, 신토불이 먹이사슬의 요리, 건강 지킴이 구실을 하는 요리처럼 이를 표현하는 어휘에 나타나는 건강과 즐거움은 미래를 낙관하게 해준다. 즐거움과 건강을 연결 짓는 새롭고 꾸준히 발전할 수 있는 식습관을 만들어나가는 일이 얼마든지 가능하다는 희망을 주기 때문이다. 다시 한 번 강조하지만, 즐거움과 건강을 따로 떼어놓고 생각해서는 안 된다. 한 끼의 '좋은' 식사는 군것질로부터 우리를 지켜주는 가장 안전한 보루다. 군것질은 충분하지 못하고, 그래서 만족스럽지 못한 식사를 보충하려는 몸짓이기 때문이다.

요즘 들어 부쩍 유럽연합 차원에서 다뤄야 할 정책이나 행정 지침, 영양 성분 분석표 의무 부착 등이 거론된다. 쏟아지는 각종 제안들 가운데 식품에 형형색색 스티커를 붙이자는 제안도 있다고 한다. 예를 들어 지방이나 당분이 지나치게 많이 함유된 '나쁜' 식품에는 빨간색 스티커, 중성 식품에는 오렌지색 스티커, '좋은' 식품에는 연두색 스티커를 붙이는 식이다. 그런데 가장 중요한 문제인 오메가6와 오메가3 비율을 정직하게 공개해야 한다는 제안은 어디에서도 찾아볼 수 없다.

영국에서는 이미 이 같은 지침이 어느 정도 실행되고 있으며 반응도 좋다고 한다. 적어도 지금까지는 그러하다. 덕분에 빨간색 스티커가 부착된 식품 판매는 40퍼센트나 감소했다고 한다. 하지만 소비자들이 정부의 행정 지침 관점에서는 적절하지만 맛이라고는 없는 식품들을 사는 데 싫증이 나기 시작하면, 그때는 어떻게 될까? 다이어트 끝에 '요요 현상'이 일어날 것이 불을 보듯 뻔하다. 어쩌면 그 같은 방침을 시행하기 전보다 상황은 더 나빠질 수도 있다!

어쨌거나 금지 위주의 정책은 적어도 지난 20여 년간 존재해왔다. 친구 한 명이 직장에서 으레 하는 검진을 위해 의사를 찾았다가 버터와 돼지고기 가공식품 섭취를 금하라는 충고를 들었다고 털어놓았다. 이유가 뭐냐고 묻자, 친구는 이제 나이가 50세에 접어들었기 때문이라고 대답했다. 하지만 그 친구는 아픈 데도 없고 과체중이나 고혈압 같은 문제도 없는 친구였다. 그러니까 그 의사는 일정한 나이가 된 사람들에게는 '몸에 나쁘다고 알려진 동물성 지방'이 많이 들어 있는 식품을 금하는 것이 바람직하다고 판단한 것이었다.

여럿이 먹는 즐거움과 전통 존중이라는 개념까지도 포함한 균형 잡힌 식단을 원하는 사람이라면 이런 충고는 귀담아 들을 가치가 없다. 식품 자체를 놓고 '나쁘다' 또는 '좋다'고 낙인찍는 것은 영양학에서 볼 때 부조리 그 자체다. 지난 40여 년간 포화지방산, 단일불포화지방산 오메가3가 풍부한 동물성 지방을 포화지방산 또는 오메가6가 다량으로 함유된 식물성 지방으로 대체하라고(그 때문에 어떤 결과가 생겨났는지는 위에서 상세히 살펴보았다) 강조한 것은 바로 이러한 흑백논리였다.

이 같은 흑백논리야말로 비만이라는 전염병이 창궐하게 된 주요 원인 중 하나라고 할 수 있다. 비만을 치료하려고 똑같은 방식을 사용(이번에는 빨강, 연두, 오렌지색 등 색상을 들여왔다는 차이가 있다) 하면서 좀 더 압박 강도를 높인다는 건 말도 안 되는 소리다.

식품에 도입한 '삼색 경보' 방식은 해당 식품에 들어 있는 소금, 당분, 지방의 양을 측정하는 방식이다. 이 세 가지 요소 중에서 어느 한 가지라도 많이 들어 있으면 빨간색 스티커를 받게 된다. 그런데 이 경우 영양학을 다룬 교육에서 어처구니없는 일들이 벌어질 가능성도 빼놓을 수 없다. 예를 들어 코카콜라 라이트는 연두색 스티커, 신선한 우유는 빨간색 스티커를 받을 수밖에 없다. 내가 코카콜라 라이트에 대해서 특별히 반감을 가지고 있는 건 아니지만, 그래도 이건 아니지 않은가! 아, 정말 어쩌다 이렇게 서글픈 세상이 되었단 말인가!

돼지나 소의 섭생방식을 바꾸는 것이 그 돼지나 소로부터 먹을거리를 얻는 환자들의 섭생방식을 바꾸는 것보다 훨씬 쉽다고 말한 베르나르 슈미트 박사는 정말로 뛰어난 직관의 소유자이다. 뿐만 아니라 그는 건전한 상식을 바탕으로 환자들의 고민을 함께 나누고 이해한다.

비만 환자나 거식증 환자를 대하면서 터득한 베르나르 슈미트 박사의 직관력은 환자들에게 익숙한 전통 섭생방식을 적용하면서도 과체중을 방지할 방법이 반드시 있을 거라는 믿음을 준다.

굳어버린 사고방식을 가진 식품원리주의자들을 제외하면, 누구나 달콤하고 바삭거리는 과자와 여럿이 기분 좋게 마시는 반주 한 잔의 유혹에 넘어가는 것이 당연하다. 그러니 어차피 먹을 수밖에 없는 식품이라면 빨간색이나 오렌지색 스티커가 붙어 있다는 이유로 먹으면 큰일 날 것처럼 독약 취급할 것이 아니라, 모든 식품의 품질을 향상시키는 편이 훨씬 바람직하다.

만일 식품에 갖가지 색깔의 스티커를 붙여서 소비자들의 구입 습관에 영향을 줄 수 있다면, '흡연은 죽음으로 이끈다'는 무시무시한 경고문이 붙어 있는 담배 같은 기호식품은 벌써 오래전에 이 세상에서 자취를 감추었어야 마땅하다.

식품을 독약이나 악마 보듯 하는 태도나 그런 식품을 먹는 소비자들에게 죄책감을 잔뜩 심어주는 태도는 거의 같다고 볼 수 있다. "그러니까 좋은 식품을 잘 골라서 먹으라고 했잖아!"라는 비난이 따르게 마련이다. 그러다보면 소비자들에게 먹어도 좋은 것, 먹으면 안 되는 것들을 끊임없이 주입하게 된다. 소비자들은 땅에서 생산된 향긋하고 먹음직스러운 온갖 먹을거리를 가득 적은 목록을 가지고 기대에 부풀어 토요일에 장을 보러 가는 것이 아니라, 연두색과 오렌지색 스티커가 붙은 식품을 구입하라는 처방전을 들고 불안한 마음으로 슈퍼마켓에 들어서게 되는 것이다.

이런 생각을 할 때마다 식생활방식이 변화해가는 양상을 관찰하는 것을 업으로 삼는 나는 청소년기에 봤던 SF 영화를 떠올리게 된다. 콩으로 만든 요구르트에는 연두색 스티커, 젖소 우유로 만든 요구르트에는 빨간색 스티커를 붙이는 방식은 영화 〈소일렌트 그린Soylent green〉(인구 과잉으로 사람들은 굶주림과 병에 시달리고, 먹을거리는 모두 사라져버린 2022년 지구의 암울한 미래를 그린 SF 영화로 1973년 미국에서 만들었다—옮긴이)에서와 다르지 않다.

프랑스인의 70퍼센트는 '먹는다'는 것은 즐거움이라고 답했으며, 이중에서 55퍼센트는 '먹는다'는 것을 '다른 사람과 더불어 좋은 시간을 갖는 것'이라고 덧붙였다. 45퍼센트는 이와 동시에 '건강을 위해서도 중요하다'고 답했다.

이렇듯 즐거움과 건강이라는 개념이 붙어 있다면, 어째서 우리는 굳이 '좋은 식품', '나쁜 식품'으로 구별하여 제약회사식 관점을 강요받아야 하는 것일까? 진정한 의미의 영양 교육은 '좋은 식품', '나쁜 식품'을 칼로 무 썰듯 딱 잘라 구분하는 것이 아니다. 더구나 오직 몇몇 영양소의 함유량이 그와 같은 구분을 결정하는 유일한 기준이라면 더더욱 찬성할 수 없다.

물론 건강에 매우 위험한 몇몇 식품은 반드시 금지해야 한다. 예를 들어 덴마크(최근 뉴욕 시에 있는 식당에서도 덴마크를 본떠 시행하고 있다)에서는 수소가 들어간 식물성 기름과 그 기름에서 생기는 인공 트랜스지방산을 금한다. 하지만 다른 영양분은 아무리 다른 색깔의 스티커를 붙인다고 해도 그것이 제대로 된 영양 교육을 대체할 수는 없다.

트랜스지방산을 어떻게 대체할 것인가?

트랜스지방산과 관련된 일화는 우리의 섭생방식이 지니는 부조리함을 가장 잘 보여주는 예라 할 수 있다.

트랜스지방산은 인위적으로 만들어졌고 영양학의 '흑백논리'에 따라 포화지방산이 많이 함유되어 있다는 이유로 동물성 지방을 식탁에서 몰아낸 뒤 대량으로 우리 식생활에 등장했다.

하지만 얼마 지나지 않아 이 같은 흑백논리는 많은 부작용을 낳았다. 다시 말해서 동물성 지방을 몰아내고 그 대신 등장한 식물성 지방에서 만들어지는 트랜스지방산이 식품에 다량으로 함유되면서 부작용이 하나둘 나타난다는 사실이 밝혀졌다. 트랜스지방산은 특히 어린이들이 즐겨 먹는 음식(제빵류, 과자류)에 다량으로 함유되어 있다.

트랜스지방산의 위험은 이미 오래전부터 알려졌지만 릴리가 좋아하는 과자를 만들려면 '기계로 만들 수 있거나' 또는 '고체' 상태의 지방이 꼭 있어야 한다. 그런데 '식물성 지방은 좋고 동물성 지방은 나쁘다'는 식의 흑백논리에 젖어 농가공업체에서는 버터 사용을 무조건 금했다.

따라서 트랜스지방산은 수소를 첨가한 식물성 지방으로 대체될 확률이 아주 높다.

무려 40여 년 동안 이어져온 이 같은 어리석음, 이 같은 거짓말의 결과는 한마디로 참담하다. 포화지방산이 지나치게 많이(50퍼센트 정도) 함유되어 있다는 이유 때문에 동물성 지방을 몰아내고 일부 수소가 들어간 식물성 지방 사용을 권장하다가 차츰 완전히 수소가 첨가된 식물성 지방으로 바뀌었다. 말하자면 소비자들이 가장 많이 찾는 기름은 포화지방산이 50퍼센트가 아니라 100퍼센트 함유된 식물성 지방이 된 것이다. 웃어야 할지 울어야 할지.

루시는 매머드 고기를 먹었다. 요즘이라면 빨간색 스티커가 붙어야 마땅할 고기였다. 우리의 기본 식단, 즉 우리 몸이 지닌 유전자에 적절한 식단이나 전통 고수자 레옹이 여러 세대에 걸쳐서 정착시킨 식단 또한 빨간색 스티커가 붙을 가능성이 매우 높다. 연두색 스티커가 붙은 식품을 골라 장을 본 다음, 먹는 즐거움이라고는 누리지 못한 채 맛없는 식사를 마치고 나면, 웬만한 사람들은 허전한 뱃속과 마음을 달래기 위해 대개 찬장으로 가서 빨간 스티커가 붙은 과자나 초콜릿을 한두 개 정도 먹게 마련이다.

우리 식생활은 분명 뭔가 잘못되었다. 잘못된 식생활을 바로잡고 사라진 영양의 균형을 되찾으려면 식품에 갖가지 색상의 스티커를 붙이는 것만으로는 충분하지 않다.

신체 활동량을 늘리는 것이 좋다!

지나치게 많은 지방을 비축해놓지 않으려면 부지런히 지방을 태워야 한다

|

루시의 유전자는 우리 모두에게 평등한 상태로 전달된 것이 아니다.

우리는 누구나 남부끄러울 정도로 게걸스럽게 먹어도 조금도 살이 찌지 않는 얄미운 사람들을 한두 명 정도는 알고 있다. 굳이 위로받아야 한다면 이렇게 상상해볼 수는 있다. 그런 사람들은 온몸이 무두질이 덜 된 가죽으로 뒤덮여 있어서, 구석기시대였다면, 10월 들어 첫 추위가 몰아치자마자 동굴 한구석에서 덜덜 떨다가 겨울을 넘기지 못하고 죽었을 것이다. 지방을 비축하는 기제가 작동하지 않으니 그럴 수밖에…….

이와 반대로 늘 이런저런 다이어트를 하지만 감자튀김 한 번 먹었다고 다시 통통하게 살이 오르는 사람들도 분명히 있다. 이런 사람들은 지금으로부터 2만 년 전이라면 구석기시대의 모진 추위를 거뜬히 견디고 늠름하게 살아남았을 것이다.

이 같은 불평등은 지방을 합성하고 비축하는 기제가 매우 복잡하며, 우리 유전자에 저마다 다르게 프로그래밍되어 있는 무수히 많은 효소들이 끼어들기 때문에 나타난다.

이렇듯 개인차를 인정한다면, 당연히 개인의 신진대사 기제에 맞춰 필요한 열량을 공급해야 할 것이다. 많이 먹는데도 살이 찌지 않는 얄미운 족속들은 열량 소모가 많은 신진대사 기제의 덕이 크다. 다이어트란 다이어트는 모두 따라해봐도 살이 찌는 족속들은 몸을 움직이는 데 아주 적은 열량만이 필요한 신진대사 기제, 즉 자동차로 치면 '디젤' 엔진을 타고 난 셈이다.

우리 모두가 사탕 속에 들어 있는 당분을 비축 지방으로 바꿀 수 있는 잠재 역량이 있지만, 그렇다고 해서 그 역량을 최대한 발현하여 지방을 비축할 마음을 먹는 사람, 다시 말해서 뚱보가 되고 싶은 사람은 없을 것이다. 그렇다면 오메가6와 당분에 특별히 주의를 기울여야 한다. 예를 들어 이따금씩 달콤한 후식을 먹지 않는 정도는 그다지 괴로운 구속이라고는 할 수 없다.

열량 섭취를 이야기하면서 에너지의 소모를 말하지 않을 수 없다. 누구나 운동을 많이 해야 한다고 말하지만, 실제로 운동하는 사람은 그리 많지 않다. 누구나 여럿이 둘러앉아 즐겁게 점심을 먹고 싶지만, 실제로는 혼자서 샌드위치로 한 끼를 때우는 사람이 많은 것과 같은 이치다. 여럿이 함께 식사하는 즐거움, 신토불이 농산물로 만든 전통 식사 요리와 관련된 어휘를 가장 중요한 덕목으로 여기는 프랑스에서 날마다 1,500개 맥도날드에서 나를 포함한 100만~200만 명의 '바쁜' 프랑스인들에게(이들은 설문 조사에서 어디까지나 패스트푸드보다 송아지 찜과 쇠고기 찜을 먹고 싶다고 대답한 사람들이다) 한 끼 식사를 공급한다는 사실은 참으로 어처구니없는 일이다.

실제로 마음만 먹으면 운동할 수 있는 방법은 도처에 널려 있기 때문에 기회가 있을 때마다 운동하는 것이 중요하다. 버스나 지하철을 타는 대신 한두 정거장은 걷고, 한두 층 정도는 엘리베이터를 타지 않고 걸어간다. 이런 방식은 그다지 강제적이지 않으면서도 얼마든지 쉽게 실천할 만하다. 거하게 저녁식사를 했다면 다음날 아침 조깅하는 건 어떨까? 저녁 시간에 꾸역꾸역 먹어두었다면, 여러 시간 달릴 열량은 충분할 테니까.

물론 이런 말들은 너무 자주 들어 지겹다는 걸 나도 잘 안다. 비축 열량을 소모하려면 운동해야 한다는 것쯤은 누구나 다 안다. 이 또한 군것질이나 흡연과 다를 바 없다. 나쁜 습관이라는 걸 잘 알면서도 우리는 늘 "내일부터 하자"라고 말한다.

나는 최근에 출판되자마자 베스트셀러에 오른 책을 써서 프랑스 사회에 화제를 몰고 온 다비드 세르방 슈레베와 나눈 대화를 생생하게 기억한다. 그는 이 책에서 지극히 쉽고 흔히 알고 있는 방식으로 약물에 의존하는 치료나 정신분석 등을 대체할 수 있다고 주장한다. 덕분에 그는 온갖 공격과 중상모략에 시달려야 했다.

의사인 그는 심각한 우울증으로 치료받은 환자들의 재발을 방지하는 데에는 우울증 치료제를 꾸준히 복용하는 것보다 날마다 15분씩 달리기를 하는 편이 훨씬 낫다고 당당하게 주장했다.

그 주장에 대해 내가 의문을 제기하자, 그는 그러한 사실은 누구나 알고 있지만 날마다 달리기를 하는 것보다 약을 한 알 삼키는 것이 훨씬 쉽기 때문에 약을 먹는 것이라고 대답했다. 결국 '좋은 게 좋은 것'이 된다는 말이다. 환자들은 귀찮은 운동을 안 해서 좋고, 의사는 계속 처방을 해주니 환자가 떨어질 염려가 없고, 제약회사는 약을 팔아 돈을 벌 수 있으니 누이 좋고 매부 좋은 것이다.

과체중 문제도 마찬가지다. 꾸준히 걷고, 계단은 걸어서 오르내리고, 틈날 때 친구들과 함께 운동하는 것이 가장 좋은 방법이다. 남아서 비축된 열량을 태워버리기에 그보다 더 유쾌하고 좋은 방법은 없다.

제발 신이 있다면 누구나 쉽게 비만 억제 약품을 복용하는 끔찍한 일에서 우리를 지켜주기 바란다. 비만 억제 약품이란 흔히 델타9 또는 지방을 합성하는 다른 효소들의 활동을 막아 지방합성을 억제하거나 페록시좀 증식인자 활성화수용체-감마PPAR-gamma 지방세포의 성장에 관여하는 다른 세포핵 수용체들을 억제하는 작용을 한다. 때에 따라서는 식욕을 조절하는 카나비노이드에 민감한 뇌세포핵 수용체들의 기능에 영향을 주기도 한다. 그래서 나는 적어도 하느님이 누구나 이 약품을 복용하는 것만은 막아주기를 희망한다.

물론 이 역시 지극히 평범한 조언에 지나지 않겠지만, 과체중을 예방하는 데 '운동을 하라'는 충고만큼 효과가 큰 조언은 없다.

지나치게 엄격한 식이요법은 모두 소용없다!

급격히 줄어든 몸무게는 급격히 늘어나게 마련이다!

적절한 몸무게를 유지하는 일은 멀리 내다보면서 생각해봐야 하는 과제다. 며칠 만에 혹은 몇 주일 만에 몸무게를 줄여줄 수 있다고 장담하는 식이요법들은 효과가 없을 뿐 아니라 위험하기까지 하다. 그러니 6월 말에 시작해서 7월이면 비키니 수영복을 멋지게 입고 해변을 거닐 수 있다고 유혹하는 기적 같은 다이어트에 현혹되지 말아야 한다.

프랑스 성인 인구의 70퍼센트(남녀 합해서)가 1년에 적어도 한 번 이상 다이어트를 시도해본 적이 있다고 고백했다. 하지만 다이어트의 효과는 그다지 뚜렷하게 나타나지 않는 듯하다. 다이어트를 한 사람들 중에서 75퍼센트는 몸무게가 줄어들었지만, 그중에서 90퍼센트는 다시 늘어났기 때문이다. 뿐만 아니라 다이어트를 하기 전보다 오히려 몸무게가 더 늘어난 이들도 있었다. 사실 이러한 결과는 놀라울 것도 없다. 루시의 신진대사 기제는 요즘처럼 영양 과잉 시대에는 그 같은 부작용을 낳을 수밖에 없기 때문이다.

우리에게 필요한 열량의 3분의 2가량은 더 줄일 수 없는 꼭 있어야 하는 필요량이다. 루시의 신진대사 기제는 먹을거리가 없는 기간에 살아남기 위한 방편이었다. 먹지 못해도 심장은 계속 뛰어야 하며 뇌도 끊임없이 기능해야 했다. 그러니 먹을거리가 부족한 기간에는 열량을 최대한 절약하는 방향으로 루시의 신진대사는 적응해나갔던 것이다. 이렇게 적응 기간을 거친 신진대사 기제는 오래도록 이어진다. 때에 따라서는 영구히 이어지기도 한다. 그래서 적응 기간을 거칠 여유도 없이 눈 깜짝할 사이에 진행된 다이어트는 끝내 원래 몸무게보다도 더 늘어나는 비극으로 이어지는 수밖에 없다.

이는 영양학에서 볼 때 지극히 이치에 맞는 결과다. 우리 몸은 몸 안으로 들어오는 열량이 줄어들면 어려운 시기가 닥쳐올 것을 예감하고 대비하기 시작한다. 신진대사의 효율성을 높여 열량을 좀 더 비축하는 것이다. 이렇게 되면 설사 돌아오는 겨울에 매머드를 잡지 못하더라도, 21세기 루시들은 열량을 아껴가면서 봄까지 버틸 수 있다. 그 사이에 지방세포들이 사라져버리지는 않는다. 궁핍한 시기에 숨죽이고 있던 지방세포들은 다이어트가 끝나고 다시 몸속으로 열량이 공급되면 얼른 이를 비축한다. 매머드 사냥이 다시 시작되면 겨우내 열량 부족으로 굶주렸던 몸이 상황 변화를 곧바로 알아차리는 것과 같은 이치다.

그러므로 급격하게 몸무게를 줄이는 것은 아무런 도움이 되지 않는다. 날씬해지고 싶으면 긴 안목으로 계획을 세워야 한다. 적어도 3주 만에 다이어트를 끝내고 해변으로 나간다는 꿈은 꾸지 않는 편이 현명하다.

몇 년 전에 나는 영양학 전문가가 발표하는 학회에 참석했다. 그 전문가는 흔히 인용되는 비유를 예로 들면서 열량 소모를 제대로 통제해야 할 필요성을 설명했다.

"예를 들어 하루에 필요한 열량보다 설탕 한 조각씩을 더 먹는다고 가정해봅시다. 이 설탕 한 조각은 지방으로 변합니다. 하루에 한 개씩 더 먹은 설탕 때문에 10년 후에는 몸무게가 10킬로그램 늘어나게 됩니다."

강연이 끝나자 청중 중에서 다음과 같은 지극히 논리적인 질문을 했다.

"박사님, 그렇다면 커피 마실 때 설탕을 하나씩 줄이면 10년 후에 몸무게가 10킬로그램 줄어듭니까?"

나는 그때 그 전문가가 뭐라고 대답했는지는 기억나지 않는다. 하지만 그의 놀란 표정만큼은 또렷하게 기억한다.

과체중 문제는 섭취한 열량과 소모한 열량의 차이를 산술로 계산해서 해결되는 간단한 문제가 아니다.

우리는 양 방향으로 기능하는 대단히 복잡한 적응 기제를 지니고 있다. 먼저 열량이 부족한 시기에는 신진대사의 효율을 높이다가, 이 시기가 끝나갈 무렵이면 부족한 상황에 적응한 기제는 그 이전보다 과잉 열량을 지방으로 비축하는 능력이 훨씬 향상된다(그래서 지나치게 음식을 금지하는 식이요법은 실패하며 요요현상의 노예가 될 수밖에 없다).

반대로 열량을 지나치게 많이 섭취하면 남아도는 열량을 태워버리려는 기제가 발동한다. 물론 이 기제의 역량에는 한계가 있다. 한 개쯤 더 먹은 설탕 정도야 체중을 불어나지 않게 하면서 태워버릴 수 있지만, 여러 개를 더 먹으면 적응 기제도 한계 상황에 도달하기 때문에 지방으로 비축하는 수밖에 없다. 처음에는 그저 겉보기에 흉한 정도였던 비축 지방은 점차 건강을 해치는 위험한 존재로 변모한다.

다이어트의 효과를 보려면 당연히 먹는 즐거움과 질 좋은 식품을 결합한 실현 가능한 다이어트여야 한다.

따라서 바람직한 다이어트라면 멀리 앞을 내다보면서 다음과 같은 사항을 고려해야 한다.

- 전체 섭취 열량을 줄이되 식사를 마치고 두 시간도 지나지 않아서 찬장 안에 넣어둔 과자에 손이 갈 정도로 지나치게 열량을 줄여서는 안 된다. 오랜 기간 실시해도 지나친 구속으로 여겨지지 않을 정도로 조금만 줄여야 한다.
- 식탁에서 식사하는 즐거움을 맛볼 수 있어야 한다. 그 즐거움을 빼앗는 다이어트란 절대로 오랜 기간 지속될 수 없다.
- 섭취하는 식품의 품질이 오래도록 보장되어야 한다.
- 인슐린 분비를 잘 통제하려면 섬유소를 꾸준히 섭취해야 한다.
- 오메가3의 공급이 꾸준히 이어져야 한다. 왜냐하면 오메가3는 천천히 과잉 열량을 태우는 데(전문 용어로는 베타 산화작용이라고 한다) 기여하고, 지방합성과 운반을 억제하여 '길게 볼 때' 몸무게 증가를 억제할 수 있기 때문이다.
- 흡수가 빠른 당분이나 팜유, 수소 첨가유 섭취는 최소한으로 줄인다.
- 오메가6와 오메가3가 적절한 비율로 유지되도록 주의한다.

이러한 여러 사항을 제대로 지키려면 식품 포장에 붙어 있는 성분표시를 꼼꼼하게 읽어야 한다. 성분표시를 읽는 것이 습관이 되면 많은 정보를 얻는 이점이 있다.

이미 살펴보았듯이, 릴리가 장을 볼 때 식품 구성 성분은 늘 겉 포장에 적혀 있다. 그 성분표에는 '미확인 식물성 기름' 처럼 정체를 알 수 없는 용어들도 가끔 등장하지만 대부분 꽤 정확한 정보가 적혀 있다. 영양가에서는 지방 함유량만 뭉뚱그려 적어놓는 것이 보통이지만 포화지방산 함량을 따로 명시해놓기도 한다. 오메가6와 오메가3의 함량은 거의 명시되어 있지 않아 심히 유감스럽다.

누구나 품질 좋은 식품을 먹을 수 있어야 한다

비만의 '사회적 요인' 을 해소하는 방법

OBEPI 보고서에서 비만은 가구당 수입에 정확하게 반비례한다. 성인 인구 중에서 비만 환자가 차지하는 평균 비율은 저소득 가구(한 달 수입 900유로 이하)에서는 19퍼센트이지만, 월수입이 2,000유로를 넘어가면 15퍼센트로 떨어지고 3,000유로 이상인 가구에서는 9퍼센트, 고소득 가구(월수입 5,000유로 이상)에서는 5퍼센트에 불과하다. 허리둘레 역시 수입과 반비례한다. 이는 전 세계적 추세다. 왜 그럴까?

언제나 그렇듯이 단 한 가지 이유 때문이라고는 말할 수 없다. 때에 따라서 영양학 교육이 제대로 이루어지지 않아서라는 원인을 들기도 하고, 운동을 비롯한 신체 활동이 부족해서라는 원인을 들기도 하지만, 질 좋은 식품은 값이 비싸기 때문이라는 설명만큼은 어디에나 포함된다.

어떤 설명도 그 한 가지만으로는 충분하지 않다. 하지만 세 번째 이유(식품의 가격)는 참으로 곤혹스럽다. 이 말은 벌이가 적은 가구일수록 영양 관련 질병이나 비만에 노출될 가능성이 높음을 의미한다. 바꿔 말하면 값이 싼 식품일수록 질이 나쁘다는 말이 된다.

그것이 사실이라면 큰 걱정거리가 아닐 수 없다. 대량 생산에 최저가 보상 같은 마케팅방식으로 판매를 촉진하다 보니 21세기에 들어와 '가장 싼 가격'은 식품과 관련하여 가장 대표되는 한 흐름으로 자리 잡았다. 공급자는 점점 더 값싼 식품을 공급하려 하고, 수요자는 점점 더 식비 지출을 줄이려 한다. 농가공업체와 유통업체에서 종사하는 사람들이라면 다 아는 이야기가 있다. 소비자들로 이루어진 참가단에게 식품을 살 때 가장 중요하게 여기는 기준이 무엇이냐고 물으면, 이들은 제일 먼저 품질, 생산지, 맛 등을 꼽으면서 가격은 제일 뒷전이다. 그나마 20퍼센트가량이 가격을 언급할 뿐이다.

그런데 같은 참가단을 슈퍼마켓 식품 매장 안에 풀어놓으면 이야기는 달라진다. 매장 안에 들어간 소비자들은 구매 식품의 80퍼센트 정도를 가격이라는 유일한 기준으로 산다. 품질이나 생산지, 맛 같은 기준을 고려하여 산 식품은 겨우 20퍼센트이다. 만일 식품의 품질과 가격이 반비례 관계라면 이러한 구매 성향은 위험천

만하다. 비만의 사회적 요인이 될 수 있기 때문이다. 다시 말해서 가난한 사람들은 점점 더 뚱뚱해지고, 부자들은 점점 더 날씬해진다는 말과 다르지 않다.

도대체 어쩌다가 이 지경에 이르렀단 말인가? 설문 조사를 할 때마다 신토불이 식품과 오랫동안 뭉근한 불에서 조리하는 찜 요리, 소규모 농장에서 생산하는 농산물이 좋다고 대답하는 사회가 어쩌다가 대부분 맛도 없고 영양학적으로도 좋지 않은 '최저가'의 식품만 사게 되었는가? 싼 가격이 소비자의 80퍼센트를 사로잡는다면, 이는 자신과 가족들이 먹는 식사를 준비하는 데 좀 더 많은 돈을 치를 구매력이 있는 계층(가구당 식비가 차지하는 비율은 15퍼센트를 넘지 않았음을 떠올려보라)까지도 끌어들인다는 이야기가 된다.

그렇다면 이 같은 현실에서 우리가 얻어야 하는 교훈은 무엇일까? 식생활 질을 개선하는 일은 대량으로 공급되는 식품, 즉 모든 소비자들이 찾는 식품에서부터 출발해야 한다. 그렇지 않으면 구매력도 있고, 영양학 관련 교육을 받을 기회도 있는 고소득 계층과 구매력도 교육받을 기회도 없는 저소득 계층과의 영양 격차는 점점 더 벌어질 것이 자명하기 때문이다.

'최저가 식품'을 추구하는 경향은 대량 생산 체제와 짝을 이룬다고 할 수 있다. 그도 그럴 것이 달걀은 그저 달걀일 뿐인데, 어째서 잘 먹이거나 기른 닭이 낳은 달걀은 더 비싼 값을 주어야 한단 말인가?

'풀밭에 놓아기른' 암탉이 낳은 달걀, '유정란', '유기농' 달걀, '지방 특산품' 달걀, '지난밤에 낳은' 달걀('그날 아침에 낳은' 달걀도 있다. 머지않아 '다음날 낳은 달걀'도 등장하지 않을까?)처럼 달걀에도 수없이 많은 종류가 있다. 그러나 포장 상자에서 꺼내 놓으면, 모두 다 비슷비슷하기 때문에 달걀은 달걀이 되어버리고 만다.

비록 겉모양은 비슷할지 모르지만, 사실 달걀이라고 모두 같은 건 아니다. 달걀 이야기가 나왔으니 말인데, 나는 앞에서 그리스 출신 미국 소아과 전문의 시모풀로스 박사의 논문을 언급한 바 있다. 박사는 자신의 그리스 농가에서 생산한 달걀과 워싱턴의 슈퍼마켓에서 흔히 볼 수 있는 'made in U. S. A' 달걀의 성분을 비교했다. 그 결과 얻은 놀라운 발견을 훌륭한 논문으로 작성하여 《뉴잉글랜드 저널 오브 메디슨》에 발표했다.

시모풀로스 박사 부부가 기르는 암탉들에게서 얻은 교훈은 모든 동물성 식품에 적용된다. 가축들이 먹는 사료와 그 사료를 먹은 가축들에게서 얻는 식품의 상관관계를 알아보려는 실험들은 한결같이 놀라운 결과를 보여주었다.

크레타 섬 주민들의 섭생을 다룬 논문을 읽어본 사람들이라면 누구나 야생 달팽이가 지닌 영양가를 소상하게 안다. 하지만 우리가 먹는 달팽이들은 대부분 옥수수와 콩을 사료로 사육한 달팽이들이다. 그러니 그 달팽이들이 오메가3를 다량 함유하고 있을 것이라고 생각한다면 그건 완전히 오산이다.

생선 종류도 잉어나 메기처럼(전 세계에서 가장 많이 소비되는 어종이다) 양어장에서 사육되었다면 다르지 않다. 어류 역시 옥수수와 콩을 사료로 사용하기 때문에 오메가6의 주요 공급원이 될 수는 있다. 앞으로는 심장 전문 의사들도 환자들에게 생선을 많이 먹으라고 권장할 때 그 생선이 무얼 먹고 자란 생선인지도 꼼꼼하게 살피라고 덧붙여야 할 것이다.

앞으로 유통업계는 식품 가격을 낮추는 데에만 신경을 곤두세울 것이 아니라, 건강에 좋고 맛도 좋은, 그러니까 영양면에서도 품질이 좋은 식품을 소비자들에게 공급하는데 주안점을 두어야 할 것이다. 솔직히 과거보다 식품 가격이 내려갈 수 있었던 것은 생산가격이 소비자가격에서 차지하는 비율이 아주 낮았기 때문이다. 따라서 좋은 식품을 공급하겠다는 도전은 얼마든지 가능하다.

달걀을 예로 들어 영양학적으로 품질 좋은 식품을 사려면 소비자 가구당 실제로 어느 정도의 돈을 써야 하는지 계산해보자.

달걀 생산 단가와 프랑스인들에게 요구되는 DHA(두뇌 구성 지방산) 권장량

- 프랑스인들은 하루에 한 개가 조금 못 되는 달걀을 먹으며, 이를 반숙 또는 여러 가지 달걀 제품인 케이크나 빵, 인스턴트식품, 마요네즈 등의 형태로 섭취한다.
- 암탉은 종의 번식을 책임지며, 따라서 달걀 속에는 병아리가 처음으로 세상에 나왔을 때 필요한 모든 영양분이 들어 있다. 종족

유지에 없어서는 안 될 콜레스테롤은 물론 신체 구조를 만드는 데 필요한 지방산, 인지질 등이 병아리가 흡수하기 좋은 형태로 들어 있다. 달걀에 들어 있는 지방산 중에 두뇌 구성 지방산이 있다. 이는 오메가3 계열의 지방산 중에서 가장 동화된 지방산이다. 뇌에 관여한다고 해서 '두뇌 구성'이라는 이름이 붙었으며, 올바른 판단을 내리는 이성을 관장하는 뇌 중앙 부분을 구성한다.

- 《ANC》 보고서에서는 이 오메가3 계열의 두뇌 구성 지방산을 성인 남자는 하루에 최소한 120밀리그램 이상, 임신했거나 수유 중인 여자는 250밀리그램씩 섭취하라고 권한다. 이 지방산은 앞으로 태어날 아기의 미래에 매우 중요하기 때문이다.
  (※ 주의 : 학자들은 이 두뇌 구성 지방산을 가리켜 DHA(그리스어와 영어로 이루어진 전문 용어 'Docosahexaenoic Acid'의 약자)라고 부르기도 한다. 복잡한 용어를 사용하면 소비자들의 혼란만 더할 염려가 있으나 어려운 단어를 알아두면 낱말 맞추기 게임에서도 유용하게 써먹을 수 있을 것이다!)
- DHA는 복잡한 구조 덕에 매우 특별한 기능을 갖는다. 복잡한 동화작용으로 합성되기에 이 지방산은 동물들이라고 해서 모두 합성할 수 있는 것은 아니다. 남자는 만들 수 없고, 여자는 임신을 할 경우, 즉 종의 번식 기간에 복잡한 생물학 과정을 거쳐 만들어낼 수 있다.
- 만들기 어려운 지방산인 만큼 생태계에서 DHA를 발견하기란 쉽지 않다. 오로지 동물성 식품을 통해서만 섭취할 수 있으며,

특히 냉해에서 사는 육식성 어류(예를 들어 연어)와 알류에 풍부하다.
연어는 껍질 바로 아래쪽에 이 지방산을 함유하고 있으며, 거기에는 그럴 만한 이유가 있다. 연어와 닭은 DHA를 함유하는 기제에서 차이가 크다. 연어는 닭과 달리 DHA를 합성하지 못한다. 연어는 새우들을 잡아먹는 작은 물고기들을 잡아먹으며 새우들은 해조류를 먹는다. 말하자면 이들 세계에서는 먹이사슬이 반복된다.

- 무게가 평균 50그램 정도 되는 달걀이라면, 10~100밀리그램의 DHA를 함유한다. 무려 10배 차이가 나는 것은 순전히 무엇을 먹은 닭이냐에 따라 함유량이 달라지기 때문이다. 목초나 아마인을 먹은 닭이라면 식물성 오메가3로부터 DHA를 합성할 것이다. 이는 임산부나 수유 중인 여자도 다르지 않다. 비유가 그다지 아름답다고는 할 수 없지만 생물학에서 볼 때는 적절하다. 암탉도 달걀을 통해서 종의 번식을 꾀하는 것은 사람과 다를 것이 없기 때문이다.
- 우리가 실시한 실험을 보면(결과는 학술지에 게재됨), 닭의 사료 중에서 다른 것은 그대로 놔두고 5퍼센트 정도만 곯인 아마인으로 대체하면, 달걀 한 개당 DHA 함량이 10밀리그램에서 100밀리그램으로 증가할 수 있다.
- 달걀을 얻기 위해 암탉을 사육하는 양계업자는 이들 닭의 사료값으로 1킬로그램당 0.2유로를 지불한다.
- 같은 닭들에게 적절한 비율의 오메가3를 공급하려면 사료 1킬

로그램당 0.015유로의 돈이 더 든다.

- 암탉이 달걀 하나를 낳으려면 하루에 120그램의 사료가 있어야 한다. 따라서 이것을 숫자로 환산해보면, 달걀 한 개당 0.015×0.12=0.0018유로, 즉 0.18상팀(1상팀은 100분의 1프랑—옮긴이)이 더 든다는 계산이 나온다.
- 슈퍼마켓에서 파는 달걀 값은 여섯 개짜리 1상자가 1유로(양계장 사육)에서 2유로(풀밭에 놓아 사육) 정도다. 그러므로 달걀 한 개의 값은 평균 17상팀(양계장 사육)에서 33상팀(풀밭에 놓아 사육) 사이이다.

(※ 주의 : '풀밭에 놓아기른' 닭이 낳은 달걀이나 양계장에서 사육한 닭이 낳은 달걀은 성분이 다르지 않다. '닭은 입으로 알을 낳는다' 는 말도 있듯이, 달걀 성분은 닭을 어떻게 길렀느냐가 아니라 무엇을 먹여 길렀느냐에 따라 달라진다.)

- 그러므로 바다의 어류를 거덜내거나 육식 어류의 양식장을 곳곳에 지어 생태계에 골칫거리를 만들지 않고서도 프랑스인들에게 요구되는 DHA의 3분의 2 정도를 공급할 수 있다. 더구나 콜레스테롤이라면 몸서리치는 사람들을 위해서 덧붙인다면, 이 방법은 혈중 콜레스테롤 수치가 올라갈 염려도 없다.
- 영양 문제에 조금이라도 관심 있는 학자들의 의견을 살펴보면, 이는 서민들의 영양을 눈에 띄게 향상할 수 있는 놀라운 방법이 될 것이다. 달걀은 훌륭한 단백질 공급원이라는 이점 외에 저소득 가정에서도 돈에 대한 부담 없이 소비할 수 있는 식품이기 때문이다.

- 이처럼 영양학 개선을 추구하려면 그에 합당한 값을 치러야 한다. 그 값이란, 양계장에서 사육하는 닭이 낳은 달걀은 현재 가격보다 1퍼센트, 풀밭에 놓아기른 닭이 낳은 달걀은 0.5퍼센트 돈이 더 든다.
- 4인 가족이라면 가구당 1년에 2유로만 더 쓰면 된다는 계산이 나온다. 이만하면 충분히 감당할 만한 돈이 아니겠는가.

프랑스에서 키우는 모든 닭들에게 시모풀로스 부인이 기르는 그리스 닭들에게 먹이는 사료와 똑같은 사료를 공급한다면, 영양에 관한 진정한 문제는 1년에 가구당 지출을 2유로만 늘려 해결할 수 있다.

하지만 현실은 이와 다르다. 앞의 내용을 읽으면서 이미 짐작했겠지만, 달걀 값은 실제 생산 원가보다 포장이나 운반, 영업비 등에 따라 결정된다. '대량 생산'이라는 틀을 벗어나면 값은 순식간에 천정부지로 치솟는다. '대량 생산'이 아닌 독립방식을 고수한다면 시장 진입 비용은 두세 배까지도 늘어날 수 있다. 그러므로 영양면에서 '부자는 부자끼리, 가난한 사람은 가난한 사람끼리' 양분되는 비극을 바라지 않는다면, '건강을 최우선으로 하는 섭생'이 대량 생산의 주류로 확고하게 자리 잡아야 할 것이다. 그래야만 부자와 가난한 사람의 구별 없이 누구나 품질 좋은 식품을 알맞은 가격에 살 수 있다.

달걀에 해당되는 원리는 사실 모든 동물성 식품에 적용될 수 있다. 달걀에 대해 시도해본 계산을 우유에 대해서도 똑같이 적용해 볼 필요까지는 없다. 다만 유지방 소비량이 많다는 것(1인당 하루 평균 33그램)을 고려할 때, 언급하지 않는 건 바람직하지 못하다고 여겨진다. 목초나 아마를 위주로 하는 사료와 옥수수와 콩을 위주로 하는 사료를 비교할 때, 우유에 포함된 지방 성분(팔미트산. 팜유에서 이름을 따온 이 지방산은 '나쁜' 포화지방산으로 알려져 있다.) 함량은 20퍼센트에서 40퍼센트까지 달라진다. 현재 하루 평균 유지방을 33그램 섭취한다고 할 때, 팔미트산의 함유량을 20퍼센트 줄이면 프랑스인 1인당 6.6그램을 덜 섭취한다는 계산이 나온다.

국가영양보건기획원은 포화지방 섭취량을 4분의 1 정도로 줄이는 것을 목표로 한다. 이 목표는 프랑스 농가에서 전체 소에게 먹이는 사료를 조금만 바꾸면 얼마든지 성공할 수 있다. 물론 팜유와 수소 첨가유의 소비가 증가하지 않는다는 전제일 때 그러하다. 이 계산이 관심을 끄는 것은 소비자 입장에서는 비용 증가가 거의 없는 가운데 (달걀에 포함된 DHA 양을 1퍼센트 증가시키는 데 드는 비용과 마찬가지) 훨씬 나은 품질의 우유를 살 수 있다는 점이다. 물론 이 또한 이러한 방식의 사육이 대량 생산의 주류가 되어야 하며, 우유를 수거하는 데 특별한 포장이나 장치, 추가 운송 비용 등이 발생하지 않는다는 조건에서 그렇다. 이 같은 조건이 아니라면 그 우유는 부대 비용이 너무 많이 든다는 이유로 높은 가격표를 달고 소비자들의 손도 잘 닿지 않는 판매대의 후미진 구석에 잠시 놓였다가 이내 자취를 감추게 될 것이다.

가구당 지출에서 식비가 차지하는 비율이 현재 15퍼센트에서 1퍼센트 정도 올라간다면, 모든 계층에서 충분히 받아들일 것이라고 나는 생각한다. 물론 건강을 고려하는 품질 좋은 식품은 여유 있는 사람들만의 전유물이라는 사고방식을 버리고, 그 대신 모든 사람들이 영양이 훨씬 뛰어난 식품을 살 수 있어야 한다는 의지를 앞세웠을 때 가능하다.

질 나쁜 식품, 건강을 위한 식품, 유기농 식품, 약품 구실을 하는 식품

식품의 양극화

우리는 머지않은 앞날에 생태계를 보호하며, 식품의 향취와 맛, 먹는 즐거움은 물론 영양까지도 생각하고, 게다가 모든 사람들이 부담 없이 살 수 있는 값을 고려한 생산방식의 시대가 열릴 것이라고 꿈꿔본다.

하지만 현 상황으로 볼 때, 비록 이 꿈이 수치로 환원되고 이론으로는 얼마든지 이룰 수 있다고 할지라도 아직까지 꿈에 머물러 있는 것이 사실이다. 슈퍼마켓을 한 바퀴만 둘러보면 대번에 이 같은 현실을 인정하게 된다. 유효기간이 지나지 않았더라도 조금도 손대고 싶지 않은 상품들이 늘어만 가는 '최저가 상품'을 파는 곳이 있는가 하면, 다른 한쪽에는 몇몇 고소득 소비자들이나 1년 중 특별한 날만을 위한 값비싼 상품들이 즐비하게 진열되어 있다.

값비싼 상품들 중에서는 으레 '건강식품'이 포함되어 있게 마련이다. 건강 제일주의 기류의 가장 큰 수혜자는 단연 유기농 제품이다. 유기농 제품을 사는 사람들은 '건강'이라는 기준을 최우선으로 여기며 이를 실천하는 사람들이다.

실제로 유기농 제품은 '생태계에 좋은' 방식이지만 소비자들은 그것이 건강에도 좋다고 (이 상품을 사는 소비자들의 80퍼센트가 밝힌 구매 동기) 생각하기 때문에 산다. 하지만 이는 그저 막연한 감상이거나 아주 나쁜 경우에는 소비자들의 지갑을 노린 상술이다. 두 경우 모두 판단 착오라고 할 수 있다. 유기농 옥수수와 유기농 콩을 유기농 사육 닭에게 준다고 해도 유기농 달걀의 영양 성분은 달라지지 않는다. 유기농 해바라기 기름은 냉장 압착으로 한 번만 짰다고 해도 그렇지 않은 해바라기 기름보다 오메가6의 함량이 낮아지지는 않는다.

'유기농' 다음가는 두 번째 수혜자는 '저칼로리', '저지방', '저설탕' 등 '저'자가 붙은 상품들이다. 소비자들이 이 두 가지(유기농과 '저-') 부류의 상품에 눈을 돌리는 것은 놀라운 일이 아니다. 건강 위주의 식품이라는 개념에는 늘 자연, 유기농, 탈지방, 무설탕 같은 어휘가 붙어다닌다는 사실을 우리는 앞에서 소개한 설문 조사를 통해 여러 차례 확인했기 때문이다.

그런가 하면 저지방이나 저설탕 식품 곁에는 특정 영양소를 강화했다는 식품들이 자리한다. 특히 피토스테롤이 들어간 식품들이 버젓이 좋은 자리를 차지하고 있는 광경을 보면 나는 웃어야 할지 울어야 할지 모르겠다. 마가린 판매대에서 출발한 피토스테롤 강화식품들은 점차 다른 식품들로 확산되는 중이다. 우유라고는 한 방울도 들어가지 않은 '무늬만 요거트'인 것에서부터 각종 음료수, 빵이나 치즈에 이르기까지 점점 다양한 상품을 선보이고 있다. 토요일 오전이면 전국 할인매장 마가린 판매대에서는 홍보 도우미를 비롯해 할인 쿠폰, 가격 인하 같은 온갖 상술을 모두 동원하여 콜레스테롤 수치를 낮추겠다는 '국민 스포츠' 경주를 벌이는 느낌이다.

특정 영양소 강화식품은 거의 모든 식품군에서 발견된다. 하지만 대부분 실제로 강화했는지는 논란의 대상이 된다. 최근 실시한 대규모 역학 조사인 수비-막스SUVIMAX : Supplémentation en Vitamine et Minéraux Antioxydants ('비타민과 산화억제부기질 강화'를 뜻함. 8년간 1만 3,000명 이상의 지원자들을 대상으로 실시한 영양 상태 조사. 결과는 2003년 6월에 발표되었다—옮긴이)는 프랑스인들에게서 일부 비타민과 미량원소의 결핍이 두드러진다는 사실을 밝혀냈다. 운동량이 적다 보니 음식 섭취량도 준다. 예전보다 먹는 식품의 종류가 다양하지 못하고, 기초식품들이 지나치게 정제된 나머지 극소량씩 들어 있던 영양소는 함량이 점점 더 줄어들다 보니 부족한 영양소(비타민 D, 비타민 B, 칼슘 등)를 강화한 식품들이 등장하는 현상에도 나름대로 일리가 있다.

이러한 영양소 강화가 기초식품군들을 대상으로 추가 비용 없이 이루진다면 그건 금상첨화다. 우유 분야에서 선두를 달리던 모某 기업에서는 그 회사에서 생산되는 모든 상표의 우유 제품에 비타민 D를 강화하면서 가격은 한 푼도 올리지 않았던 일이 기억에 생생하다. 기업체들은 다른 기업 제품과 다르게 보이려고 종종 이런 훌륭한 기획을 내놓기도 한다.

그런가 하면 '오메가3를 강화' 했다는 식품들도 간혹 눈에 띄는데, 불행하게도 강화방식이 너무도 의심스럽기 때문에 오히려 오메가3라면 진저리를 치게 만드는 역효과를 가져온다. 안타까운 일이다.

소비자들에게 오메가3의 결핍은 먹이사슬의 불균형이 낳은 심각한 사회문제라는 사실을 납득시키기란 결코 쉬운 일이 아니다. 생각해보라. 생선 기름 농축액이 들어간 우유나 빵 또는 마가린을 통해 처음으로 오메가3를 접한다면, 그 맛이 어떻겠는가.

오메가3 문제는 공중 보건이 해결해야 할 진지하고도 심각한 문제인데도 현재 우리는 이 문제를 오메가3와 오메가6, 오메가9을 동시에 강화했다(이론에서는 이처럼 여러 가지를 동시에 강화할 수 있으나 영양학으로 보면 더할 나위 없이 어리석은 짓이다!)는 식용유나 마가린 제조업자들의 상술에만 맡기고 있는 형편이다. 이는 날이 세 개, 네 개씩 달린 면도기를 파는 것과 다름없는 짓이다. 나는 우연히 '오메가3를 강화' 했다는 마가린을 발견했으나 실제로는 오메가6가 오메가3보다 20배나 더 많이 함유되어 있었다. 이 마가린의 성분표에는 수소 첨가 팜유가 두 번째 성분으로 기록되어 있었다.

식품들이 앞다투어 생선 기름 또는 다른 종류의 기름이나 씨앗을 첨가(이 같은 첨가는 사실 아무런 의미가 없음을 우리는 여러 차례 지적했다)해 오메가3를 강화했다고 주장하는 현상이 계속되는 한,

소비자들에게 오메가3의 결핍은 생태계와 건강 관계가 왜곡되어 나타나는 현상이라는 것을 납득시키기가 어렵다.

슈퍼마켓 치즈 판매대에서 알프스의 목초지가 떠오르는 포장지에 담긴 치즈, 더구나 '오메가3를 강화' 했다는 문구까지 선명하게 들어간 '무늬만 치즈' 인 제품들을 숱하게 보는 소비자들에게, 식품의 오메가3 함량은 생태계 보존을 중시하는 전통 생산방식의 결과물이라는 것을 납득시키기도 쉬운 일이 아니다.

이 같은 치즈의 구성 성분을 꼼꼼히 살펴보면, 실제로는 유채유를 치즈 모양으로 썰어 놓은 (어떤 첨단 기술을 동원하면 이런 형태가 나오는지 나도 모른다) 것을 알 수 있다. 맛을 보면, 오메가3에 관심을 갖고 싶은 마음이 순식간에 사라진다. 정말로 안타깝기 그지없는 일이다! 게다가 이런 종류의 식품은 (치즈가 아니므로) 치즈 판매대에 놓여야 할 이유가 없는 식품 아닌가.

이처럼 건강을 생각한다는 수백 가지의 식품들을 가리켜 한때 '약품 구실을 하는 식품' 이라고 부르기도 했다. 서로 융합되기 어려운 식품과 약품을 붙여서 하나로 만든 이 용어는 아닌 게 아니라 어딘지 자연스럽지 못하다. 두 단어를 붙여서 하나로 만들었다는 자체가 놀랍다.

식품은 우리를 먹여 살리며, 우리가 매일 예방 차원에서 건강을 유지하는 데 필요한 영양분을 공급한다. 약품은 탈이 난 곳을 치료하고 환자들을 위해서 제한된 기간에만 사용해야 한다. 날마다 약품을 복용하는 것이 일부 사람들에게는 정당할 수 있으나 그런 경우에도 개인 문제를 치료하고자 용인될 뿐이다. 약품을 식품의 하나로 취급하는 것은 정말로 이해할 수 없는 태도다. 약품과 영양분은 아무런 상관이 없는 별개이며, 이 두 가지는 기능하는 방식이 완전히 다르다.

식품인가, 약품인가?

예를 들어보자. 우유의 단백질 속에는 '바이오 액티브 펩티드'라는 이름을 가진 분자가 들어 있다. 단백질은 아미노산이라고 하는 기본 구성물이 매우 복잡하게 연결되어 있다. 우유에 들어 있는 '펩티드' 물질은 영양소로서 (훗날 여왕벌이 될 유전자들을 발현시키는 로열젤리처럼) 잠재된 성질을 발현시키는 작용을 한다.

아미노산의 일부 시퀀스들은 특별한 생물학 효과를 내는데, 이를 가리켜 바이오 액티브 펩티드라고 부르며 마음을 편안하게 하고 스트레스를 없애주는 작용을 한다. 펩티드 분자가 지닌 이 같은 특별한 성질은 이완 작용을 하는 약품의 기능과 닮았다. 이 분자들을 따로 추출해내서 비교해보아도 효과는 유사하다.

따라서 저녁에 따뜻한 우유를 한 잔 마시면, 신경 이완제 한 알을 먹은 것과 마찬가지로 평온한 잠을 잘 수 있다고 생각할 수 있다. 이 말은 맞기도 하고 틀리기도 하는데, 틀리다고 보는 편이 합당하다. 문제의 바이오 액티브 펩티드는 우유 속에 들어 있을 때에는 분자가 너무 커서 내장을 제대로 통과하지 못하기 때문이다. 그러나 알약 형태일 때에는 아무런 문제없이 내장을 통과할 수 있다. 그래서 '액티브' 라고 부른다.

스트레스를 받는 상황에서라면 뇌에서 신호를 보내는데 그 신호란 간단히 말하자면, 이 바이오 액티브 펩티드를 얼른 통과시키라는 신호라고 보면 된다. 따라서 펩티드가 고유의 기능을 발휘하게 되는 것이다.

이것이 바로 영양소와 약품의 차이다. 약품은 더욱더 효과를 보기 위해 어떤 경우에라도 기능하도록 만들어진다. 때로는 지나치게 잘 들어서 오히려 역효과를 내기도 한다.

몇몇 영양소는 혈액 속에 들어 있는 지방의 농도를 낮춘다. 물론 일정한 수준(기준치)까지 낮아지면 기능을 멈춘다. 똑같은 기능을 하는 약품도 물론 있다. 하지만 약품은 효과가 훨씬 강하며 기준치와 상관없이 기능한다. 그러므로 식품과 약품을 똑같은 방식으로 복용하는 것은 자연에 역행하는 잘못된 습관이라고 할 수 있다.

건강 위주의 식품에 대해서 그토록 많은 논쟁을 벌이고, 그토록 많은 비판을 하는 까닭은 우연인지 필연인지 건강 위주의 식품이라는 것이 공교롭게도 제약회사와 농가공식품 기업들이 벌이는 전쟁의 최전선에 위치하기 때문이다. 다시 말해서 커다란 이권이 걸린 사업이다. 소비자들이 점차 싼 가격을 선택의 기준으로 삼으면서 농가공식품 업체에서는 농산물을 사서 가공만 하는 형태로는 원하는 만큼 부가가치를 창출해낼 수 없을 정도로 채산성이 악화되었다. 다른 곳에서 부가가치를 만들어내야만 하는 상황에 처하게 되었다는 말이다.

그런가 하면 앞에서 이미 프랑스인 수백만 명이 콜레스테롤 억제 약품을 복용한다고 말했다. 약국 판매대에는 콜레스테롤 억제 약품 외에도 식품 보조제, 식사 대용품, 각종 강화제가 즐비하게 늘어서 있다. 마치 값싼 식품만을 사 먹어서 생겨난 영양 불균형을 약으로 보완하려는 듯하다. 프랑스인 12퍼센트가 식품 보조제를 복용하며, 식사 대용품을 이용하는 사람도 4퍼센트가량 된다. 기회만 있으면 '유기농' 제품을 사는 사람들은 8퍼센트에 이른다.

최근 스위스에서는 신망 높은 연방보건기구가 오메가3와 오메가6 섭취에 대한 공식 입장을 표명했다. 연방보건기구는 다양하고 질 좋은 식품을 먹는 건전한 식생활의 중요성을 강조했다. 공식 선언에서 오메가3 부족과 오메가6 과잉이 낳은 끔찍한 결과를 있는 그대로 묘사했다. 또한 이제까지 절대불변의 진리처럼 여겨지던 음식물 섭취를 통한 콜레스테롤 섭취를 제한해야 한다는 주장은 일반 사람들에게는 근거가 없음을 밝혔다.

여기까지는 아주 좋았으나, 그다음 대목에서부터 문제점이 드러난다. 이 공식 선언은 동물성 기초식품에 포함되어 있는 오메가3에 대해 어떤 형태로든 소비자들에게 정보를 제공하는 행위를 엄격하게 금지하는 대신에 식품 보조제를 통해서 오메가3를 섭취하라고 권장했다.

스위스는 제약업계의 입김은 막강하지만 농업은 걷잡을 수 없이 무너지는 나라다. 또한 제약회사에서 봉급을 받는 전문가들이 국가 '공식위원회' 위원 업무를 함께 보는 나라다. 학자들은 스위스 제약업계의 막강한 힘, 공식 기구에서 활동 중인 제약회사 출신 전문가들, 그 공식 기구가 내놓은 선언문의 어조 사이에 그 어떤 상관관계도 증명된 바가 없다고 말할 수도 있다. 하지만 그 선언문을 보고 있으면 등줄기에 식은땀이 흐른다. 바라건대 이 선언문이 비슷한 부류의 다른 선언문들의 출현을 알리는 전조가 되지 않기를 진심으로 소망한다.

오메가3가 다량 함유된 식품 보조제를 먹는 것이 나쁘다는 것이 아니다(오히려 현재 상황에서는 그 반대다). 다만 식품에서 얻는 지방의 질을 개선하는 일을 금지하고 그 대신 약국에서 그것을 보충하라는 사고방식이 걱정스러울 뿐이다. 아, 동물성 식품에 함유되어 있는 오메가3에 관한 정보를 금지하는 이유를 깜빡 잊고 말하지 않았다. 이유인즉 콜레스테롤이 있기 때문이라는데, 콜레스테롤 섭취를 제한하는 것이 근거가 없다고 말했던 바로 그 전문가들이 한 말이라니 그저 놀라울 따름이다!

나는 얼마 전에 프랑스의 거대 소비자 단체 책임자와 만나 이야기를 나누었다. 그 책임자는 건강 위주의 식품이 보통 식품보다 값이 조금이라도 비싸야 한다는 생각에 찬성할 수가 없다고 말했다. 건강은 돈과 상관없이 누구나가 지켜야 할 권리라는 것이 그녀의 지론이었기 때문이다.

그렇다면 이제 행동으로 보여주어야 할 때가 되었다! 내가 좋아하는 달걀 이야기, 그러니까 지금보다 1퍼센트 정도만 돈을 더 내면 품질 좋은 달걀을 먹을 수 있다는 그 이야기를 들려준 까닭은 이것이다. 그 여성은 1퍼센트 정도면 큰 부담은 아니지만, 그래도 부담이 되기는 한다고 반박했다. 그래서 나는 풀밭에 놓아서 기른 닭이 낳은 달걀과 사육장에서 기른 닭이 낳은 달걀의 가격 차이가 50~100퍼센트이며, 그 소비자 단체가 발표한 조사에서 이 두 종류의 달걀은 맛과 영양에서 아무런 차이가 없었음을 상기시켰다. 그러자 그 여성은 풀밭에 놓아기른 닭이 낳은 달걀이 더 비싼 것은 당연하다면서 닭의 건강을 위해서는 그만큼 값을 치러야 한다고 주장했다.

그렇다면 꾸준히 발전할 수 있는 농업을 통해서 가축들의 건강과 (그것이 생태계를 보존하는 길이니까) 영양, 모두가 공존하는 길은 없을까? 그렇게만 된다면 대지도 평안을 되찾고, 소비자들은 마음의 평안을 되찾을 수 있으며 우리가 먹는 음식의 질도 향상될 수 있다. 이렇듯 현재보다 엄청난 추가 비용을 부담할 필요가 없는 농업을 정착시킬 수 있다면, 해볼 만한 도전이 아니겠는가?

건강을 챙기는 농업?

농업 생산의 목표에 예방 차원의 건강을 도입하는 건 어떨까?

지난 한 세기 동안 프랑스인들의 식비 지출은 급강하했다. 닭 한 마리를 사려면 1900년에는 일주일을 일해야 했고, 1950년에는 하루, 요즘에는 한 시간 조금 넘게 일하면 된다.

농업 또한 그 사이에 눈부신 발전을 이루었다. 80만 명의 프랑스 농부들은 수백만 명에 이르는 그들의 할아버지들보다 농산물을 훨씬 많이 생산한다. 이제 결핍이란 존재하지 않으며, 프랑스 기후에서 자라는 작물들에 한해서는 식량 자급자족이 100퍼센트에 가깝다. 더구나 이 모든 결과는 품질과 생태계를 보호하고자 마련된 엄격한 기준을 준수해가며 일궈낸 성과다. 하지만 이제 숫자로 드러난 성과가 아닌 또 다른 도전이 프랑스를 비롯한 세계 농부들을 기다리고 있다. 좀 더 소비자들의 건강을 생각하고 먹이사슬을 존중하는 농업을 창조해야 하는 도전이다.

농사짓는 사람들에게는 두 가지 선택이 존재할 수 있다. 다음에 소개하는 이야기가 그 두 가지 선택을 잘 설명해준다. 트랙터가 길러낸 소 이야기와 오존층을 보호하는 소 이야기 중에서 먼저 오존층을 보호하는 '녹색 소' 이야기부터 해보자.

오존층을 보호하는 소와 석유 빛깔의 소

생태계와 건강을 생각하는 농업인가, 석유로 벌어들인 막대한 돈을 절약하기 위한 농업인가

|

‡ 오존층을 보호하는 녹색 소

오존층에 뚫린 '구멍' 문제는 환경 문제 중에서도 아주 중요한 문제다. 인구 과밀과 산업화로 몸살을 앓고 있는 지구는 '온실가스'를 배출하며, 이 가스는 우리 환경을 악화시킬 뿐 아니라 미래마저 불안하게 만든다.

잘 알려졌다시피 온실가스에는 이산화탄소가 포함되어 있으며,

메탄가스도 들어 있다. 메탄가스는 산업체에서 주로 만들어내므로 어떤 식으로든 통제가 가능하다. 그런데 산업체뿐만 아니라 그지없이 평화스러워 보이는 반추동물들도 이 가스를 만들어낸다. 소에게는 네 개의 위가 있는데, 첫 번째 위에는 다양한 종류의 세균들이 살고 있다. 그 세균들 중에는 메탄가스를 만들어내는 세균도 포함되어 있다. 반추동물들이 만들어내는 메탄가스도 지구에서 만들어지는 온실가스 중에서 무시할 수 없을 만큼 큰 비중을 차지한다.

그렇다면 이 한없이 순해 보이는 소, 염소, 양, 야크, 낙타, 라마들에게 지구 환경을 악화시킨다는 이유로 벌금이라도 물려야 한단 말인가?

소들을 먹이는 사료, 우유의 품질, 메탄가스의 발생

몇 년 전에 우리는 우유 생산업자와 프랑스 농학연구소 연구원들을 만났다. 1990년대에 실시한 축산 관련 실험을 통해서 우리는 소들에게 먹이는 사료가 소들의 '내부에 사는 세균 생태계'에 미치는 영향에 대해 관심이 있던 터였다.

그렇다. 소들은 분명 '내부에 사는 세균 생태계'라고 할 만한 세계를 지니고 있다. 수백만 마리의 세균류, 곰팡이류, 원생동물들이 소 안에서 기거한다. 이 같은 특성 덕분에 소들은 다른 반추동물도 마찬가지지만 풀이나 (인간들에게는) 소화가 어려운 섬유소들을 너끈히 소화시킨다.

우리는 소들이 먹는 사료가 꽤 많이 변했으므로 마땅히 소들의 '생태계' 에도 그에 맞는 결과가 나왔을 것이라고 예상했다. 그 사실을 확인하고자 우리는 원생동물, 즉 소의 위에 사는 미생물 중에서 크기가 가장 큰 생물의 개체수를 세었다. 반추동물의 여물통에 오메가3가 많을수록 원생동물의 수는 줄어든다. 이는 지나치게 기술적인 문제일 수도 있으나 그 결과는 매우 흥미롭다.

원생동물은 박테리아를 잡아먹는 이른바 기생충이라고 할 수 있으며, 사료 속에 녹말 성분(옥수수, 밀 등)이 많이 들어 있으면 개체수가 부쩍 늘어나는 성향이 있다. 또한 메탄가스를 만들어내는 세균과는 사이가 좋아서 결합 상태를 보인다(이 두 생물들은 쉬지 않고 서로 에너지를 교환한다).

원생동물은 오메가3라면 질색이다. 소가 풀이나 아마인을 먹을 때면 이들은 자취를 감추는데, 사라지면서 메탄가스를 만들어내는 세균들까지 끌고 간다. 그러니까 질 좋은 우유를 만드는 소일수록 메탄가스를 덜 만들어낸다.

이 이야기는 솔직히 그다지 운치 있는 이야기는 아니다. 나도 그 점은 충분히 인정한다. 하지만 이 이야기를 굳이 꺼낸 이유는 사료에 따라 소들이 만들어내는 메탄가스의 양을 측정했다는 이야기를 하기 위함이었다.

어떤 식으로 실험했을지는 독자들 상상에 맡긴다(메탄은 가벼운 기체이다. 일부 실험에서는 소의 머리 위에 종을 엎어 소로부터 빠져나오는 메탄가스를 모은 다음 측정하는 방식을 자세하게 묘사하기도 했다). 어쨌거나 옥수수, 밀, 콩을 사료로 했을 때보다 아마인을 사료로 했을 때 메탄가스 배출량은 30퍼센트 줄었다.

한 가지 덧붙이자면, 설명하기는 굉장히 복잡하지만 그럴 수밖에 없는 것이 소들이 배출하는 메탄가스의 양이 적으면 적을수록 우유, 버터, 치즈의 영양 가치와 맛은 더 좋아진다는 사실이다. 왜? 반추위(소의 위)에서 사는 박테리아들은 '극히 작으므로' 주변 환경의 변화에 아주 민감하다.

이들 박테리아는 수도 많을 뿐 아니라 종류도 매우 다양하다. 박테리아는 종류에 따라 고유한 호흡방식을 지닌다. 이 호흡 과정에서 특별한 지방산이 발생하는데 이것이 우유를 만드는 원료 역할을 한다.

정리하자면 뤼시앵의 소는 끓인 아마인을 먹으면 메탄가스를 덜 배출하고 지방도 덜 함유하게 된다. 그때 우유 속에 남은 지방 속에는 불포화지방산과 오메가3가 많고 포화지방산이나 오메가6는 적다. 영양면에서 질이 좋은 지방이 우유 속에 포함되어 있을 때, 그 우유로 만든 치즈와 버터는 훨씬 부드럽고 맛이 좋아서 소비자들이 많이 찾는다.

어떤가? 일간신문 1면을 장식할 만큼 놀라운 사실은 아닐지라도 매우 흥미롭지 않은가? 그러고 보면 생화학이란 알면 알수록 신기하고 오묘하다. 균형과 자연보호를 일깨울 뿐만 아니라 설명하기 복잡한 이야기라도 매우 쉽고 분명한 교훈을 전해준다. 이를테면 내가 자연의 균형을 존중하면, 생태계만을 보호하는 것이 아니라 그와 동시에 내가 기르는 소의 건강도 지키고, 그 소가 나에게 주는 제품의 품질도 향상시킬 수 있으며, 그 우유를 마시거나 그 우유로 만든 버터나 치즈를 먹는 사람들 건강까지도 지킬 수 있다는 식이다.

반대로 내가 자연의 균형을 존중하지 않으면, 내가 기르는 소는 어쩌면 앙심을 품은 녀석이라 그런지는 모르겠으나 내가 몸담고 사는 생태계를 파괴하고 내 건강을 해친다.

어떤가? 이만하면 이 땅에서 살아가는 삶이 아름답지 않은가!

‡ 석유 빛깔의 소

벌써 수십 년 전부터 농업의 미래를 언급할 때면 '녹색 석유'라는 문건이 어디선가 튀어나오곤 했다. 녹색 석유란 곡물을 발효했을 때 나오는 제품(바이오에탄올) 또는 기름을 함유한 씨앗들이나 거기에서 얻은 기름(바이오디젤 또는 디에스터)을 가리킨다. 이렇게 해서 얻은 기름은 재활용할 수 있고 대기를 거의 오염시키지 않는 연료로서 석유를 비롯한 화석연료의 대안으로 떠올랐다. 브라질과 미국에서는 많은 자동차들이 이미 옥수수나 콩을 원료로 만든 기름을 넣고 달린다고 한다.

유가 인상과 더불어 녹색 연료의 인기는 프랑스에도 밀려오고 있다. 대규모 공장들이 바이오에탄올이나 바이오디젤을 생산하고

자 속속 들어서고 있다. 또한 이보다는 훨씬 규모가 작은 신종 소규모 기름 압착기들이 농가 마당에 자리를 잡아간다. 시작은 나쁘지 않다. 농부들이 유채를 뿌려서 씨앗을 수확한 다음 그 씨앗들을 압착기에 넣고 짠다. 그러면 기름이 나오고 농부들은 이 기름을 트랙터에 넣는다. 원래 트랙터 연료인 중유와 섞어서 쓰면 연료비를 꽤 절약할 수 있다. 귀가 솔깃한 방식이 아닐 수 없다. 실제로 이점도 많다. 스스로 연료를 공급할 수 있으며 돈도 덜 들고 복잡하지도 않으니 일석삼조 아니겠는가.

그러나 세상사가 언제나 그렇듯이 좋은 점이 있으면 나쁜 점도 있게 마련이다. 압착기 밑으로 기름이 나오는가 하면, 다른 한쪽에서는 소 먹이가 되는 깻묵도 나온다. 씨앗에서 기름을 뺀 찌꺼기가 깻묵이다. 그런데 이 같은 가내수공업 압착기를 사용하면 깻묵 속에 제법 많은 기름이(12~20퍼센트) 남는다.

문제는 바로 여기에 있다. 유채유는 우리에게 이로운 영양 성분을 가진 기름임에 틀림없다. 그렇지만 인간들에게 좋은 제품들 상당수가 소에게는 좋을 것이 없는 경우가 종종 있다. 예를 들어 고기만 해도 그렇다. 인간에게는 좋지만, 소에게는 좋을 게 없다는 사실이 광우병 파동을 통해 잘 알려져 있지 않은가? 유채유에는 한 가지 종류의 지방산, 즉 올레인산(올레인이라는 이름은 올리브유에서 유래했다. 그러니 영양은 매우 뛰어나다)이 주류를 이루기 때문에 인간에게는 아주 유익하다.

하지만 소 입장에서 보자면, 소의 위는 이 지방산이 뭔지 알지도 못한다. 소가 즐겨 먹는 풀이나 짚에는 들어 있지 않기 때문이다. 소의 위에서 사는 수백만 가지 박테리아들은 올레인산이 위 속으로 들어오면, 처음에는 놀라는 반응을 보이다가 곧 서둘러서 메탄가스와 포화지방산, 트랜스지방산을 만들어낸다. 이는 소로서도 보기 드문 행동이겠지만, 인간에게도 좋을 것이 하나도 없다. 소는 집 안에 틀어박혀 있기를 좋아하는 동물인 데다 앙심도 깊다. 그러니 소가 좋아하는 먹이로 키우면 소가 보답하겠지만, 만일 소의 먹이사슬에서 벗어나는 먹이, 그러니까 소가 기대하지 않았던 사료로 키우면 앙심을 품은 소는 수소 첨가 팜유만큼이나 품질 나쁜 버터를 만들거나 우유에 트랜스지방산과 포화지방산을 잔뜩 넣어 당신 건강을 망치고, 몸 밖으로 메탄가스를 배출해서 공기를 엉망으로 만들어버릴 것이다.

내가 소 이야기를 꺼낸 것은 오늘날 농업이 처한 선택의 방향을 잘 보여주기 때문이다. 소는 우리 인간의 산업이 만들어낸 덜 정제된 찌꺼기를 싼값에 내다버리는 쓰레기통이 아니다. 유채 기름 압착기 문제는 시작은 좋았으나 끝이 서글프다. 녹색 연료는 소의 여물통에 덮어 놓고 연료 찌꺼기를 들이붓기 전에, 좀 더 멀리 내다보고 소에게 필요한 사료, 깻묵의 질과 양을 모두 고려한 다음에 여물통에 연료 찌꺼기를 넣어도 되는지 결정해야 할 것이다. 그 모든 사항이 고려되고 난 다음에 비로소 유채유 녹색 연료가 미담으로 기억될 것이다.

그러나 현재까지는 아무도 올레인산 찌꺼기가 소의 건강과 소가 만들어내는 우유의 품질에 어떤 영향을 끼치는지 연구하지 않았다. 일부 지방에서는 지방자치기구 단위로 가내수공업의 기름 압착기에 지원금까지 지급한다고 한다. 이렇게 해서는 옳은 방향이 아닌 곳으로 농업을 몰아가는 결과를 낳을 것이다. 현재로서는 소의 건강이나 소가 우리에게 공급하는 제품의 질보다는 기름 값을 아끼겠다는 의도만 확실하게 드러날 뿐이다.

'오존층을 보호하는' 녹색 소는 이와 차원이 다른 이야기다. 이 이야기는 자연의 균형을 존중하고 가축의 건강을 살피며 제품의 질과 인간의 건강, 생태계까지 챙기는 아름다운 이야기다. 미래 세대의 농업이 이 방향을 선택해야 한다는 건 두말할 필요도 없다.

자크와 자크가 기르는 돼지 그리고 그 돼지들이 낳은 새끼 돼지

식품의 맛을 유지하고 가격을 올리지 않으면서도 질 좋은 영양으로 바꾸는 법

|

자크 무로는 돼지를 친다. 하지만 자크 무로는 축산업자도 농부도 아니다. 자크는 렌 근처에 있는 프랑스 농학연구소의 연구 책임자이다. 그가 일하는 연구소는 '축산, 가축과 인간의 영양(SENAH)'이라는 이름을 달고 있다. 의미심장한 이름이다. 우리는 벌써 여러 해 전부터 공동 작업을 해왔다. 그와 함께하는 작업은 매우 기분 좋은 일이다. 부르고뉴 출신이며 철학자 기질이 다분한 자크는 만날 때마다 유쾌하고 인간미가 넘치며, 학문에 대한 통찰력은 물론 실험가로서 재능도 갖추었다.

당신은 어느 토요일 오후에 대형 할인매장의 식품 코너에서 장을 보다가 우연히 '천연 오메가3를 강화한' 햄이나 베이컨을 만날 수도 있다. 이 제품들은 영양과 제약을 혼동한 나머지 섭취하지

말아야 할 식품 목록(버터, 담배, 베이컨, 돼지고기 찜 등)을 작성해서 발표하는 '무늬만 전문가'인 일부 사람들을 분노에 떨고 머리를 쥐어뜯게 한다. 돼지고기 가공식품 판매대에서 이런 놀라운 제품을 만나게 되면, 그 놀라운 제3세대 돼지고기 가공식품이 선보이기까지 자크의 숨은 노력이 있었음을 알아야 한다.

자크의 연구소는 인간의 영양은 물론 동물의 영양에도 관심을 쏟으며, 축산 농가에서 키우는 돼지의 품질을 높이고자 밤낮 없이 일한다. '품질을 높인다'는 말은 돼지의 건강을 챙기고, 고기 자체와 고기를 가공해서 만드는 제품의 질을 높이며, 이 제품을 사 먹는 소비자들에게 먹는 즐거움과 건강을 동시에 제공하는 것을 의미한다.

어찌 보면 이건 당연한 일이다. 돼지는 값싼 고기를 제공하며, 돼지고기는 프랑스에서 소비되는 육류 중에서 1위를 차지한다. 식물성 기름과 우유의 지방과 더불어 돼지기름은 프랑스에서 세 번째로 많이 소비되는 기름이다. 프랑스인의 1인당 하루 돼지기름 소비량은 12그램이며, 이 기름의 품질은 당연히 돼지가 먹는 사료에 따라 달라진다.

영양의 관점에서 보자면, 돼지는 지난 30년간 놀라운 변화를 겪었다. 도축업자들은 점점 더 기름기가 없는 돼지를 선호한다. 1960년대에 미국의 매사추세츠 주 프레이밍햄과 미네소타 주 미니애폴리스의 한 연구소에서 시작된 콜레스테롤 동물성 기름과의 벌인 전쟁은 이처럼 프랑스 피니스테르 지방의 플레방과 코트다르모르 지방의 랑발 축산 풍경에도 지대한 영향을 끼쳤다. 기름기 많은 돼지고기 가공식품의 수요가 날로 줄어들자, 도축업자들은 당연히 점점 더 기름기가 적은 돼지를 선호하게 되었다.

지방을 만들어내는 재능과 인간에게 비계를 제공하는 능력 덕분에 수천 년 전부터 사랑받아온 돼지가 점점 날씬해져가는 진풍경이 펼쳐진 것이다. 말하자면 돼지의 체질량지수가 점점 줄어들고 있다! 도축업자들은 살이 덜 찐 돼지에게 값을 더 쳐주는 방식을 들여왔다. 돼지는 체질량지수라고 하지 않고 살코기 지수 혹은 근육 비율이라는 용어를 쓴다.

도축장에서는 비계의 두께를 측정해 얇으면 얇을수록 돼지고기의 킬로그램당 가격이 높아진다. 이 방식으로 지난 40년간 축산농가에서 기르는 돼지들의 비계는 절반으로 줄었다. 절단된 돼지고기의 평균 지방 지수는 40퍼센트에서 20퍼센트로 뚝 떨어졌다.

돼지의 살 빼기는 식탁에서도 계속된다. 눈에 보이는 지방, 즉 햄이나 삼겹살 끝에 붙어 있는 껍질들도 개 밥그릇이나 쓰레기통에 버려지기 일쑤다. 프랑스에서 활동하는 안셀 키스를 존경하는 후계자들이 들으면 아주 만족스러워할 만큼 요즘 돼지고기는 기름기 없는 살코기가 되어버렸다. 다만 영양학 의사나 식이요법 지도자들이 보는 영양 성분표는 유감스럽게도 그 사실을 생각하지 않고, 오래전 자료나 돼지들이 아직도 '돼지처럼 뚱뚱하다'고 묘사하는 다른 대륙에서 사용되는 자료를 쓰고 있을 뿐이다.

결론은 지난 40년 동안 프랑스인들의 돼지고기 소비는 눈에 띄게 증가(50퍼센트 정도)했지만, 돼지기름의 소비는 제자리이거나 다소 줄어들었다. 영양학적 요구에 생산이 반응한 놀라운 예라고 할 수 있다.

프랑스보다 사정이 훨씬 심각한 나라들도 많다. 스위스에서 돼지 사육 농가는 말도 안 되는 체계 때문에 고생한다. 이들이 기른 돼지의 고기는 이른바 '페찰Fettzahl'(지방 수치)이라고 하는 방식에 따라 값을 매긴다. 이 방식은 불포화지방산을 많이 함유하고 있는 '다이어트용' 고기를 생산한 축산업자들에게 불리한 방식이다. 포화지방산이 많을수록 고기 값을 비싸게 받는데 그 이유 또한 방식만큼이나 황당하다. 고형 성분의 포화지방산이 많이 포함되어 있으면, 살라미용으로 자르기가 쉽기 때문에 스위스의 '기술만능주의자들'이 이처럼 '영양에서는 품질이 가장 나쁜' 고기에 높은 값을 주도록 규칙을 제정했다니 얼마나 기가 막힌 노릇인가! 도저히 믿을 수 없는 노릇이다. 현재의 과학 지식에 비추어 도저히 믿을 수 없는 일이지만 스위스에서 실제로 일어나고 있다. 그러니 당분간 스위스산 소시지는 먹지 않는 편이 현명하다.

하지만 맛과 영양이 뛰어난 스위스 산악지대 치즈는 먹지 않을 이유가 없다. 알프스 산악지대 목초지에서 만들어진 오메가3가 풍부하게 들어 있으니까. 이 치즈들은 맛도 좋고 영양면에서도 나무랄 데가 없다. 비록 스위스의 '공식' 보고서에는 그런 말을 명기하지 말라고 권장하지만 그래도 진실은 드러나는 법이다.

‡ 돼지로부터 인간에게

소는 인간에게 호감을 주지만 돼지는 그 같은 혜택을 누리지 못한다. 반추동물은 네 개의 위와 그 안에 살고 있는 수백만 마리의 박테리아를 이용해 풀을 우유 또는 고기로 변신시키는 신기한 재주가 있다. 돼지는 인간의 위장과 크게 다를 것 없는 소화기관을 지닌다. 따라서 가축화된 잡식동물인 돼지가 먹는 것이라면 우리도 먹을 수 있다.

SENAH 연구소에서 진행한 실험은 사육동물인 돼지에게 실시한 것이자 우리의 먹을거리가 되어주는 돼지, 또 인간의 소화기관 연구를 위해 모델이 되어줄 돼지에게 실시한 것이라고 할 수 있다. 그러므로 이 실험으로 얻은 정보는 매우 귀중한 정보다.

우리가 공동 작업을 할 무렵, 자크 무로는 오메가3의 원천이 되는 사료를 돼지의 여물통에 넣었을 때 나타나는 여러 사항을 측정했다.

돼지기름은 대부분 불포화지방산으로 이루어져 있으며, 보통 오메가6와 오메가3 비율이 12 대 1 정도 된다. 말하자면 사료와 관련해서 오메가6의 함량에 제한을 두었는데도 오메가6 비중이 지나치게 높다. 40년 전 돼지보다 높은 편이다.

오메가3가 강화된 사료를 먹인 돼지들은 다른 돼지들보다 고기의 함량이 많고 기름이 적다. 이만하면 축산업자들이 관심을 가질 만하지 않겠는가. 도축업자들에게도 마찬가지다. 더 많은 고기, 그것도 훨씬 덜 기름진 고기를 팔 수 있으니 이들에게도 확실히 반가운 소식이다.

오메가3를 많이 먹인 돼지들의 고기와 그 고기로 만든 가공식품을 분석해본 결과, 오메가3 함량이 세 배 이상 늘어났고 오메가6는 줄어들었다.

맛에 대한 검사도 함께 진행되었다. 오메가3를 강화한 돼지고기 구이, 햄, 찜 등에서 느껴지는 육질이 훨씬 부드럽고 맛있었다.

사실 맛을 언급하기란 매우 복잡하지만 그래도 흥미진진하다. 고기의 맛은 '육즙 함유 정도'에 따라 달라진다. 전문가들은 육즙이 적당히 함유된 고기를 좋은 고기라고 평가한다. 흔히 오메가3를 강화한 돼지들의 고기는 지방이 적은 대신 조직 속에 많은 수분이 함유되어 있다. 고기 안에 들어 있는 이 '생리 수분'이 고기를 사먹는 소비자들에게 육즙을 선사하며, 소비자들은 그 맛 때문에 고기를 보면 군침을 삼킨다. 고기를 대상으로 한 실험에서는 입 안에 감도는 육즙의 맛으로 표현되는 이 '육즙 함유 정도'가 나날이 좋아진다는 것을 보여준다.

그런데 이 기준은 맛 때문에도 중요하지만, 그와 동시에 열을 가했을 때 고기에서 수분이 덜 빠져나온다는 사실 때문에도 중요하다. 이를테면 고기 100그램을 샀을 때, 그것이 오메가3를 강화한 고기라면 육즙이 배어 있는 90그램 정도의 고기를 먹을 수 있지만, 오메가6 함량이 높은 고기라면 80그램 정도밖에 못 먹는다는 사실을 의미한다. 다시 말해서 입 안에서 맛을 느끼게 해주는 육즙은 고스란히 빠져나가 프라이팬 속에 남게 된다.

연구소 동료들은 돼지의 지방조직이 만들어지는 기제를 샅샅이 파헤치고, 고기와 고기 가공식품의 품질을 재는 기준에 따라 갖가지 수치를 측정하며, 그 결과를 수백 쪽짜리 논문으로 만들어 발표하는 작업을 진행했다. 이 작업은 때로 신비스럽기까지 했다. 예를 들어 돼지의 피하지방조직의 수를 센다거나 크기를 재거나 시골식 돼지 찜의 끈기나 숙성 기간 등을 측정한다고 상상해보라.

앞에서 여러 차례 보았듯이 똑같은 논리가 반복된다. 즉 동물을 제대로 먹이면, 다시 말해서 이치에 맞는 사육 방식과 사료를 쓴다면, 동물들의 건강이 증진되고 이는 그대로 그 동물들로부터 얻는 식품의 질 좋은 영양가와 맛으로 이어진다. 우리가 내내 심증만 지니고 있었던 이 문제를 자크가 물증을 곁들여 제대로 입증해 보인 것이다!

오늘날 학문에서 통용되는 현대식 실험방식을 통해 예전 우리 조상이 쓰던 방식에도 근거가 있다는 사실을 밝혀내는 일을 나는 좋아한다. 예전부터 축산업자들은 늘 다른 씨앗보다 아마를 선호했다. 아마야말로 우리 땅에서 얻는 작물 중에서 유일하게 오메가6보다 오메가3를 더 많이 함유한 씨앗이다. 브르타뉴 지방 축산업자들은 늘 '깻묵' 이라고 하는 끓인 아마인을 가축들에게 주었으며, 해산을 앞둔 돼지에게는 특별히 더 많은 깻묵을 주었다.

렌 프랑스 농학연구소의 연구 덕분에 브르타뉴의 젊은 목축업자들은 자신들의 할아버지가 여러 세대에 걸쳐서 경험으로 터득한 진리가 학문적으로도 꽤 근거가 있는 슬기로운 방법이었음을 새로이 발견하게 되었다.

이러한 연구 결과와 대중화를 토대로 '아마를 먹인 돼지' 의 대량 생산이 시작되었다. 이 모델은 생산자와 소비자 모두에게 혜택이 돌아가는 이른바 윈-윈방식의 좋은 예다. 현재로는 아직 대세를 이루는 방식은 아니지만, 관심을 기울이는 축산 농가가 늘어나고 있으므로 새로운 축산방식의 가능성을 보여준다. 먹이사슬의 한끝에서 다른 끝에 이르는 각 단계에 관여하는 것이 모두에게 좋은 방식이라면, 우리는 그 방식을 도입하여 생산을 바꿀 수 있다.

앙드레와 그의 소 그리고 그 소들이 뜯는 풀

과학이 전통과 만날 때

|

자, 이제 목축업 지방으로 마지막 여행을 떠나보자. 소와 돼지들에 이어 이번에는 내 친구 앙드레를 소개하러 마이엔 지방으로 떠나볼까 한다. 목축업이 성행하는 이 지역에서는 현재 쇠고기 생산이 활성화되어 있지만, 예전에는 아마 역시 이 지역의 특산물로 각광받았다. 아마에서 뽑은 실은 알랑송과 마이엔 지역의 양탄자와 캔버스 천을 짜는 데 이용되었다.

앙드레는 이 지역 농가에서 태어났다. 농업공학자인 그는 전통 목축업을 열렬히 신봉한다. 요즘에는 현역에서 은퇴했지만 그래도 여전히 멘-앙주 출신 소들과 페르슈 출신 말들을 기른다. 20년쯤 전에 앙드레는 처음으로 쇠고기에 '붉은 라벨'을 붙였다. 그는 산지보호표시IGP의 기준을 만드는 데에도 참여했다. 산지 표시 라벨 부착은 지질학적 토양을 기준으로 하여 엄격하게 제한된다. 이렇게 해서 '멘 지방 농가 사육 소'라는 붉은 라벨이 탄생한 것이다.

앙드레는 이 라벨을 붙이려면 반드시 준수해야 하는 까다로운 사항들을 고집스럽게 주장했다. 예컨대 축산업자들과 도축업자들이 경험으로 알고 있는 좋은 고기의 생산을 위해 준수해야 할 사료

규정도 상세하게 명시해두었다. 방목 기간을 늘려 오랜 기간에 걸쳐 성장하도록 하고, 마지막 단계에서는 옥수수와 밀, 콩 사료를 금하고 아마를 먹여야 한다는 조항들을 명문화했다.

우리의 첫 만남은 매우 흥미로웠다. 우리는 소를 먹이는 방식에 대해서라면 완전히 일치하는 믿음을 가지고 있었다. 이처럼 똑같은 관점을 공유한 덕분에 열렬한 전통 옹호 목축업자와 신참내기 생화학자의 만남은 흥미진진했다. 그 후로도 만남은 계속되었다. 늘 식사 테이블을 사이에 두고 이루어졌기 때문에, 나는 앙드레가 구석기시대 식단을 기쁜 마음으로 엄격하게 준수한다는 걸 알게 되었다. 구석기시대 식단이라고 하면, 매끼마다 고기를 먹고 지중해 식단 혹은 '프렌치 패러독스'(포도주를 즐겨 마시는 프랑스인들이 지방이 많은 음식을 섭취하면서도 심장질환 발병률은 낮게 나타나는 현상—옮긴이)에서 차용한 물은 거의 마시지 않는 식사를 의미한다.

우리 두 사람은 스스로 '등심 고기 기사단'의 기사 작위를 수여했으며, 이 기사단에 속한 다른 기사들은 모두들 고기의 질만큼은 조금도 의심하지 않았으므로 광우병 위기가 한창일 때도 저녁이면 모여 앉아 엄마 소의 허드레 고기와 살코기, 아기소의 가슴살 등을 음미했다. 기사단의 식사 모임은 예외 없이 다음과 같은 기도문으로 시작되었다.

"기도합시다, 기도합시다, 기도합시다. 우리에게 아무 일도 일어나지 않도록 기도합시다!"

기도가 끝나고 나면 허드레 고기 요리가 등장했고, 우리는 게걸스럽게 그 요리를 먹었다.

매주 도축되는 '멘 지방 농가 사육 소' 라는 '붉은 라벨' 이 붙은 소 150마리는 조합에 가입하여 준수해야 할 모든 규정, 특히 도축을 100일 앞둔 시점에서부터 1만 그램의 오메가3를 먹여야 한다(끓인 아마 형태로 공급)는 규정을 준수한 1,000명의 목축업자들이 공급한다. 이 규정이 기술적이라는 비판이 있지만 그건 어디까지나 오래전부터 고기의 질이 좋기로 명성이 자자한 이 지역의 전통을 측정할 수 있는 수치로 바꿔놓은 것뿐이다. 맛에 관한 모든 실험에서도 이 지역 소들은 단연 타의 추종(다른 지역 붉은 라벨 소가 되었든 일반 소가 되었든 결과는 마찬가지다)을 불허한다.

최근에 이 소들이 다이어트에도 효과가 있는지 분석해본 결과, '멘 지방 농가 사육 소' 들은 프랑스에서 가장 우수한 다이어트용 고기임이 입증되었다. 그런데도 가장 추종자가 많은 식이요법에서는 여전히 기름기가 많은 데다 포화지방산이 많이 들어 있다는 이유로 붉은 살코기 섭취를 죄악시한다. 이러한 주장이 제대로 먹혀들었는지, 프랑스의 쇠고기 소비량은 지난 20년 동안 꾸준히 감소했다. 요즘 프랑스인들은 쇠고기보다 (1인당 1년에 25킬로그램) 해산물을 많이 먹는다(1인당 1년에 34킬로그램).

붉은 살코기 소비는 다이어트에 좋지 않다는 소문 역시 정확하지 않은 영양 분석표 탓으로 보이는데, 그러한 영양 분석표는 주로 미국산을 기준으로 만들어진 것들이 대부분이다. 보통 쇠고기에는 15~20퍼센트 정도의 지방분이 들어 있으며, 이중 70~80퍼센트는 포화지방산이다. '쇠고기=콜레스테롤=포화지방산.' 이렇듯 '악마' 같은 세 요소를 하나로 묶는 방정식은 널리 알려져 있지만 사실 이는 완전히 잘못되었다.

우리는 '멘 지방 농가 사육 소'를 취급하는 정육점에서 무작위로 고기를 골라 100여 가지 분석을 실행했다. 부위에 따라 기름기가 거의 없는 엉덩잇살(지방 3퍼센트)에서부터 기름기 많은 부르고뉴식 찜 부위(11퍼센트)에 이르기까지 평균 4~5퍼센트 정도의 지방분이 함유되어 있었다. 앞에서 릴리가 사 온 먹을거리 중에서 과자류에 들어 있었던 지방 함량은 앙드레가 기른 소의 등심에 함유된 지방보다 세 배나 많았다. 그뿐 아니다. 포화지방산만 따로 떼어놓고 말한다면 과자의 포화지방산이 고기의 포화지방산보다 여섯 배 많다.

그렇다. 그처럼 무시해온 고기의 지방에는 56퍼센트의 불포화지방산(그러니까 포화지방산은 겨우 44퍼센트이다. 이는 생선 기름과 거의 비슷한 수준이다)이 포함되어 있으며, 그중에서 13퍼센트는 다가불포화지방산이다. 또한 오메가6와 오메가3 비율은 2 대 1이다. 그러므로 쇠고기는 오로지 포화지방산으로 똘똘 뭉쳐 있다고 하는 생각은 그릇된 선입견일 뿐이다.

앙드레는 고기를 많이 먹는다. 하지만 붉은 라벨을 붙인 고기만을 먹는다. 그러니 우리는 그가 건강한 은퇴 생활을 보낼 것이라고 쉽사리 추측할 수 있다. 요즘에 앙드레는 닭들도 오메가3 식단으로 기르기 때문에, DHA가 풍부하게 함유된 달걀까지 챙겨먹을 수 있으니 그의 건강에는 아무 문제가 없을 것이다.

그렇다면 어째서 쇠고기에 대해 그처럼 악평이 따라다니게 되었을까? 그건 어쩌면 마이엔 지방 소들의 일상이 미국 캔자스 주목장이나 브라질 목장에 사는 소들의 일상과 차이가 많이 나기 때문일 수 있다. 영양학 분야에서 가장 경계해야 할 판단 착오가 있다면, 그건 바로 쇠고기라면 무조건 똑같은 영양 성분일 것이라고 넘겨짚는 일이다. 브라질이나 캔자스 주에도 틀림없이 앙드레처럼 전통방식을 고수하는 목축업자들이 있을 테지만, 대부분 가축들은 밀집된 상태에서 사육되고 옥수수, 밀, 콩이 섞인 사료를 먹으며 자란다. 이 사료는 반추동물의 생체에는 맞지 않기 때문에, 목축업자들은 항생제를 남용하고 때로는 에스트로겐 성장호르몬까지 주입하기도 한다. 참고로 유럽에서는 가축들에게 성장호르몬을 주입하는 것이 법으로 금지되어 있다.

풀과 아마를 먹인 가축의 고기가 맛과 영양에서 뛰어나다는 사실은 먹이사슬과 관련하여 일관성 있는 진실을 말해준다. 즉 오메가3가 혈액의 흐름을 좋게 만드는 것이다. 이는 다이어버그가 연구한 에스키모인이나 앙드레의 쇠고기에 똑같이 적용되는 기제라고 할 수 있다. 그러므로 목축업자들은 이미 여러 세대 전부터 가축에게 아마를 먹이면 고기가 훨씬 보기 좋고 붉은 빛깔도 선명하다는 사실을 알고 있었다. 고기의 붉은 빛깔을 선명하게 만드는 건 다름 아닌 원활한 혈액순환이다.

오메가3는 제라르 아이요 교수의 생쥐 실험, 앙드레의 소에서 드러났듯이 지방조직의 성장을 억제한다. 이렇게 되면 고기의 지방 함유량도 감소한다. 지방조직이 적을수록 고기는 자크 무로의 돼지고기에서 살펴본 기제와 똑같은 기제로 생체 내에 수분이 많아진다. 따라서 아마를 먹여 기른 소에서 얻은 고기가, 맛과 육즙이 포함된 정도를 재는 맛 경연에서 경쟁 식품보다 뛰어난 성적을 올린다고 해도 그리 놀라울 것이 없다.

내일의 농업을 위한 선택

농업 생산은 뿌리부터 살펴 본질을 되찾아야 한다

|

소와 돼지에서 인간에게로, 들판에서 여물통으로, 여물통에서 인간의 식탁에 오르기까지 농업은 각 단계마다 폭넓은 선택의 가능성이 있다. 대량 생산 체계는 오늘날 그 한계를 드러내고 있다. 양을 앞세우는 경제학, 언제나 가장 낮은 생산 비용을 추구하는 경제는 출발할 때와는 다르게 얼토당토않은 목적지로 이끈다. 여물통이나 식탁 상차림에서 비용을 줄인다 해도 그 때문에 의료 비용이 늘어난다면, 도대체 무슨 의미가 있겠는가?

목축업에서 통용되는 이 진리는 우리의 부엌에서도 통용된다. 몸의 구조와 맞지 않는 섭생방식, 유전자와 영양소 사이에 생겨난 괴리로 생체 질서는 갈피를 잡지 못하고, 이를 해결하고자 약품의 복용은 점점 더 보편화되고, 그에 따라 의료 비용도 늘어난다.

인간의 건강, 가축의 건강, 생태계의 보호는 하나로 이어져 있다. 뤼시앵은 벌통을 관찰하면서 이를 간파했다. 여러 학자들도 하루가 멀다 하고 끈기 있게 이 사실을 증명해보인다. 그뿐 아니라 우리는 먹는 즐거움, 건강, 생태계 보호 중에서 어느 하나도 버리지 않고 모두를 조화롭게 살려야 하는 숙제를 안고 있다.

다시 한 번 말하지만 '먹는 즐거움-생태계-건강'이라는 삼총

사는 한 덩어리처럼 결합되어 있다. 학문적인 연구 성과, 각종 통계 수치가 설득력 있게 이를 뒷받침해준다. 나는 그중에서 대표적인 몇 가지 사실들을 이 책에서 소개하고자 했다. 다가올 가까운 미래에 지난 10여 년 동안 나와 함께 그러한 믿음을 공유해온 학자들이나 농부들, 기업가, 유통업자들이 옳았다는 사실을 인정받을 수 있을지는 알 수 없다. 하지만 적어도 우리가 믿는 바처럼 되어간다고 느낄 수는 있다.

이 같은 추세는 앞으로 계속될 것인가? 아마도 그럴 것이다. 먹이사슬의 앞 단계, 즉 들판에서 벌어지는 일, 여물통에서 벌어지는 일들에 대한 우리의 선택이 인간의 건강에 지대한 영향을 미친다는 사실을 사람들이 확실하게 인식한다면 얼마든지 그럴 수 있을 것이다. 학문에서나 기술에서나 역학 관련 자료들은 풍부하다. 그 자료들이 소비자들의 의식을 일깨우기만을 기대하면 된다. 마지막 구매 결정은 바로 소비자들의 몫이기 때문이다.

한 세대를 거치는 사이에 기름기가 반으로 줄어든 돼지의 사례만 보더라도 우리는 소비자들이 영양에 관한 요구를 분명하게 전달하기만 하면 얼마든지 축산방식을 바꿀 수 있음을 확인한다.

최근에 유럽 소비자들은 유전자변형식품에 대한 반대 입장을 표명하고자 하나가 되었다. '세계화된' 시장에서 이는 절대 쉬운 일이 아니었다! 하지만 이들은 유전자변형 없는 식품을 규범화하는 데 성공했다. 소비자들이 먹이사슬을 존중하여 건강을 지켜주는 농업이 확산되기를 바란다는 의지를 확고하게 천명하고, 제품의 최종 소비자가격만을 유일한 구매 기준으로 삼지 않는다면 모든 것은 가능하다. 유전자변형식품 반대 운동이 이를 증명한다.

농업의 미래를 위해 매우 중요한 이 선택은, 얼마든지 가능하며 현실성이 있고 경제적이다. 이는 지속적인 농업(지속적인 농업 헌장에는 누구나 품질 좋은 상품을 공급받아야 한다고 명시되어 있다)을 위한 진정한 도전이다. 이 농업에 미래의 농부들과 소비자들은 적극 동참해야 한다. 이러한 농업을 정착시키기 위해서는 한 가지 끈질긴 노력이 필요하다. 바로 이제까지 고정관념과 습관을 털어버리는 노력, 오늘날 왜곡된 농업 구조를 만들어낸 선택에 대해 그게 아니라고 말하는 노력, 잘못된 관행을 문제 삼는 노력을 말한다. 물론 우리 앞에는 엄청난 암초가 기다리고 있을 것이다!

농업의 변화가 소비 형태의 변화(군것질을 줄이고, 특히 젊은 층에서 지나치게 달거나 지나치게 기름기 많은 제품의 소비를 줄여 건강을 증진시키고 지출도 낮추는 변화)와 함께 간다면, 우리는 굳이 약국 문턱을 드나들지 않아도 문명병이라고 일컫는 신종 질환에 대한 해결책을 찾게 될 것이다.

이번 장은 건강을 챙기는 농업이 자리 잡기를 바라는 내 소망을 담았다. 그러한 농업이야말로 어려운 가운데에서도 열정을 가지고 농사의 맥을 이어가는 대다수 농부들의 염원이다. 농부들은 소비자들의 새로운 욕구를 확실하게 인식하여 소비자들이 원하는 먹을거리를 공급하려는 소망을 안고 있다.

나는 모든 일이 잘못되어가고 있고, 따라서 모든 일을 혁명적으로 바꾸어야 한다는 식의 암울한 전망으로 이번 장을 끝내고 싶은 마음이 없다. 그건 사실과 다르기 때문이다. 나는 지난 50년 동안 농업 분야에서 이룩한 눈부신 진보를 한꺼번에 내동댕이쳐야 한다고는 생각하지 않는다. 프랑스 총인구의 3퍼센트에 지나지 않는 농부들이 97퍼센트의 농부 아닌 사람들을, 결코 지나치게 높다고 할 수 없는 식비 지출로도 먹여 살릴 수 있는 건 바로 그 진보 덕분이다. 사람들이 여가를 누리고, 과거 어느 때보다도 훨씬 안전한(예를 들어 위생 불량으로 생기는 식중독 염려는 거의 사라졌다) 식품을 먹게 된 것도 진보 덕분이다. 다만 50년 동안 추구해온 생산 단가 낮추기 경쟁은 한계가 있으며, 지금이 바로 그 한계 시점이라는 사실을 지적할 따름이다.

해결책은 분명 있다

꾸준히 몸무게를 줄이기 위해 필요한 도구 : 쟁기와 안경, 그 외 몇 가지 도구

우리 몸을 구성하는 유전자와 우리가 먹는 영양분 사이에 점차 커져가는 괴리를 측정하는 단위는 바로 우리의 허리둘레다. 배가 점점 나올수록 우리의 생태계 지수는 궤도에서 이탈하게 마련이다.

하지만 우리의 유전자와 우리가 먹는 영양분을 조화롭게 할 방법이 없는 것은 아니다. 꾸준히 몸무게를 줄이는 것이다. 비만이라는 전염병의 확산 방지는 진정한 예방으로 가능하다. 진정한 예방이란 들판에서 시작하여 우리의 식탁으로 전해지는 것으로 비만, 당뇨, 심장혈관계통 질환, 암, 우울증 같은, 이른바 현대병 또는 문명병이라고 일컫는 신종 질환들을 치료할 수 있다. 이러한 질병들은 여러 요인이 뒤섞여 일어나는 것으로 의사들도 환자들 만큼이나 속수무책인 경우가 적지 않다. 항생제가 발명되기 전, 요즘에는 '과거병'이 되어버린 질병들도 사정은 다르지 않았다.

이제 꾸준히 몸무게를 줄이는 데 필요한 몇 가지 간단한 도구를 살펴보자.

필요한 도구

쟁기와 성능 좋은 안경

‡ 뤼시앵에게는 쟁기가 필요하다

꾸준히 몸무게를 줄이는 데 신뢰할 만한 계획은 들판에서 시작된다. 신뢰할 만한 생산방식을 통해 신뢰할 만한 농업 생산물, 즉 소비자들의 건강을 유지하는 데 필요한 영양학적 수요(섬유질과 비타민, 오메가3 등)에 알맞은 먹을거리를 생산하는 것이다. 이러한 영양분은 물과 따뜻한 열기를 품은 토양에서 자라는 식물들이 태양에너지를 이용해 광합성 작용을 할 때에만 얻어진다.

‡ 릴리에게는 좋은 안경이 필요하다

영양학 정보를 얻지 못하면 꾸준히 몸무게를 줄이기란 매우 어렵다. 릴리의 카트를 채우는 식품에는 예외 없이 '구성 성분'을 상세히 기록한 성분표가 붙어 있어야 한다. 상품이 지닌 영양학 정보는 완전해야 하며 쉽게 읽을 수 있어야 한다. 그리고 소비자인 릴리는 그 정보를 읽고 싶은 마음을 가져야 한다. 또한 릴리는 그 정보를 나름대로 해석할 수 있어야 하며, 상품을 살 때 반드시 그 내용을 고려해야 한다. 이 정보는 모두가 똑같은 음식을 먹게 되는 얄궂은 일을 방지할 수 있는 무기이기도 하다.

앞에서 우리는 달걀이라고 해서 모두 같은 달걀이 아니며, 우유 또한 마찬가지임을 보았다. 생선이라고 해서 모두 똑같은 영양을 지니고 있는 것이 아니라는 사실도 알았다. 이제 더 나아가서 식품의 진정한 구성 성분을 읽어낼 줄 알아야 하며, 기업에서 벌이는 마케팅 효과라는 함정에 빠지지 않는 방법도 터득해야 한다.

릴리가 정말로 자신이 섭취하는 먹을거리의 질을 높이고 싶다면, 정보를 충분히 읽고 나서 적극 선택에 나서야 한다. 농사를 짓는 뤼시앵은 틀림없이 소비자인 릴리의 요구를 귀담아 듣고, 그 요구에 알맞은 먹을거리를 생산해낼 것이다.

릴리의 안경은 또한《ANC》권장 사항을 꼼꼼하게 읽고, 영양에 관한 지식을 대중화하는 좋은 책들을 읽는 데에도 필요하다.

시력을 고려하여 선택한 안경 덕분에 릴리는 슈퍼마켓에서 우수한 상품, 즉 릴리가 좋아하는 초콜릿 과자이면서 팜유나 정체불명의 '수소 첨가' 또는 '일부 수소가 첨가된' 식물성 식용유가 구성 성분 두 번째 자리에 버젓이 버티고 있는 과자를 고르지 않을 것이다. 말하자면 릴리는 지나치게 달거나 지나치게 기름기가 많은 제품으로 카트를 채우는 일은 없을 것이다. 그러니 릴리의 어린 조카들 또한 그런 식품을 입에 대는 일이 줄어들 것이다!

또한 안경 덕분에 릴리는 식품의 생산방식, 가축들에게 먹인 사료, 기름 성분에 대해서도 관심을 둘 것이다.

릴리는 진열대에 즐비하게 늘어선 유채유로 만든 '무늬만 치즈' 이거나 콜레스테롤은 없지만 포화지방산이 그득한 과자들도 외면하게 될 것이다.

누구에게나 없어서는 안 될 도구들

시간과 운동이라는 약

|

‡ 믿을 만한 손목시계

오전이나 오후에 배가 약간 출출해서 직장 동료들과 커피 한 잔 마시면서 과자 한두 조각 먹고 싶은 생각이 날 때마다 릴리는 손목시계를 보면서 이렇게 말하면 좋을 것이다.

"지금 저 설탕 덩어리를 한두 조각 먹어서 내 혈당을 높이는 건 어리석은 짓이야. 식사한 지 두 시간 정도 되었으니 이제 막 열량이 소모되기(다시 말해서 살이 빠지기) 시작할 텐데 말이지."

릴리는 슈퍼마켓에서 장을 볼 때, 필요한 영양 정보를 꼼꼼히 읽는데 5분 정도 시간이 든다는 사실을 손목시계로 확인하면서 그 시간이 자신에게 매우 유용한 시간임을 인식하게 될 것이다.

‡ 쿠션 좋은 운동화

'식품 구실을 하는 약품' 은 실제로 치료 효과가 없다. 하지만 나는 '약품 구실을 하는 운동' 이라는 말만큼은 적극 활용하고 싶다. 글루카곤, 카테콜아민을 비롯한 모든 지방 분해 요소의 활동을 왕성하게 만드는 데 가장 요긴한 도구는 한 켤레의 운동화다. 운동화는 꾸준히 사용하면 지방을 연소시키는 데 확실한 효과를 볼 수 있다. 또한 매우 흥미로운 2차 증세도 나타나는데, 바로 스트레스 해소와 기분 전환이다.

그래도 주의해야 할 점이 있다. 운동화를 오래도록 남용하면 중독 현상의 하나인 엔도르핀 분비가 촉진될 수 있다. 그렇게 되면 운동 중독자가 된다. 하지만 이 중독증은 그다지 위험하지 않다. 다만 소파에 머무는 시간, 텔레비전 앞에 넋 놓고 있는 시간을 줄인다는 부작용이 있을 뿐이다!

꼭 필요한 영양소

섬유질과 오메가3

|

‡ 섬유질은 왜 필요한가?

먼저 섬유질은 그 자체로 릴리의 카트 속에 들어오지 않는다. 섬유질은 색상과 향기가 선명하고 다양한 과일이나 야채를 통해서 얻어진다. 우리는 이 섬유질이 형성하는 다양한 맛들을 재발견할 필요가 있다.

두 번째로 섬유질은 당의 흡수를 늦춘다. 다시 말해 인슐린 분비를 억제한다. 바꿔 말하면 지방합성을 늦춰서 식사 한 끼의 '당지수'에 흥미로운 영향을 끼친다. 릴리가 끼니마다 샐러드나 토마토를 먹는 것은 매우 좋은 습관이다. 주말이면 야채 찜을 조리하는 것도 좋은 습관이다.

마지막으로 섬유질이 풍부한 식품은 대체로 열량이 낮은 식품이다. 짧은 시간에 조리되는 탄수화물(감자 퓌레, 파스타, 끓는 물에 익힌 쌀 등) 대신 섬유질이 풍부한 식품을 섭취하면 그만큼 섭취 열량을 줄일 수 있다.

릴리에게 성능 좋은 안경이 있다면, 팜유가 구성 성분표의 두 번째 자리에 올라 있는 (먹기 좋고 값싼) 인스턴트 야채 스프 따위는 사지 않을 것이다. 팜유는 신선한 생크림보다 맛과 영양에서 비교도 되지 않는다.

‡ 오메가3는 왜 필요한가

항생제의 발명으로 예전에 위세를 떨치던 질병들을 훌륭하게 치료한 것과 마찬가지로, 오메가6와 오메가3 비율을 잘 유지한다면 현대병도 치료될 것이다. 우리 몸이 스스로 만들어낼 수 없는 이 두 물질의 관계가 우리 몸의 중요한 기능을 좌우한다. 두 물질의 비율이 왜곡될 경우 우리에게 필요한 열량의 수급에 문제가 생긴다.

"제대로 된 섭생이 최고의 의사"라고 히포크라테스가 이미 오래 전에 선언했다. 음식과 건강의 관계를 이보다 더 정확하게 표현하는 말은 찾아보기 힘들다.

모든 식품의 포장에 오메가6와 오메가3의 함량과 이 두 물질의 비율을 알아보기 쉽게 명시하도록 한다면, 릴리가 안경을 장만하느라 들인 돈은 순식간에 본전을 뽑고도 남을 것이다.

그 외에 필요한 것들

먹는 즐거움, 절제의 미덕, 윤리 의식, 정확한 체중계 그리고 돈 조금

|

절제의 미덕부터 알아보자. 앞에서도 언급했듯이 신진대사 기제의 효율성은 개인에 따라 편차가 심하다. 정확한 체중계가 있다면 상황이 심각해지는 것을 막을 수 있다.

루시로부터 우리는 몸무게가 늘어나는 것이 줄어드는 것보다 훨씬 쉽도록 우리 몸이 만들어졌다는 것을 배웠다. 때맞춰 체중계에 올라서는 습관을 들이면, 체중이 지나치게 빠른 속도로 늘어나는 위급 상황은 피할 수 있다.

장모님 댁에서 푸짐하게 점심을 먹고 난 다음, 혹은 식탐꾼 친구들과 유쾌한 식사를 한 다음 체중을 재보고 너무 많이 먹었다 싶으면, 그다음 식사 때 조금 적게 먹는 정도의 재치를 발휘하기만 해도 이미 최악의 사태는 비켜갈 수 있다.

지나치게 제한된 다이어트는 효과가 적다. 앞에서도 말했지만 지방조직세포가 만들어지지 않도록 예방하는 편이 이미 만들어진 세포를 비우기보다 훨씬 쉬운 일임을 명심해야 한다. 그러므로 지나친 당분이나 오메가6 또는 두 가지를 동시에 과다하게 섭취하는 일이 없도록 늘 주의해야 한다. 섬유질, 단백질, 질 좋은 지방이 '풍부한' 식단을 통해서 먹는 즐거움까지 누리는 식사를 한다면, 지나치게 제한된 식사를 하고 나서 생기는 공복감과 허전함은 없을 것이다.

뤼시앵 같은 농부가 추구하는 건강을 최우선으로 삼는 농업방

식으로 생산된 식품을 선호해야 한다. 무조건 '가장 값싼' 제품을 사고 볼 것이 아니라, 1년에 1~2유로 정도를 기꺼이 더 투자한다면 릴리는 자신의 허리둘레를 날씬하게 만들고 우리 후손들이 살아갈 생태계도 보존할 수 있다.

자, 그렇다면 내일 우리는 무엇을 먹을 것인가?

해결책을 한 상 그득히 차린 희망의 잔치
불꽃놀이와 만찬

해마다 9월 가을걷이가 끝나고 밀이며 유채, 보리, 아마 밭을 밟아주는 일도 마치고 나면 뤼시앵은 잔치를 연다. 그러고 나서 뤼시앵은 며칠 동안 푹 쉰다. 몇 년 뒤에 뤼시앵도 은퇴할 예정이다. 그는 은퇴하고 나면 배낭을 메고 여행길에 오를 계획이다. 지난 40년 동안 매일 소젖을 짜느라 꿈도 꾸지 못한 여행 말이다.

오늘 저녁에는 해마다 이 무렵이면 그래왔듯이 친한 사람들을 초대했다. 농사일이 끝나고 한가한 시간이 많아지자 그는 집에서 조금 떨어진 곳에 농촌 체험용 민박집을 마련했고, 2년 전부터는 그 집을 25세의 젊은 영양사 루이즈에게 임대했다. 뤼시앵과 루이즈는 이제 둘도 없는 친한 친구가 되었다. 내가 뤼시앵을 보러갈 때면 이따금씩 루이즈도 함께 자리해서 오랜 시간 이야기를 나누기도 한다. 소의 사료에서부터 벌들의 먹이, 사람들이 먹는 음식에 대해 주로 이야기한다.

우리 두 사람과 알게 된 뒤부터 루이즈는 동물의 다이어트에 눈을 뜨게 되었고, 이제는 그걸 아주 좋아한다. 그런가 하면 우리는 루이즈로부터 사람의 다이어트에 관한 강의를 처음으로 접했다. 우리는 또한 루이즈의 미소와 반짝거리는 두 눈, 명랑한 성격, 착한 마음도 좋아하기 때문에 함께 기분 좋은 시간을 보낼 수 있다. 때로는 식사를 함께하면서 우리 이론을 실천에 옮기기도 한다. 혀끝을 즐겁게 해주는 먹는 즐거움, 좋은 사람과 함께 음식을 나누어 먹는 기쁨, 건강을 챙기는 유익함 등 식사를 통해서 일석삼조를 챙기는 것이다. 이 같은 실천은 이제까지 늘 성공했다. 식사를 하고 난 뒤에는 늘 기운이 솟아났다!

오늘 저녁에는 루이즈가 식사 준비를 맡았고, 나와 뤼시앵은 손님 초대를 맡았다. 9월 중순 주말이면 루이즈의 생일 무렵이기도 하다. 뤼시앵은 생일을 축하해주려고 불꽃놀이를 계획했다. 프랑스에서는 축제, 생일잔치, 만화영화, 영양학 책 등이 늘 그렇듯이 모든 것은 푸짐한 만찬으로 끝나게 되어 있다.

이제 초대 손님들이 도착했다.

루시. 루시는 멋진 모피를 둘렀다. 최근에 무두질을 했는지 아직도 짙은 빛깔이 그대로 남아 있는 매머드 가죽 덕분에 루시의 밝은 빛의 두 눈은 한층 돋보였다. 그녀는 초대받은 손님들이 이상한 옷을 입고 있는 광경에 두 눈이 토끼눈처럼 동그랗게 커졌다.

구라구라는 풍성하게 주름 잡힌 하얀 린넨 튜닉을 입었다. 사람들이 그를 에워쌌다. 말하기 좋아하고 아는 것도 많은 구라구라는 발효시킨 포도 주스 잔을 한 손에 쥐고 사람들에게 재미난 이야기들을 들려준다. 모두들 즐겁게 귀 기울여 듣는 듯하다.

이제 룰루가 성큼성큼 걸어온다. 룰루는 씨앗들로 가득 찬 뤼시앵의 다락에 눈길을 주고 난 뒤 흡족한 표정을 짓는다. 룰루의 미소는 주위를 온통 환하게 만든다. 그 모습만 보아도 룰루는 추수가 끝나고 평온하게 겨울을 맞을 채비를 하고 난 뒤 친구들과 함께 보내는 이 시간을 행복해한다는 걸 알 수 있다.

전통 고수자 레옹도 도착했다. 그런데 레옹은 오자마자 부엌으로 가서 루이즈를 돕느라 바쁘다. 사실은 도와주겠다는 구실로 루이즈를 감시하려는 의도가 짙다. 자신이 알려준 조리법을 루이즈가 충실하게 따르는지 궁금했던 것이다.

아, 베르나르 슈미트도 왔다. 베르나르는 병원 근무를 마치자마자 달려와서 뤼시앵과 이야기를 나눈다. 베르나르는 소들과 꿀벌들은 모두 잘 지내는지, 추수는 잘 끝났는지 모든 것이 다 궁금한 모양이었다.

앙드레도 왔다. 앙드레는 테이블이 제대로 잘 차려졌는지 둘러본 다음, 고기의 품질과 양이 적당한지 은근히 걱정하는 눈치다.

릴리는 직장에서 끝내야 할 일이 있어서 조금 늦게야 도착했다. 안셀 키스와 미셸 위젠 슈브뢸도 왔다. 모두 고령이라 여행하기가 쉽지 않았을 텐데도 와주어서 너무 고맙다.

오늘 저녁 이들은 자신들이 지켜오던 식단에 다소 변화를 주기로 결정했다. 키스는 버터를 조금 먹기로 했고, 슈브뢸은 야채를 조금 먹기로 한 것이다. 다이어버그는 손님들에게 맛이나 보여줄 요량으로 말린 물개 고기를 조금 가져왔다. 미셸 드 로르주릴도 참석해서 곧 출간될 콜레스테롤에 관한 자신의 저서에 대해 이야기했다. 제라르 아이요는 뤼시앵과 베르나르 슈미트에게로 다가왔다. 세 사람은 자신들의 방식대로 유전자와 영양소의 관계에 대해 흥미를 보였다.

자, 이제 분위기가 무르익었으니 식사를 하는 것이 좋겠다.

루이즈는 오븐 앞에 서 있다. 휴식을 취하는 루이즈만의 방식이다. 루이즈는 과체중 성인들과 비만 아동들을 치료한다. 주중에는 상담을 받으려고 찾아오는 사람들과 만난다. 이따금씩 루이즈는 몸의 날씬하고 뚱뚱함에 대해 쏠리는 엄청난 관심과 압박감 때문에 피곤해한다. 그래서 사람들이 가장 최근에 선보인 다이어트법, 단 몇 주 만에 눈에 띄도록 날씬한 몸매를 만들어준다는 기적 같고 마술 같은 다이어트법에 대해서 입을 열면 짜증이 나기도 한다. 때로는 '무설탕' 또는 '무지방'을 열렬하게 신봉하는 사람들이나 앳킨스나 쿠스민 다이어트만이 옳다고 믿는 사람들을 상대로 토론을 벌이기도 한다. 그런가 하면 모든 것을 농가공업체, 유통업자, 농부, 정치가들 탓으로 돌리고 아무 노력도 하지 않는 사람들과도 씨름을 벌여야 한다. 반대로 운동 중독자, 송아지 고기 찜이나 쇠고기 스튜 같은 음식을 오로지 열량이나 함유 지방량의 수치로만 생각하는 사람들과도 상대해야 한다.

저녁에 일을 마치고 집으로 돌아오면 루이즈는 여성 잡지들을 뒤적거리며 시간을 보내기도 한다. 하지만 잡지에서 마주치는 깡마른 모델들 사진을 보면, 점점 더 마른 모델들을 내세우는 이 사회가 도대체 어디로 가는지 묻지 않을 수 없다. 날씬해야 한다는 사회적 강박관념을 견디기 어려울 때면, 뤼시앵 집으로 건너와 함께 반주를 들면서 마음을 진정시킨다. 뤼시앵이라면 그런 생각을 바꿔줄 수 있기 때문이다. 이따금씩 저녁식사 시간까지 앉아 있다가 염치 좋게 함께 식사를 하기도 한다. 반주를 마시는 동안 코로스며드는 맛 좋은 닭구이 냄새에는 저항할 도리가 없기 때문이다.

루이즈는 오랜 세월이 지난 뒤에도 뤼시앵 집에서 함께 음식을 나누어 먹은 행복감을 두고두고 기억할 것이다. 상담하고자 자신을 찾아오는 모든 사람들에게도 이렇듯 기분 좋은 식사로 치료하는 것이 좋겠다고 루이즈는 생각한다.

루이즈는 자신을 찾아오는 과체중 환자들의 몸무게를 단시간에 줄일 수 있는 기적 같은 치료법은 없다는 사실을 잘 알고 있다. 오로지 멀리 내다보고 개인과 집단 차원에서 변화를 추구해나가는 길만이 진정한 해결책이다.

잠시 후 조용한 밤 시간이 찾아오면 루이즈는 애인의 품에 안겨서 힘들었던 하루 일과 자신이 돌보는 환자들의 고통을 잊을 것이다.

오늘 저녁에 루이즈는 여느 때처럼 즐거운 마음으로 요리한다. 샐러드에 곁들일 프렌치드레싱을 준비한다. 올리브유와 유채유 반반. 유채유 병을 들어 올리면서 루이즈는 지난여름 핀란드에서 보낸 휴가를 생각한다. 핀란드로 떠나기 직전, 루이즈는 우연히 예방을 위주로 하는 핀란드의 공중 보건 정책에 대한 기사를 읽었다.

안셀 키스의 '7개국 연구'에서 핀란드는 가장 성적이 나쁜 나라로 주목을 끌었다. 심장혈관 질환으로 고생하는 핀란드인은 일본인보다 여덟 배나 많았으며, 크레타 섬 주민보다는 무려 마흔 배나 많았다. 루이즈는 '7개국 연구'에 등장하는 지역이 바로 자신의 휴가 예정지 노라 카렐렌(러시아 국경지대)이였기 때문에 이 기사를 아주 주의 깊게 읽었다.

작지만 잘사는 나라로 유명한 핀란드에서는 모든 일이 빠르게 이루어진다. 핀란드인들은 빠른 시일 내에 '7개국 연구'의 결론을 받아들이고 필요한 조치를 취했다. 다가불포화지방산의 섭취가 중요하다니까, 지체하지 않고 유채를 심는 식이었다. 유채유는 불포화지방산을 가장 많이 함유한 기름은 아니지만 해바라기, 옥수수, 콩이 자랄 수 없는 핀란드의 위도에서도 자라는 식물이라는 이점이 있었다. 덕분에 핀란드인들은 오메가6가 아닌 오메가3를 제대로 알 수 있었다. 크레타 섬 주민들을 따라하고자 핀란드인들은 거의 매일 먹던 감자 요리 대신 과일과 야채의 소비를 늘렸다. 또한 일본인들을 따라하고자 어류 소비도 늘렸다.

루이즈는 핀란드 슈퍼마켓 진열대에 끝도 없이 늘어서 있던 유채유 병들을 떠올렸다. 불을 이용한 조리용과 샐러드드레싱용으로 핀란드에서 사용되는 유일한 기름이었다. 루이즈가 생전 처음 아마인을 먹여서 기른 닭들이 낳은 '오메가3 강화' 달걀을 산 곳도 핀란드였다. 루이즈는 부와 건강의 상징으로 가게마다 진열대에 걸어놓고 집집마다 대문 앞에 걸어놓은 아마 화환을 보며 흐뭇했던 기억도 떠올렸다.

루이즈가 휴가를 마치고 브르타뉴에 돌아오자, 뤼시앵은 루이 14세 때부터 명성이 자자해서 브르타뉴에 부를 가져다준 아마가 바로 핀란드에서 들어왔다고 가르쳐주었다.

전업 목축업자이며 아마추어 양봉업자인 뤼시앵은 '일요日曜 역사가'이기도 하다. 뤼시앵은 루이즈에게 17세기에 일어났던 세계화 바람에 대해서도 들려줬다. 핀란드 아마 종자는 프랑스 브르타뉴 지방의 모를레에 도착해서 트레고르와 레옹 지역에 뿌려졌다.

그 당시 브르타뉴는 6월이 되면 온통 푸른빛을 띠다가 8월에 접어들면서, 아마를 뽑아 껍질을 벗긴 다음 짚에서 실을 뽑아낼 무렵이면 황금빛으로 물들었다. 9월 들어 아마의 짚이 도랑에서 썩을 즈음 주위에는 온통 악취가 풍겼다. 동네에 나는 악취 때문에 그 당시 아마 재배업자들은 교회에 헌금을 두둑하게 냈다.

이렇게 해서 브르타뉴 서부 지역을 찾는 관광객들을 기쁘게 하는 교회 소유의 소규모 영지들이 형성되었다. 아마로 만든 건초더미들은 퐁티비와 캥탱 지역으로 운송되어 실로 만들어진 뒤 표백되어 생말로 지역으로 옮겨졌으며, 그곳에서 카디스를 거쳐 신대륙으로 수출되었다. 신대륙에서는 돈 많은 스페인 식민 지배자들이 '브르타뉴' 천으로 옷을 만들어 입었다.

루이즈는 뤼시앵에게 그토록 번성했던 아마 산업이 어째서 그렇게 빠른 시일 내에 자취를 감추게 되었는지 물었다. 아마 산업으로 벌어들인 부의 분배가 불공평했던 탓에 생말로의 선주들만 부자가 되었고, 농부들이나 제사공들은 아무런 혜택을 누릴 수 없었다. 이 같은 불공정 거래 때문에 브르타뉴 지방은 19세기에는 면화, 20세기에 들어와서는 콩이 밀려왔으나 대항할 수가 없었다고 뤼시앵은 설명했다. 잠깐 말을 멈춘 뤼시앵은 만일 오메가3가 풍부한 아마가 다시 무역에서 주목받게 된다면, 이번에야말로 공정거래를 통해 생산업자로부터 소비자에 이르기까지 골고루 혜택이 돌아가도록 유의해야 할 것이라고 덧붙였다.

집으로 돌아온 루이즈는 예방 위주의 핀란드 공중 보건 정책을 시행하고 난 뒤 그 결과를 마저 읽었다. 놀랍게도 감자와 순록 고기의 나라 핀란드는 유채와 아마, 야채의 나라로 변신하여 지난 20년 동안 심장혈관계통 질환의 사망률을 60퍼센트나 낮추었다(이는 미셸 드 로르주릴의 '리옹 연구'에서와 같은 비율로 한 나라 전체를 통해서 얻은 결과라는 차이만 있을 뿐이다). 루이즈는 너무나 놀라운 결과라서 몇 번이고 다시 읽었고, 여러 자료에서 같은 결과를 다시 한 번 확인했다.

오늘날 핀란드는 유럽에서 심장혈관계통 질환 발병 가능성이 가장 낮은 나라다. 1980년만 하더라도 핀란드는 유럽에서 비만이 될 확률이 가장 높은 나라였지만(7퍼센트), 그로부터 20년이 지난 오늘날에는 전체 인구 가운데 10퍼센트만이 비만이다. 1980년 같은 수준의 비만 확률을 보였던 영국의 절반 정도에 불과하며, 현재 프랑스보다도 훨씬 낮은 수준을 유지하고 있다.

루이즈는 이 내용에 대해서 제라르 아이요와 미셸 드 로르주릴과 이야기를 나눠보아야겠다고 생각했다. 그 순간 루이즈는 핀란드로 다녀온 휴가를 떠올리느라 부르고뉴식 쇠고기 찜 요리를 깜짝 잊고 있었다는 걸 깨달았다. 하지만 걱정은 순간으로 끝났다. 전통 고수자 레옹이 세심하게 요리를 살피고 있었기 때문이다.

앙드레는 벌써부터 군침이 도는지 기분 좋은 얼굴로 그 곁에 서 있었다. 앙드레는 자신이 생산한 고기의 품질을 누구보다도 잘 알고 있으므로, 잠시 후 부드럽고 육즙이 풍부한 데다 56퍼센트가 불포화지방산으로 이루어졌으며 오메가6와 오메가3 비율이 2 대 1인 그 고기를 먹을 손님들이 어떤 표정을 지을지 미리 짐작할 수 있었다.

이제 식탁은 근사하게 차려졌다. 구라구라는 벌써 발효시킨 포도 주스(요즘 사람들은 이것을 포도주라고 부른다)를 여섯 잔이나 들이키면서 음식과 술을 절제해야 한다며 한바탕 연설을 늘어놓았다.

손님들은 루시와 릴리 주위로 몰려와서 우아함에 대해 칭찬을 아끼지 않았다. 루시가 걸친 짙은 빛깔의 매머드 모피는 아름다웠으며, 외투 위로 탐스런 황금빛 머리카락이 폭포처럼 층층이 떨어졌다. 룰루가 입은 짧은 바지 아래로는 수확하기 좋은 여름 햇살을 받아 보기 좋게 그을린 긴 다리가 곧게 뻗어 나왔다.

한편 릴리는 몸매가 잘 드러나는 새 옷을 입고 왔다. 세 여자는 닮은 점이 참 많았다. 그들은 유전자만 공유한 것이 아니라 삶의 기쁨, 맛있는 음식을 사이에 두고 친구들과 만나는 기쁨도 함께 했다.

자크는 돼지고기 가공식품을 가져왔다. 친구들과 함께하는 자리였으므로 특별히 '오메가3 강화' 식품을 골라서 가져왔다. 모두들 뤼시앵이 밀가루에 아마를 약간 섞어서 구운 빵에 적당히 돼지고기 가공식품을 발라서 먹었다.

베르나르 슈미트는 이 맛있는 빵을 한 조각 자르면서 영양학 전문 의사로서 첫발을 내딛을 때 이야기를 우리에게 들려주었다. 그 당시에는 환자들에게 빵을 먹지 말라고 해야 좋은 의사였는데, 얼마 지나지 않아 빵이 지닌 영양학적 가치를 새로이 발견하게 되었다. 오늘날에는 빵을 꾸준히 먹으면 결장암을 예방한다는 것이 정설로 통한다.

한편 미셸 드 로르주릴은 한동안 의학계에서는 적포도주 소비를 금지해왔으나, 심장병 전문 의사들이 소량을 꾸준히 마시는 것은 건강에 좋다는 쪽으로 방향을 틀었다고 말했다. 그러자 뤼시앵은 그렇다면 참을성 있게 기다리면 버터와 버터가 지닌 특별한 지방산들도 다시 제자리를 찾을 수 있겠다고 응수했다.

모두들 루이즈와 뤼시앵의 자식들이 전채 요리로 준비한 채소를 열심히 먹었다. 남은 샐러드를 냉장고에 넣으며 루이즈는 덕분에 날마다 서로 다른 과일과 채소 다섯 가지를 400그램씩 먹으라라는 권장사항을 초과 달성했다고 생각했다. 부르고뉴식 쇠고기찜은 대성공이었으므로 앙드레는 기분이 좋았다.

루이즈는 멋진 모둠 치즈도 준비했다. 남서부 지방의 염소 치즈, 쥐라 지방의 콩테 치즈, 노르망디 지방의 카망베르 치즈, 스위스의 그뤼에르 치즈, 오베르뉴 지방의 다양한 치즈 등이 총망라되었다. 모둠 치즈를 준비하면서 루이즈는 치즈의 원산지 표시를 꼼꼼히 살폈다. 모두 육골분 사료는 철저하게 금지시켰으며, 여름철에는 목초를, 겨울에는 건초와 아마인이 포함된 사료를 먹은 가축들로부터 얻은 제품임이 명시되어 있었다. 건강을 위해서 그리고 먹는 즐거움을 위해서 더없이 훌륭한 선택이었다.

치즈를 먹는 순서가 되었을 때, 나는 손님들에게 건배를 제안했다. 몇몇 연구는 오메가3가 기분을 좋게 만든다고 보고했다. 그래서 그런지 나는 기분이 아주 좋아서 그 자리에 모인 모든 사람들과 그 좋은 기분을 나누고 싶었다. 루이즈에게 생일 축하 인사를 건네는 바로 그 순간은 마침 산화방지제와 폴리페놀, 섬유질, 필수아미노산, 철분, 오메가3, 올레인산, DHA, 비타민 B 같은 영양소 섭취량이 최고조에 이르는 순간이기도 했다. 물론 루이즈가 이 모든 영양소를 일일이 계산해 넣은 것은 아니었다. 그저 우리가 적당히 절제한 가운데 먹은 이 식사를 통해서 건강을 유지하는 데 필요한 모든 영양소를 골고루 섭취했을 뿐이다. 저마다 돌아가면서 한마디씩 거들었고 우리는 먹이사슬의 회복, 먹는 즐거움과 건강의 밀접한 상관관계, 건전한 상식, 학문의 발전, 나누어 갖는 기쁨, 대지, 가축들의 행복한 삶, 인간의 건강과 지구의 건강 등을 기원하며 다시 건배했다.

끝에서 두 번째로 소감을 말한 루이즈는 모두가 건강한 식생활을 하기를 기원했다. 또한 오늘 저녁 함께 나눈 이 같은 식사가 너무나 바쁘게 살고 그러다보니 열량만 높을 뿐 영양가라고는 없는 식사를 급하게 먹어야 하는 요즘 사람들의 일상에 자리 잡게 되기를 기원했다.

마지막에 발언한 뤼시앵은 식사 초대에 응해준 모든 이에게 고맙다는 말을 건넸다. 그리고 '똑똑한' 식품, 나날이 품질이 좋아지는 식품을 알맞은 가격에 공급할 수 있는 농업이 활발하게 전개되기를 소망했다.

식사가 끝난 뒤에도 끼리끼리 모여 앉아 이야기를 나누는 가운데 모임은 밤늦도록 계속되었다. 우리는 룰루가 자연으로부터 호밀 종자 한 줌을 얻어 땅에 심은 이후 이루어낸 모든 진보를 이야기했다. 또한 현대병으로 고생하는 사람들에게 필요한 영양을 충족시켜주는 새로운 농업과 먹이사슬의 맨 앞 단계를 보호할 수 있는 예방 정책을 실시함으로써 신종 질환들을 크게 줄이는 농업을 꿈꾸었다.

사실 우리는 지금까지 이 꿈을 자주 꾸어왔고 앞으로도 그럴 것이다. 우리는 해결책이 분명히 있으며, 그 해결책은 아직 꿈에 머물러 있지만 반드시 이루어지리라 믿는다. 우리는 현재 농업과 농가공 산업의 근간을 이루는 구조, 즉 프랑스의 경우 80만 명의 농부가 6,000만 명을 먹여 살리는 이러한 구조는 크게 바뀔 수 없으며, 따라서 이를 바꿀 수 있는 운신의 폭이 매우 좁다는 사실도 잘 알고 있다. 그럼에도 우리는 봄날 온통 노란 유채꽃으로 뒤덮인 들판 군데군데 푸른빛 아마 꽃도 눈에 띄기를 꿈꾼다. 벌써 아마의 부활이 감지되는 걸 보니 새로운 농업의 시작을 알리는 듯하다.

우리는 옥수수가 계속 번창하리라는 사실, 즉 옥수수 없이는 살기가 힘들다는 사실을 잘 알지만 그래도 지금보다는 이 작물에 덜 의존하기를 꿈꾼다. 해바라기로 뒤덮인 아름다운 들판과 함께 해바라기 씨앗으로부터 이른바 올레인산에 속하는 영양 많은 기름까지 얻기를 꿈꾼다. 또한 농가공업체들이 값싼 팜유보다는 유채유를 사용하기를 꿈꾼다. 우리는 가축들을 잘 먹여서 그 가축들이 우리에게 주는 버터, 치즈, 고기, 달걀이 영양가 많은 지방으로 탈바꿈하여 예전처럼 식품의 귀족으로 군림하기를 기대한다. 우리는 예방 차원의 건강 분야에서 농업의 비중이 커지고 제약업의 비중이 작아지기를 기대한다. 특히 진정한 의미에서 영양 교육이 널리 보급되어 전문가와 대중들 사이에 가로놓인 정보의 격차가 줄어들고, 확실하고 근거 있는 정확한 정보를 많은 사람이 공유하기를 소망한다. 요즘처럼 먹을거리가 넘쳐나고, 수요보다 공급이 지나친 구조에서 특히 어머니의 소비 선택이 자녀나 손자들 건강에 지대한 영향을 끼치는 시대에는 영양에 관한 교육이 더욱더 중요하다. 나는 이 책이 그러한 교육에 조금이라도 도움이 되기를 소망한다.

우리는 '내일이면 우리 모두 비만이 될 것인가?' 라는 질문에 아직 뚜렷한 대답을 제시하지 않았다. 어쩌면 루이즈가 마련한 한 끼의 식사가 대답이 될 수 있다. 좋은 기름, 야채, 과일, 영양을 생각한 빵, 품질 좋은 동물성 식품 등. 식사에 초대받은 사람들은 저마다 대답을 제시했다. 지방조직세포의 성장 기제를 밝혀낸 기초 과학자들, 이 기제를 동물 실험을 통해 증명해낸 실험 과학자들, 기초 과학자들의 이론을 임상 결과나 역학 연구 조사를 통해 밝혀낸 의사들, 쉽지 않은 영양 상담을 하는 루이즈 같은 영양사들, 그 외 목축업자, 곡물 재배업자, 농가공업체 종사자, 유통업자, 소비자 등 먹이사슬에 관여하는 모든 사람들이 저마다 대답을 제시했다.

따라서 우리가 제시한 대답은 단순하고 명쾌한 하나의 대답이 아니다. 사실 단순하고 명쾌한 하나의 대답이란 있을 수 없다.

- 루이즈는 날마다 자신의 몸을 망치는 나쁜 습관, 이를테면 군것질과 운동 부족을 상대로 전투를 벌인다. 우리가 비만 환자 가운데에서 지원자들을 대상으로 실시한 조사를 보면 비만 관리를 하겠다고 등록을 한 그 순간부터 2주 만에 몸무게가 2.5킬로그램이나 줄어들었다고 한다. 등록하는 동시에 엘리베이터 대신 계단을 걸어 올라가는 식으로 생활습관을 바꾸기 시작했던 것이다. 실제로 관리에 들어간 다음부터는 영양연구교육센터 소속 영양사의 조언을 충실히 따르면서(예컨대 정해진 양만 먹고 군것질은 하지 않는 식으로) 3개월 만에 3.5킬로그램을 줄였다.

하지만 조사 기간이 끝난 지 6개월 만에 '오메가6' 그룹에 속했던 지원자들 대부분은 줄어들었던 몸무게가 다시 늘어나는 요요 현상을 경험했다. 개인 습관만 바꾼다고 모든 게 끝나는 것은 아니다.

- 몸무게를 줄이는 일은 개인의 일이지만 반드시 그렇다고만 볼 수 없는 매우 복잡한 문제이기도 하다. 저마다 자신의 몸과 맺는 관계뿐만 아니라 타인의 시선과 오가는 관계, 소비자로서 보이는 행동 양식까지도 모두 고려해야 한다. 비만이라는 전염병은 개인 질병이라기보다는 집단 현상이며, 이를 꾸준히 해결하려면 개인에게 호소하는 것만으로는 충분하지 않다.
- 수량과 수치를 분석한 설명도 그것만으로는 충분하지 않다. 섭취 열량은 꾸준히 하강 곡선을 그리고 있으며, 우리가 소모하는 열량의 4분의 3은 신진대사에 쓰인다. 따라서 '너무 많이 먹고 운동은 너무

적게 한다'는 말은 설득력이 떨어진다.

- 역학 조사로 나온 결과에서는 일관성이 발견된다. 오메가6, 포화지방산 또는 수소가 첨가된 기름을 많이 먹을수록 비만은 증가한다. 자신들도 모르는 사이에 '오메가3' 식단을 채택하게 된 핀란드인들은 반대 상황을 증명해준다고 할 수 있다. 이와 달리 지중해식 식단을 채택했는데도 별다른 효과를 얻지 못한 (콩기름을 주로 소비했기 때문에) 이스라엘인들도 주목할 만하다.
- 이 같은 역학 조사 자료들은 지역적으로 일관성을 보일 뿐 아니라 사회적으로도 일관성이 있다. 또한 안타깝게도 어린이와 청소년들의 식습관에도 문제가 뚜렷하게 나타났다. 이들은 빵에 버터를 바른 토스트보다 팜유와 콩을 주원료로 하는 사탕과 제빵류를 훨씬 많이 소비하는 계층이기 때문이다.
- 지난 40년 동안 줄기차게 지속되어온 콜레스테롤과 동물성 지방을 몰아내려는 움직임은 끔찍한 결과를 낳았다. 심장혈관계통 질환은 줄어들지 않았으나 비만과 당뇨는 엄청나게 증가했기 때문이다. 제약회사나 일부 농가공식품업체들이 의학계와 맺고 있는 특별한 관계는 그다지 투명하지 않은 것이 사실이다.
- 질 나쁜 포화지방의 상징이 되어버린 동물성 식품이 식탁에서 점차 배척받기 시작하자, 팜유를 비롯한 다른 수소 첨가 식물성 기름들이 소리 소문 없이 슬그머니 그 자리를 차지하면서 사정은 오히려 나빠졌다. 이들 지방에 다량으로 함유된 오메가6와 당분이 지방조직을 가득 채웠기 때문이다.
- 언론의 집중포화를 받는 콜레스테롤과 달리 오메가6와 오메가3 비

율은 수많은 연구 결과가 그 중요성을 증명해보였는데도 지난 40년 동안 아무런 관심을 받지 못했다. 이는 아마도 이 책에 쓰인 내용 중에서 가장 놀라운 사실일 것이다. 이 분자들은 자연 상태에서 존재하며, 광합성을 통해서 작용하기 때문에 그 어떤 재정 지원이나 로비가 필요 없다. 그것이 바로 오메가6와 오메가3의 비극일 수도 있다.

- 오메가6와 오메가3 비율이 높으면 지방조직의 성장이 촉진되어 비만이 발생한다. 이 비율의 중요성에 관해서라면 학계가 제시할 수 있는 모든 증거가 이미 제시되었다.
  - 역학 조사, 소비자 조사 자료.
  - 상관관계를 보여주는 통계 자료.
  - 동물 대상 실험 자료.
  - 기초 자료.
  - 인간 임상 치료 자료.
- 지방조직은 한 번 만들어지면 결코 죽지 않으며, 언젠가는 그 안을 채우려는 성질이 있다. 그래서 질 좋은 식품, 즉 '예방' 차원에 근거하여 식품을 선택하고 섭취하는 것이 중요하다.

제라르 아이요가 실험실 생쥐를 대상으로 실시한 실험은 특히 지방조직의 이 같은 성질이 세대를 거치면서 꾸준히 전달된다는 점에서 훨씬 놀랄 만하다. 말하자면 어머니와 할머니의 식습관이 자녀와 손자들 비만에 영향을 끼치는 것이다. 반대로 잘못된 습관을 바로잡는 데 얼마나 여러 세대를 거쳐야 하는지 알 수 없다는 사실은 두려움을 자아낸다. 그러므로 좋은 품질의 영양을 섭취하도록 이끄는 예방 정책은 아무리 강조해도 지나치지 않다. 식습관 개선에만 토대를 둔 정책으로는 부족하다.

- 이제 우리는 이 모든 사항을 잘 알고 있고, 이 모든 사항은 더할 나위 없이 진지하고 완벽한 방식으로 증명되었다. 기초 학문 자료, 역학 자료, 통계 자료, 실험 자료 등 모든 자료가 일관성 있게 하나의 방향을 제시한다면, 이제부터는 어떻게 될 것인가? 앞으로는 무슨 일이 벌어질 것인가?
- 어쩌면 아무 일도 벌어지지 않을 수도 있다. 막강한 권력을 휘두르는 일부 기업의 이해관계와 싼 먹을거리를 찾는 현 상황, 공짜로 제공되는 약품, 비만은 나의 일이 아닌 남의 일(아이를 잘못 기른 탓, 텔레비전을 너무 많이 본 탓, 절제하지 못하는 탓)이라는 무관심한 태도가 자연스레 맞물려 보이지 않는 힘을 발휘하기 때문이다.
- 혹은 콜레스테롤과 한판 전쟁을 선포했던 사람들이(이들은 비만을 비롯한 신종 질환을 일으키는 왜곡된 식습관을 전파하고 그로부터 이득을 챙긴 주역이다) 은근 슬쩍 오메가6와 오메가3의 이상 비율을 정착시키자는 움직임의 주역으로 탈바꿈할 수도 있다. 그렇게 되면 이들은 현재 약국에서 판매되는 각종 알약, 일부 트랜스지방산을 없앤 핀란드식 마가린(유채유가 해바라기 기름을 대체했을 때처럼)의 전도사가 될 수도 있다.
- 비만을 억제하는 효과 있는 약품이 개발되어 콜레스테롤 억제 약품과 어깨를 나란히 한 채 우리 식탁을 점령할 수도 있다.
- 아니면 지난 50년간 우리가 이룩한 진보와 부를 바탕으로 건전하고

영양적으로 균형 잡힌 식품을 누구나 큰 부담 없이 사 먹을 수 있어야 한다는 의식과 더불어 생산과 소비방식을 조금씩 바꿔나가는 계기를 마련할 수도 있다. 생산에서는 생산 단계에 이바지한 모든 참가자들에게 부가가치를 골고루 나눠주고, 소비에서는 소비자들의 건강을 위주로 하는 새로운 농업을 확산하는 계기를 만들 수 있다.

- 건강을 위주로 하는 농업이야말로 소위 문명병이라고 일컫는 여러 가지 신종 질환을 예방하는 가장 훌륭한 해결책이 될 것이다. 들판에서 축사에서 시작되는 예방 정책은 긴 안목에서 볼 때 가장 바람직한 해결책이 될 것이 확실하다.
- 생산업자, 소비자, 유통업자들처럼 먹이사슬에 참여하는 모든 사람들 의식에 변화가 있을 때 비로소 생산방식, 판매방식, 구입방식, 소비방식이 밑바탕부터 바뀔 수 있다.
- 그러므로 지금부터 모든 것을 새로 만들어나가야 한다. 이 모든 것은 가능하다. 우리도 아주 조금씩 참여할 테지만, 멀리 내다봤을 때 실제로 상황을 바꾸는 힘은 소비자-시민 한 사람 한 사람으로부터 나온다. 오늘 우리 선택에 내일을 사는 우리 아이들의 건강과 교육, 소비방식이 달려 있다. 진정한 힘은 슈퍼마켓 계산 창구를 지나가는 소비자 한 사람 한 사람에게서 나온다.

시간이 어느 정도 지났을 때, 우리는 저녁식사를 함께한 초대 손님들의 얼굴을 바라보았다. 보름 달빛 아래서 서로 미소를 지어 보이는 동안 벌 한 마리가 붕붕거리며 날아들었다. 벌통 속에도 별 일이 없는 모양이었다.

유전자와 우리 건강, 우리를 둘러싼 생태계의 관계는 계속 유지된다. 아주 밀접한 이 관계에 대해 우리는 점점 더 많은 사실을 알게 되고 점점 더 많은 사실을 실제로 경험한다. 다행히 아직 조화는 깨지지 않았다. 그러니 온힘을 다해 조화를 유지하도록 돕는 것이 우리가 할 일이다.

감사의 글 ··

이 책을 쓰고 나니 비로소 글을 쓰는 즐거움, 이야기를 들려주는 행복감, 또 이를 나누는 기쁨이 어떤 것인지 알 것 같다. 이 책에 쓰인 이야기는 내가 만난 여러 사람들(여러 등장인물의 모습을 빌어 소개했고, 해당되는 사람들은 저마다 자신이 어떤 인물로 형상화되었는지 알아차릴 수도 있을 것이다) 덕분에 구체화되었다.

지난 몇십 년 동안 우리를 스쳐갔던 모든 뤼시앵, 레옹, 루시, 룰루, 릴리, 루이즈에게 고마운 마음을 전한다. 나는 그들에게서 많은 것을 배웠다. 또한 학문의 세계에서 엄정성과 열정은 얼마든지 평화롭게 공존할 수 있고, 또 그렇게 되어야만 한다는 사실을 가르쳐준 모든 학자들에게도 감사드린다. 특히 참을성을 가지고 내 초고를 꼼꼼하게 읽어준 이들에게 고마움을 전한다. 조금이라도 잘못된 사실이 책에 수록되는 일은 없어야 했기에 이들 도움이 특히 고맙다.

책을 마치면서, 이 책이 나오도록 도움을 준 이들에게 책을 바치고자 한다.

먼저 아버지와 할아버지. 두 분 모두 평안히 영면하시기를 기원한다. 두 분은 나에게 우리를 둘러싼 세상을 바라보는 방식을 가르쳐주셨다. 때로는 즐기면서 때로는 분노하면서, 그렇지만 결코 운명론자여서는 안 된다는 가르침을 두 분에게서 배웠다. 이미 남들이 만들어놓은 질서를 이해하지도 못하면서 '원래 세상은 그런 거' 라며 그대로 받아들여서는 안 된다는 가르침도 두 분에게서 배웠다.

그리고 어머니와 아내, 가족, 친구들에게도 감사한다. 이들은 내가 이 책을 쓰는 데 격려를 아끼지 않았다. 이들이야말로 내게 하루하루 필요한 에너지를 공급해주고, 필요하다면 언제라도 재충전해주는 소중한 보루였다. 그리고 내 아이들 아멜리, 아르튀르, 아나톨에게도 깊은 고마움을 전한다. 아이들은 나의 첫 번째 독자이자 비평가로서 그 역할을 훌륭하게 수행했다.

지난 15년간 동고동락한 발로렉스와 청백심장소비자조합의 모든 이들, 특히 연구소 일상이 별 탈 없이 돌아가도록 밤낮없이 애써준 이들에게 더없이 고마운 마음을 보낸다. 그들 덕분에 나는 단단한 반석 위에 우리 모두가 공유하는 꿈의 토대를 쌓을 수 있었다.

지은이 피에르 베일

참고문헌

· Ailhaud G. et al : "Temporal changes in dietary fats : Role of n-6 polyunsaturated fatty acids in excessive adipose tissue development and relationship to obesity", *Progress in Lipid Research*, 2006, 45, p. 203-236.

· Ailhaud G. et al : "Development of white adipose tissue", *Handbook of obesity*, 2004.

· Ailhaud G. et al : "Fatty acid composition of fats is an early determinant of childhood obesity : a short review and an opinion", *Obes. Rev.*, 2004, 5, p. 21-26.

· Bourre J. -M. : "Alimentation animale et valeur nutritionnelle induite sur les produits consommés par l'homme. Les lipides sont-ils principalement concernéd?", *Oléagineux, Corps gras et Lipides*, 2003, 5, p. 405-424.

· Bourre J. -M. : "Contribution de chaque produit de la pêche et de l'aquaculture aux apports en DHA, sélénium, iode et vitamines D & B12", *Médecine et Nutrition*, 2007, 42, p. 113-127.

· Burr G. -O. et al. : "A new deficiency disease produced by a rigid exclusion of fat from the diet", *J. Biol. Chem.*, 1929, 82, p. 345-347.

· Collet-Ribbing C. : "La santé des Francais et leurs consommations alimentaires", *Apports nutritionnels conseillés pour la population française*, 2001, 3e édition, chapitre 15, p. 397-429. Martin A., AFSSA, CNERNA-CNRS, Ed Tec et Doc.

· Combe N. et al. : "Apports alimentaires en acide linoléique et en acide alpha-linoléique d'une population d'Aquitaine", *Oléagineux, Corps gras et Lipides*, 2001, 8, p. 118-121.

· Cunanne S. C. : "Problems with essential fatty acids : Time for a new paradigm?", *Progress in Lipid Research*, 2003, 42, p. 544-568.

· Dayton S. et al. : "Composition of lipids in human serum and adipose tissue during prolonged feeding of a diet high in polyunsaturated fat", *Journal of Lipid Research*, 1966, 7, p. 103-111.

· Deheeger M. et al. : "Longitudinal study of anthropometric measurements in Parisian children aged ten months to 18 years", *Arch. Pediatr.*, 2004, 11, p. 1139-1144.

· EATON S. B. : "The ancestral human diet : what was it and should it be a paradigm for contemporary nutrition?", *Proc. Nutr. Soc*, 2006, 65, 1, p. 1-6.

· Frantz I. D. et al. : "Test of effect of lipid lowering by diet on cardiovascular risk. The Minnesota Coronary Survey", *Arterioisceloris*, 1989, 9, p. 129-135.

· Hercberg et al. : "Antioxidant vitamins and minerals in prevention of cancers : lessons from the SU. VI. MAX study", *British Journal of Nutrition*, 2006, 96, p. 28-30.

· Holman R. T. : "The slow discovery of the importance of omega 3 essential fatty acids in human health", *Journal of Nutrition*, 1998, 128, p. 427-433.

· Jensen R. G. : "The lipids in human milk", *Prog. Lipid Res.*, 1996, 35, p. 53-92.

· Keys A. et al. : "Seven countries : a multivariate analysis of death and coronary heart disease", London, Harvard University Press, 1980.

· Keys A. : "Mediterranean diet and public health : personal reflections", *American Journal of Clinical Nutrition*, 1995, 61, p. 1321-1323.

· Kuzdzal-Savoie S. : "Comparative study of milk lipids", *Cah. Nutr. Diet*, 1979, 14, p. 185-196.

· Legrand P. et al. : "Lipides", *Apports nutritionnels conseillés pour la population française*, 2001, chapitre 3, p. 63-82, 3e édition, op. cit.

· Liangxue Lai et al. : "Generation of cloned transgenic pigs rich in omega-3 fatty acids", *Nature Biotechnology*, 2006, 24, p. 435-436.

· Lorgeril M. de, Renaud S. et al. : "Mediterranean alpha-linolenic acid-rich diet in secondary prevention of coronary heart disease", *Lancet*, 1994, 8911, p. 1454-1459.

· Lorgeril M. de, Salen p. : "Cholesterol lowering and mortality, time for a new paradigm", *Nutrition, Metabolism and Cardiovascular Diseases*, 2006, 16, p. 387-390.

· Mann S. J. : "The paradoxical nature of hunter-gatherer diets : meat-based, yet non-atherogenic", *European Journal of Clinical Nutrition*, 2002, 56, p. 42-52.

· Massiera F. et al. : "Arachidonic acid prostacyclin signaling & promote adipose tissue development : A human health concern?", *J. Lipid Res.*, 2003, 44, p. 271-279.

· Parrish et al. : "Dietary fish oils limite adipose tissue hypertrophy in rats", *Metabolism*, 1990, 32, p. 217-219.

· Renaud S. et al. : "Cretan mediterranean diet for prevention of coronary heart disease", *American Journal of Clinical Nutrition*, 1995, 61, p. 1360-1367.

· Sanders T. A. : "Polyunsaturated fatty acids in the food chain in Europe", *American Journal of Clinical Nutrition*, 2000, 71, p. 176-178.

· Schmitt B. et al. : "Effet d'un régime riche en AG n-3 et en CLA cis9 trans 11 sur l'insulino-résistance et les paramètres du diabète de type 2", *Oléagineux, Corps gras et Lipides*, 2006, 13, p. 70-75.
· Simopoulos A. et al. : "N-3 fatty acids in eggs from range-fed Greek chickens", *New England Journal of Medicine*, 1989, 321, p. 1412-1432.
· Toutain J. -C. : "La consommation alimentaire en France de 1789 à 1964. Economie et Société", *Cahiers de l'ISEA* tome V, 11, p. 1909-2049.
· Weill P. et al. : "Effects of introducing linseed in livestock diet on blood fatty acid composition of consumers of animal product", *Annals of Nutrition and Metabolism*, 2002. 46, p. 182-191.
· Willet W. C. et al. : "Dietary fat plays a major role in obesity", *Obesity Review*, 2002, 3, p. 59-68.
· Yam D. et al. : "Diet and Disease - The Israeli Paradox : Possible dangers of a high omega 6 diet", *Israeli Journal of Medical Science*, 1996, 32, p. 1134-1143.

더 읽어보면 좋을 참고자료

· Apfeldorfer G., *Maigrir, c'est fou!*, Odile Jacob, 2000.
· Aragon L., *Devine* (chanson de Jean Ferra).
· Aron J. -P., *Le Mangeur du XIXe* siècle, Denoël, 1976.
· Avis de l'AFSSA 2003 : sur "Oméga 3 et risque cardiovasculaire".
· Avis de l'AFSSA 2006 : sur les acides gras trans.
· Bourre J. -M., *La Diététique du cerveau*, Odile Jacob, 1990.
· Bourre J. -M., *Les Bonnes Graisses*, Odile Jacob, 1991.
· Bourre J. -M., *La Vérité sur les Oméga-3*, Odile Jacob, 2004.
· Chevreul E., *Recherches chimiques sur les corps gras d'origine animale*,

Imprimerie nationale, 1889.
· Cohen J. -M. et Sérog P., *Savoir manger*, Flammarion, 2006.
· Etude OBEPI 2006 : Enquête épidémiologique nationale sur l'obesite et le surpoids en France.
· Fischler C., *L'Homnivore*, Odile Jacob, 1990.
· INSEE, *Annuaire statistique de la France*, édition 2007.
· Lanzmann-Petithory D., *La Diététique de la longévité*, Odile Jacob, 2004.
· Lorgeril M. de, *Cholestérol : 50 ans de mensonges*, Thierry Souccar éditions, 2007.
· Martin A., *Les Apports nutritionnels conseillés pour la population française*, Tec et Doc, 2000.
· PNNS : Programme National de Nutrition Santé.
· Saldmann F., *Oméga 3*, Ramsay, 1995.
· Servan-Schreiber D., *Guérir*, Robert Laffont, 2003.

옮긴이의 글 ··

요즘 들어 하루라도 언론을 통해 식생활 관련 기사를 접하지 않는 날이 없다. 몸에도 유익하고 마음도 훈훈하게 해주는 긍정적인 소식은 찾아보기 힘들고, 우려를 자아내는 기사 일색이다. 아니, 때론 세기말적 불안감이 엄습하기도 한다. 미국산 소고기를 비롯하여 중국산 만두와 김치, 불량 냉동식품, 정체 모를 첨가물이 듬뿍 들어간 인스턴트식품, 농약 뿌린 한약재, 학교 집단 식중독, 온갖 화학제품으로 '단장한' 채소며 과일……, 일일이 열거할 수조차 없을 정도로 우리의 식생활은 위협받고 있다.

마음 놓고 먹을거리를 장만하는 일이 쉽지 않다 보니, 이 방면에서 조금이라도 남보다 아는 것이 많다고 자부하는 사람들은 저마다 "이렇게 해야 한다", "저렇게 해서는 안 된다", "이건 먹어도 된다", "저건 먹지 마라" 하는 식의 충고 내지 지시를 숨 돌릴 틈 없이 쏟아낸다. 그런데 안타깝게도 이들 현대판 '구라구라' 들의 조언은 좀 더 입

김이 센 새로운 '구라구라'가 등장할 때까지만 유효한 듯하다. 포도 다이어트가 유행할라치면, 어느새 단백질 섭취를 증가시키고 탄수화물의 섭취를 금하는 황제 다이어트가 인기를 끄는 것만 봐도 그렇다.

『빈곤한 만찬』의 지은이 피에르 베일도 비만을 비롯한 현대병, 장보기의 중요성, 밥상에 대해 이야기한다. 그런데 그가 들려주는 이야기에는 다른 데서는 들을 수 없는 귀중한 지혜가 담겨 있다. 그 이야기들은 생물과 먹을거리의 상관관계의 중요성을 극명히 보여준다.

가령, 여왕벌은 태어날 때부터 여왕벌로 태어나는 것이 아니라 특별한 섭생을 통해서 여왕벌로 만들어진다는 신기한 이야기, 인디언 피마족이 미국식으로 살게 되면서부터 집단 당뇨병 환자들이 되어버린 슬픈 이야기, 북구 피오르드 해안에서 서식하던 물고기들이 인근에 들어선 제지공장에서 배출하는 피토스테롤 때문에 알을 낳지 못하게 된 무서운 이야기 등이 우리의 호기심을 자극한다. 또 구석기 시대에 살던 루시가 곰의 먹이가 되지 않기 위해 죽기 살기로 달음박질칠 때 우리 몸속에서 일어나는 일, 신석기 시대에 살던 룰루가 농업을 발명한 이래 인간이 섭취하는 음식물이 단조로워짐으로써 생겨난 역효과, 인간의 유전자가 변하는 속도와 식생활이 변하는 속도 사이의 괴리가 너무 커질 때 나타날 수 있는 각종 부작용 등도 소상하게 설명되어 있다.

그뿐 아니다. 제약회사와 농가공식품업체의 마케팅 수완 때문에 너도나도 혈중 콜레스테롤 수치를 낮추는 약을 먹게 되었다는 웃지 못할 사연, 오메가3와 오메가6에 대해 아무도 말해주지 않았던 비밀도 비중 있게 다루고 있다. 예컨대 여러분은 오메가6 대

오메가3의 비율이 높은 식품을 많이 먹을수록 뚱뚱해진다는 사실을 알고 있는가?

그의 주장은 이렇다. 21세기를 사는 우리의 유전자는 지금으로부터 수만 년 전에 살았던 우리 조상들의 유전자와 크게 다르지 않다. 그런데 그 사이에 식생활 습관은 너무나 많이 달라졌다. 특히 지난 40년 동안에는 너무도 급격한 변화가 일어났기 때문에, 우리의 유전자와 우리 몸속으로 들어가는 음식물 사이에는 좁히기 힘든 간격이 생겼다. 그 결과 우리는 우리 조상들은 거의 겪지 않았던 당뇨병이나 심장혈관계통 질환, 비만 등, 이른바 현대병에 시달리게 되었다. 도대체 40년 사이에 어떤 변화가 있었기에 이 같은 현대병이 출현했단 말인가?

예컨대 풀을 뜯어먹던 소들이 옥수수와 콩이 듬뿍 들어간 사료(옥수수와 콩은 모두 오메가6 대 오메가3의 비율이 엄청나게 높은 식재료이다!)를 먹고 자라며, 겨울이면 치즈를 많이 먹는 인간들을 위해 송아지마저 봄이 아니라 가을에 태어나게끔 하고, 바닷속에서 해초와 작은 고기들을 잡아먹고 자라던 물고기들은 양식장에서 역시 옥수수와 콩이 듬뿍 들어간 사료를 먹고 자란다(항생제까지 주는 양식장도 있다는 사실은 잠시 접어두자). 그 결과 우리는 조상들과 똑같은 양의 고기를 먹고, 똑같은 양의 운동을 한다고 해도 조상들보다 더 뚱뚱해질 운명이다. 어째서일까? 우리가 먹는 고기는 성분상 우리 조상들이 먹던 고기와는 전혀 다르기 때문이다. 요컨대 오늘날 비만의 근본원인은 우리가 많이 먹어서라기보다, '변질된' 식재료를 먹을 수밖에 없기 때문이다. 인간의 비만을 언급하기에 앞서 먹을거리를 문제 삼아야 하고, 먹을거리를 언급하기에 앞서 전 지구적인 환경을 문제 삼아야 한다. 문제의 핵심은 비만이 '나' 혼자만의 문제가 아니란 점이다.

이렇게 이 책에는 우리가 깜짝 놀랄 이야기들이 가득 들어 있다. 하지만 그 많은 이야기들을 통해서 피에르 베일이 정말로 들려주고 싶은 이야기는 의외로 간단한다. 생태계를 보호하고, 먹이사슬을 존중하며, 좋은 먹이를 줘서 가축을 잘 기르면, 그 가축들은 우리에게 좋은 먹을거리를 제공한다. 그러니 할인매장에서 '최저가 식품' 만 구입할 것이 아니라, 좋은 먹을거리를 적절한 가격(저자가 말하는 적절한 가격이란 최저가 식품만 구입할 때보다 가계의 식비 지출이 1퍼센트가량 올라가는 가격이며, 먹지 않아도 좋은 약을 구입하느라 쓰는 비용을 식비로 돌린다면 충분히 감당할 만한 수준이라고 주장한다)에 구입할 수 있는 새로운 생산방식, 새로운 농사방식을 고민해야 한다고 누누이 강조한다.

"잘 먹으면 병원이나 약국에 가서 돈 쓸 일 없다"고 입버릇처럼 되뇌시던 어머니가 문득 생각난다. 의학의 아버지 히포크라테스도 섭생이 가장 중요하다고 했다는데, 의사도 아닌 우리 어머니들이 체험적으로 알고 있었던 이 사실이 새삼 소중한 지혜처럼 생각된다면, 망설이지 말고 피에르 베일의 이야기에 귀 기울여보자. 그래서 '유기농' 과 '친환경' 이라는 표피적인 이야기보다도 한결 깊숙하고 근본적인 문제들에 관심을 가져보자.

2008년 12월

양영란

빈곤한 만찬

1판 1쇄 펴냄 2009년 1월 2일
1판 3쇄 펴냄 2011년 5월 27일

지은이 피에르 베일
옮긴이 양영란

주간 김현숙
편집 변효현, 김주희
디자인 이현정, 전미혜
영업 백국현, 도진호
관리 김옥연

펴낸곳 궁리출판
펴낸이 이갑수

등록 1999. 3. 29. 제300-2004-162호
주소 110-043 서울시 종로구 통인동 31-4 우남빌딩 2층
전화 02-734-6591~3
팩스 02-734-6554
E-mail kungree@kungree.com
홈페이지 www.kungree.com

ISBN 978-89-5820-146-5 03400

값 15,000원